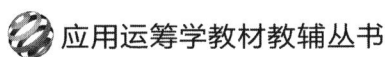
应用运筹学教材教辅丛书

经典博弈论高级教程

第三卷 应用与实践

An Advanced Course on Classic Game Theory

Volume III Applications and Practices

刘 进　李卫丽　陈 杰
朱 承　董艺博　任加祺

编 著

国防科技大学出版社
·长沙·

内容简介

本书是经典博弈论的案例集，具有以下四个特点：一是按照经典博弈论的模型划分，案例覆盖了博弈论的公理基础、完全信息静态博弈、完全信息动态博弈、不完全信息静态博弈、不完全信息动态博弈、合作博弈等多类型内容；二是按照经典博弈论的应用领域划分，案例覆盖了经济、管理、社会、政治、军事等领域，特别是对博弈论的人工智能应用案例也有涉及；三是每一个案例都进行了问题分析、模型构建、计算求解等，这对于运用和实践博弈论大有裨益；四是收集了很多著名博弈论专家学者的学术贡献、生活轶事等，可以加深对博弈论学科发展的理解。本书内容丰富，阐述严谨规范，可作为管理科学与工程、控制科学与工程、数学与系统科学等学科研究生课程的教辅书和相关科研工作者的参考书。

图书在版编目（CIP）数据

经典博弈论高级教程. 第三卷，应用与实践/刘进等编著. —长沙：国防科技大学出版社，2023.6

ISBN 978-7-5673-0614-1

Ⅰ.①经… Ⅱ.①刘… Ⅲ.①博弈论－教材 Ⅳ.①O225

中国国家版本馆CIP数据核字(2023)第015124号

经典博弈论高级教程

JINGDIAN BOYILUN GAOJI JIAOCHENG

第三卷 应用与实践

DI-SAN JUAN YINGYONG YU SHIJIAN

国防科技大学出版社出版发行

电话：(0731) 87028022　邮政编码：410073

网址：https://www.nudt.edu.cn/press/

责任编辑：刘璟珺　　责任校对：欧珊

国防科技大学印刷厂印装

*

开本：787×1092　1/16　印张：14.75　字数：350千字

2023年6月第1版第1次印刷　印数：1—1000册

ISBN 978-7-5673-0614-1

定价：48.00元

前 言

博弈论是一门数学理论,具体而言是一门运筹学理论,主要研究竞争或者合作环境下的交互式决策。博弈论与经济学联系密切,以1994年后十余位具有博弈论背景的经济学家获得诺贝尔奖为显著标志,人们一度认为博弈论是经济学的代名词。但是随着时间的推移与研究的深入,越来越多的学者认为博弈论不是经济学的一个分支,它在更广阔的学科领域具有重要应用,是一门可以部分脱离人类经验认知的基础性学科。

博弈论的教材不少,但多数教材的行文是例子、定义、定理混杂,使人不得要领和精髓。本书作者在长期的教学实践过程中,提出了"原理与模型、算法与算例、应用与实践、习题与解答"四位一体的教材建设思路,由此设计,经典博弈论高级教程由四本教材构成一个整体,本书是这个整体的第三卷,收集了博弈论的很多案例,进行了问题描述、模型构建、计算求解等,对于学生运用博弈论解决复杂问题大有裨益。本书也收集了很多博弈论专家学者的学术贡献、生活轶事,思政特征非常鲜明。之所以称之为经典博弈论,一方面是内容的完备与成熟,另一方面是试图与当代的微分博弈、随机博弈区分开来。

本书分为六章,各章的内容与案例如下:第1章是博弈论公理基础的知识要点、案例分析和学者小传,主要体现效用理论与知识理论;第2章是完全信息静态博弈的知识要点、案例分析和学者小传,主要体现纳什均衡与相关概念;第3章是完全信息动态博弈的知识要点、案例分析和学者小传,主要体现子博弈完美均衡;第4章是不完全信息静态博弈的知识要点、案例分析和学者小传,主要体现贝叶斯纳什均衡;第5章是不完全信息动态博弈的知识要点、案例分析和学者小传,主要体现完美贝叶斯均衡;第6章是合作博弈与解概念的知识要点、案例分析和学者小传,主要体现合作博弈的模型与公平分配。每一章包括三部分:知识梳理、案例分析和人物故事(领域相关学者小传)。这样设计的目的是让学生在温习知识的基础上了解掌握案例的分析过程,并通过对案例描述的学习培养独立自主完成模型构建的能力。

本书特色鲜明：一是按照经典博弈论的模型划分，案例覆盖了博弈论的公理基础、完全信息静态博弈、完全信息动态博弈、不完全信息静态博弈、不完全信息动态博弈、合作博弈等多类型内容；二是按照经典博弈论的应用领域划分，案例覆盖了经济、管理、社会、政治、军事等领域，特别是对博弈论的人工智能应用案例也有涉及；三是每一个案例都进行了问题分析、模型构建、计算求解等，这对于运用和实践博弈论大有裨益；四是收集了很多著名博弈论专家学者的学术贡献、生活轶事等，可以加深对博弈论学科发展的理解。

本书由多位作者联合完成，全书由刘进设计和统稿。其中，第1章由陈杰撰写，第2、3、4章由刘进撰写，第5章由李卫丽撰写，第6章由朱承撰写；董艺博、任加祺完成了书中博弈论学者信息的收集和整理工作。

本书的写作参考了几本非常经典的博弈论教材、科普读物和网络资料，这些参考资料给了作者很多启迪，在此一并表示感谢。

限于作者水平，书中难免有不足和错误之处，敬请各位读者批评指正。

刘 进

2022年12月

目 录

第1章 效用理论与知识理论 1
1.1 知识梳理 1
1.2 案例分析 6
1.2.1 帽子是什么颜色 6
1.2.2 皇帝的新装 8
1.2.3 教与学的均衡 8
1.2.4 英雄所见略同 9
1.2.5 协同攻击难题 10
1.2.6 演绎与归纳 10
1.3 人物故事 12
1.3.1 库尔诺 12
1.3.2 伯特兰 13
1.3.3 波莱尔 14
1.3.4 奥曼 15

第2章 纳什均衡与相关概念 19
2.1 知识梳理 19
2.1.1 二人有限零和博弈 19
2.1.2 二人有限零和博弈混合扩张 21
2.1.3 一般的完全信息静态博弈 23
2.1.4 完全信息静态博弈混合扩张 28
2.2 案例分析 32
2.2.1 囚徒困境 32

2.2.2	性别之战	37
2.2.3	硬币匹配	40
2.2.4	猎鹿问题	42
2.2.5	斗鸡博弈	45
2.2.6	智猪博弈	45
2.2.7	独木桥博弈	46
2.2.8	骑虎难下博弈	47
2.2.9	市场争夺战	47
2.2.10	二寡头古诺模型	48
2.2.11	多寡头古诺模型	49
2.2.12	二寡头伯特兰模型	49
2.2.13	多寡头伯特兰模型	50
2.2.14	城市公交博弈	50
2.2.15	银行监管博弈	51
2.2.16	兵力分配问题	53
2.2.17	攻击点顺序选择	54
2.2.18	真伪识别问题	55
2.2.19	导弹危机	56
2.2.20	俾斯麦海战	61
2.2.21	登岛作战博弈	62
2.2.22	攻守博弈模型	66
2.2.23	积极防御博弈	68
2.2.24	国家战略博弈	70
2.2.25	改变博弈结构	71

2.3 人物故事 73
 2.3.1 冯·诺依曼 73
 2.3.2 纳什 78
 2.3.3 吴文俊 82

第3章 子博弈完美均衡 86
3.1 知识梳理 86
3.2 案例分析 101
 3.2.1 三回合讨价还价博弈 101
 3.2.2 开金矿博弈 102
 3.2.3 海盗分宝石 103
 3.2.4 二寡头斯塔克伯格模型 104
 3.2.5 在重复中学习 105
 3.2.6 分蛋糕博弈 106
 3.2.7 战机空战 109
 3.2.8 军备竞赛模型 116
 3.2.9 兰彻斯特方程 118
 3.2.10 兰彻斯特方程谱系 122
 3.2.11 多兵种协同对抗 124
 3.2.12 纳尔逊秘诀 126
 3.2.13 硫磺岛战役 127
 3.2.14 先后发制 130
 3.2.15 军事谋略的博弈分析 132
 3.2.16 作战模拟 133
 3.2.17 三方博弈的启示 134
 3.2.18 六子棋博弈 136

		3.2.19 围棋博弈	137
		3.2.20 点格棋博弈	139
	3.3	人物故事	141
		3.3.1 策梅洛	141
		3.3.2 泽尔腾	141
		3.3.3 威尔逊	143
		3.3.4 米尔格罗姆	144

第4章 贝叶斯纳什均衡 146

4.1	知识梳理	146
4.2	案例分析	149
	4.2.1 扶还是不扶	149
	4.2.2 不完全信息双寡头古诺模型	150
	4.2.3 黔之驴	151
	4.2.4 王莽篡汉	153
	4.2.5 不完全信息市场争夺战	154
	4.2.6 言语中的博弈	155
	4.2.7 三国演义	156
	4.2.8 军事博弈中的信息	157
	4.2.9 不完全信息鹰鸽博弈	159
	4.2.10 侦察的重要性	161
	4.2.11 工程招标博弈	163
4.3	人物故事	165
	4.3.1 海萨尼	165
	4.3.2 莫里斯	166
	4.3.3 谢林	167

第5章 完美贝叶斯均衡 169

5.1 知识梳理 169

5.2 案例分析 171

5.2.1 波音空客博弈 171
5.2.2 停车泊位共享博弈 174
5.2.3 可信的惩罚 175
5.2.4 威胁与承诺 176
5.2.5 两期声誉博弈 178
5.2.6 攻城打援博弈 180
5.2.7 虚虚实实 180
5.2.8 奇与正的博弈 182
5.2.9 真理与谎言 184
5.2.10 反反复复的博弈 185
5.2.11 德州扑克博弈 186
5.2.12 军棋博弈 187
5.2.13 桥牌博弈 189

5.3 人物故事 190

5.3.1 维克瑞 190
5.3.2 梯若尔 192
5.3.3 张嗣瀛 195

第6章 合作与公平分配 197

6.1 知识梳理 197

6.1.1 合作博弈基本模型 197
6.1.2 合作博弈解概念核心 199
6.1.3 合作博弈解概念沙普利值 203

  6.1.4 合作博弈解概念谈判集 208
  6.1.5 合作博弈解概念核仁 210
 6.2 案例分析 213
  6.2.1 金币的分配 213
  6.2.2 双赢的分配 213
  6.2.3 垃圾博弈与国际合作 215
  6.2.4 夏普里–苏比克权力指数 216
  6.2.5 班扎夫权力指数 217
  6.2.6 少数如何击败多数 218
 6.3 人物故事 220
  6.3.1 赫维茨 220
  6.3.2 马斯金 221
  6.3.3 迈尔森 222
  6.3.4 沙普利 223
  6.3.5 罗斯 224

参考文献 225

第1章 效用理论与知识理论

本章首先梳理了有关博弈论的公理基础，包括各种关系、效用函数、效用公理和知识模型等要点；然后基于知识要点给出了案例，并分析了案例，构建了模型，推导了性质，案例数据充分给出了计算求解，并对原始案例进行了反馈分析；最后给出了几个著名博弈论专家学者的小传.

1.1 知识梳理

定义 1.1 假设 A 是一个非空集合，定义以下集合族：
$$\mathcal{P}(A) = \{B|\ B \subseteq A\};$$
$$\mathcal{P}_0(A) = \{B|\ B \subseteq A, B \neq \varnothing\};$$
$$\mathcal{P}_1(A) = \{B|\ B \subseteq A, B \neq A\};$$
$$\mathcal{P}_2(A) = \{B|\ B \subseteq A, B \neq \varnothing, A\}.$$

定义 1.2 假设 A 是一个非空集合，$(A, \succeq)$ 称为一个二元关系，如果满足
$$\forall a, b \in A, 要么 a \succeq b, 要么 a \not\succeq b, 二者必且只居其一.$$

定义 1.3 假设 A 是一个非空集合，二元关系 $(A, \succeq)$ 称为一个偏序，如果满足

自反性：$\forall a \in A, a \succeq a.$

传递性：$a \succeq b, b \succeq c \Rightarrow a \succeq c.$

定义 1.4 假设 A 是一个非空集合，$(A, \succeq)$ 为一个偏序，称 $a \approx b$，如果满足
$$a \succeq b, b \succeq a.$$

定义 1.5 假设 A 是一个非空集合，$(A, \succeq)$ 为一个偏序，称 $a \succ b$，如果满足
$$a \succeq b, a \not\approx b.$$

定义 1.6 假设 A 是一个非空集合，$(A, \succeq)$ 为一个偏序，$\forall a \in A$，定义以下集合：
$$a_\succeq = \{b|\ b \in A, b \succeq a\};$$
$$a_\succ = \{b|\ b \in A, b \succ a\};$$
$$a_\preceq = \{b|\ b \in A, b \preceq a\};$$
$$a_\prec = \{b|\ b \in A, b \prec a\};$$
$$a_\approx = \{b|\ b \in A, b \approx a\}.$$

定义 1.7 假设 A 是一个非空集合，二元关系 $(A, \approx)$ 称为一个等价关系，如果满足

自反性：$\forall a \in A, a \approx a.$

对称性：$a \approx b \Rightarrow b \approx a.$

传递性：$a \approx b, b \approx c \Rightarrow a \approx c.$

定义 1.8 假设A是一个非空集合，$(A, \approx)$为一个等价关系，$\forall a \in A$，定义集合
$$[a] = \{b|\ b \in A, b \approx a\}.$$

定义 1.9 假设A是一个非空集合，$(A, \approx)$为一个等价关系，定义商空间
$$\frac{A}{\approx} = \{[a]|\ a \in A\}.$$

定义 1.10 假设A是一个非空集合，二元关系$(A, \succeq)$称为一个偏好关系（全序关系），如果满足

自反性：$\forall a \in A, a \succeq a.$

传递性：$a \succeq b, b \succeq c \Rightarrow a \succeq c.$

完备性：$\forall a, b \in A, a \succeq b$ 或者 $b \succeq a.$

定义 1.11 假设$(A, \succeq)$是一个偏好关系，函数$f: A \to \mathbf{R}^1$称为表示$(A, \succeq)$的效用函数，如果满足
$$x \succeq y \Leftrightarrow f(x) \geqslant f(y).$$

定义 1.12 假设A是一个有限集合，不妨设
$$A = \{a_1, \cdots, a_m\},$$
其上的概率分布空间定义为
$$\Delta(A) = \{p|\ p \in \mathbf{R}^m; p \geqslant 0; \sum_{i=1}^{m} p_i = 1\}.$$
为了确切表示各个元素的概率，一般可用如下符号表示：
$$\sum_{i=1}^{m} p_i a_i, \sum_{a \in A} p(a) a, (p(a))_{a \in A}, [p(a)]_{a \in A}, \cdots.$$

定义 1.13 假设A是一个有限集合，$B \in \mathcal{P}_0(A)$是非空子集，B上的概率分布空间可以按照如下自然的方式嵌入A上的概率分布空间：
$$\Delta(B) = \Delta(B) \times \{0\}^{\#B^c} \hookrightarrow \Delta(A),$$
其中$\#B^c$表示集合B的余集中元素的个数或者势.

定义 1.14 假设A是一个集合(可能无限)，其上的一阶乐透空间定义为
$$\mathcal{L}^{(1)}(A) = \bigcup_{B \in \mathcal{P}_0(A), \#B < \infty} \Delta(B),$$
其中$\#B$表示集合B中元素的个数或者势.

定义 1.15 假设A是一个集合（可能无限），其上的高阶乐透空间定义为
$$\mathcal{L}^{(k)}(A) = \mathcal{L}^{(1)}(\mathcal{L}^{(k-1)}(A)), k = 1, \cdots.$$
规范起见，约定$\mathcal{L}^{(0)}(A) = A.$

定义 1.16 假设A是一个集合（可能无限），其上的$k-1$阶乐透空间可以按照如下的方式自然嵌入k阶乐透空间：
$$e: \alpha^{(k-1)} \in \mathcal{L}^{(k-1)}(A) \hookrightarrow [1(\alpha^{(k-1)})] \in \mathcal{L}^{(k)}(A).$$

定义 1.17 高阶乐透的简化原理（描述性定义）. 假设A是一个集合(可能无限)，其上的所有高阶乐透空间本质上是一阶乐透空间. 归纳定义：

$$L_i^{(1)} = \sum_{k \in K} p_i^k a_k, i \in I,$$

$$L^{(2)} = \sum_{i \in I} q^i L_i^{(1)},$$

$$L^{(1)} = \sum_{k \in K} \mathbf{R}^k a_k, \mathbf{R}^k = \sum_{i \in I} p_i^k q^i.$$

其中$\{a_k\}_{k \in K} \subseteq A, \#K, I < \infty, \forall i \in I, (p_i^k)_{k \in K}$和$(q^i)_{i \in I}$是概率分布.

定义 1.18 假设A是一个集合（先前其上并未定义偏好关系），$(\mathcal{L}^{(1)}(A), \succeq)$是其上一阶乐透空间的偏好关系（自然诱导出偏好关系$(A, \succeq)$）. 函数$F: \mathcal{L}^{(1)}(A) \to \mathbf{R}^1$称为$(\mathcal{L}^{(1)}(A), \succeq)$的效用函数，如果满足

$$\forall L_1, L_2 \in \mathcal{L}^{(1)}(A), L_1 \succeq L_2 \Leftrightarrow F(L_1) \geqslant F(L_2).$$

定义 1.19 假设A是一个集合，$(\mathcal{L}^{(1)}(A), \succeq)$是其上一阶乐透空间的偏好关系. 函数$F: \mathcal{L}^{(1)}(A) \to \mathbf{R}^1$是$(\mathcal{L}^{(1)}(A), \succeq)$的效用函数，称其是线性的，如果满足

$$\forall B \in \mathcal{P}_0(A), \#B < \infty, \forall \sum_{b \in B} p(b)b \in \Delta(B), F(\sum_{b \in B} p(b)b) = \sum_{b \in B} p(b)F(b).$$

定义 1.20 假设$(A, \succeq)$是一个偏好关系，函数$f: A \to \mathbf{R}^1$是$(A, \succeq)$的效用函数，定义函数$F: \mathcal{L}^{(1)}(A) \to \mathbf{R}^1$为

$$\forall B \in \mathcal{P}_0(A), \#B < \infty, \forall \sum_{b \in B} p(b)b \in \Delta(B), F(\sum_{b \in B} p(b)b) =: \sum_{b \in B} p(b)f(b),$$

称函数$F: \mathcal{L}^{(1)}(A) \to \mathbf{R}^1$为$f: A \to \mathbf{R}^1$的线性扩张，称函数$F: \mathcal{L}^{(1)}(A) \to \mathbf{R}^1$定义的偏好关系$(\mathcal{L}^{(1)}(A), \succeq)$为$(A, \succeq)$的线性扩张.

公理 1.1 (连续公理) 给定集合A，$(\mathcal{L}^{(2)}(A), \succeq)$是二阶乐透空间上的偏好关系，称其满足连续公理，如果

$$\forall a, b, c \in A, a \succeq b \succeq c, \Rightarrow \exists \theta \in [0, 1], \text{s.t. } b \approx \theta a + (1 - \theta)c.$$

公理 1.2 (单调公理) 给定集合A，$(\mathcal{L}^{(2)}(A), \succeq)$是二阶乐透空间上的偏好关系，称其满足单调公理，如果

$$\forall a, b \in A, a \succ b; \forall \alpha, \beta \in [0, 1], \alpha \geqslant \beta \Leftrightarrow \alpha a + (1 - \alpha)b \succeq \beta a + (1 - \beta)b.$$

公理 1.3 (简化公理) 给定集合$A = \{a_1, \cdots, a_m\}$，$(\mathcal{L}^{(2)}(A), \succeq)$是二阶乐透空间上的偏好关系，称其满足简化公理，如果

$$\forall L_i^{(1)} = \sum_{k=1}^m p_i^k a_k \in \mathcal{L}^{(1)}(A), i \in I, \#I < \infty,$$

$$\forall L^{(2)} = \sum_{i \in I} q^i L_i^{(1)} \in \mathcal{L}^{(2)}(A),$$

$$L^{(1)} =: \sum_{k=1}^m \mathbf{R}^k a_k, \mathbf{R}^k = \sum_{i \in I} p_i^k q^i,$$

$$\Rightarrow L^{(1)} \approx L^{(2)}.$$

公理 1.4 (独立公理) 给定集合A，$(\mathcal{L}^{(2)}(A), \succeq)$是二阶乐透空间上的偏好关系，称其满足独立公理，如果

$$\forall L_i^{(1)} \in \mathcal{L}^{(1)}(A), i \in I, \#I < \infty,$$
$$\forall L^{(2)} = \sum_{i \in I} q^i L_i^{(1)} \in \mathcal{L}^{(2)}(A),$$
$$\forall a_j \in A, \text{s.t.} \ a_j \approx L_j^{(1)}$$
$$\Rightarrow L^{(2)} \approx \sum_{i<j} q^i L_i^{(1)} + q^j a_j + \sum_{i>j} q^i L_i^{(1)}.$$

定义 1.21 称函数$g: A \to \mathbf{R}^1$为函数$f: A \to \mathbf{R}^1$的正仿射变换，如果满足

$$\exists \alpha > 0, \beta \in \mathbf{R}, \text{s.t.} \ g(x) = \alpha f(x) + \beta, \forall x \in A.$$

定义 1.22 假设S是一个非空的有限集合，如果描述的是没有包含人的要素的对象，并且包含了所讨论对象的全体，则称为自然状态集合.

定义 1.23 假设Y是一个非空的有限集合，如果描述的是所讨论对象的全体（可以包含人的要素，也可以不包含人的要素），则称为世界状态集合.

定义 1.24 假设S是有限非空的自然状态集合，Y是有限的世界状态集合，Y与S之间的映射$\phi: Y \to S$称为状态转换映射.

定义 1.25 假设Y是有限的世界状态集合，Y的一个子集称为事件.

定义 1.26 假设Y是有限的世界状态集合，如果某个人i对Y的认识基于一个划分$\tau \in \text{Part}(Y)$，则称τ为i对世界Y的信息.

定义 1.27 五元组$(N, Y, (\tau_i)_{i \in N}, S, \phi)$称为Aumann不完全信息模型，如果满足

(1) N是有限的局中人集合；
(2) Y是有限的世界状态集合；
(3) $\tau_i \in \text{Part}(N), \forall i \in N$是局中人$i$对世界$Y$的信息；
(4) S是有限的自然状态集合；
(5) $\phi: Y \to S$是状态转换映射.

定义 1.28 六元组$(N, Y, (\tau_i)_{i \in N}, S, \phi, w_*)$称为Aumann不完全信息态势，如果满足

(1) N是有限的局中人集合；
(2) Y是有限的世界状态集合；
(3) $\tau_i \in \text{Part}(N), \forall i \in N$是局中人$i$对世界$Y$的信息；
(4) S是有限的自然状态集合；
(5) $\phi: Y \to S$是状态转换映射；
(6) $w_* \in Y$是一个具体的世界状态.

定义 1.29 假设$(N, Y, (\tau_i)_{i \in N}, S, \phi)$为Aumann不完全信息模型，定义以下符号：

$$\tau_i = \{F_{i,1}, \cdots, F_{i,n_i}\} = \{F_{i,j}\}_{j=1}^{n_i} = \{F_i\} = \{F_i\}_{i \in D_i},$$

其中，D_i是一个指标集. 包含世界状态$w \in Y$的局中人i的信息集记为$F_i(w)$.

定义 1.30 假设 $(N, Y, (\tau_i)_{i \in N}, S, \phi)$ 为 Aumann 不完全信息模型，$A \in \mathcal{P}(Y)$ 是一个事件，$w \in Y$，称事件 A 在状态 w 中获取，如果满足 $w \in A$.

定义 1.31 假设 $(N, Y, (\tau_i)_{i \in N}, S, \phi)$ 为 Aumann 不完全信息模型，$i \in N$ 是某个局中人，$A \in \mathcal{P}(Y)$ 是一个事件，$w \in Y$ 是一个世界状态，称局中人 i 通过状态 w 知道事件 A，如果满足

$$F_i(w) \subseteq A.$$

定义 1.32 假设 $(N, Y, (\tau_i)_{i \in N}, S, \phi)$ 为 Aumann 不完全信息模型，$i \in N$ 是某个局中人，定义局中人 i 的知识算子 K_i 为

$$K_i : \mathcal{P}(Y) \to \mathcal{P}(Y), \text{s.t.} \ K_i(A) = \{w | \ w \in Y; F_i(w) \subseteq A\}, \forall A \in \mathcal{P}(Y).$$

定义 1.33 假设 $(N, Y, (\tau_i)_{i \in N}, S, \phi)$ 为 Aumann 不完全信息模型，$i_1, \cdots, i_r \in N$ 是局中人序列（可以重复），局中人序列 $i_1, \cdots, i_r$ 的高阶知识算子定义为

$$K_{i_r} \cdots K_{i_1}(A) = \{w | \ w \in Y; F_{i_r}(w) \in K_{i_{r-1}} \cdots K_{i_1}(A)\}.$$

定义 1.34 假设 $(N, Y, (\tau_i)_{i \in N}, S, \phi)$ 为 Aumann 不完全信息模型，$w \in Y$ 是一个具体的世界状态. 在世界状态 w 下 Y 上的知识结构指的是如下判断语句：

$$w \in \text{ or } \notin K_{i_r} \cdots K_{i_1}(A), \forall A \in \mathcal{P}(Y), \forall i_1, \cdots, i_r \in N, \forall r \in \mathbf{N}_+.$$

定义 1.35 假设 $(N, Y, (\tau_i)_{i \in N}, S, \phi)$ 为 Aumann 不完全信息模型，$w \in Y$ 是一个具体的世界状态，$C \subseteq S$ 为事件，称局中人 i 在世界状态 w 下知道自然事件 C，如果满足

$$w \in K_i(\phi^{-1}(C)), \phi^{-1}(C) = \{w | \ w \in Y, \phi(w) \in C\}.$$

定义 1.36 假设 $(N, Y, (\tau_i)_{i \in N}, S, \phi)$ 为 Aumann 不完全信息模型，$w \in Y$ 是一个具体的世界状态. 在世界状态 w 下 S 上的知识结构指的是如下判断语句：

$$w \in \text{ or } \notin K_{i_r} \cdots K_{i_1}(\phi^{-1}(C)), \forall C \in \mathcal{P}(S), \forall i_1, \cdots, i_r \in N, \forall r \in \mathbf{N}_+.$$

定义 1.37 假设 $(N, Y, (\tau_i)_{i \in N}, S, \phi)$ 为 Aumann 不完全信息模型，$w \in Y$ 是一个具体的世界状态，$A \subseteq Y$ 是一个世界事件，称事件 A 是状态 w 下局中人 N 的公共知识，如果满足

$$w \in K_{i_r} \cdots K_{i_1}(A), \forall i_1, \cdots, i_r \in N, \forall r \in \mathbf{N}_+.$$

定义 1.38 假设 $(N, Y, (\tau_i)_{i \in N}, S, \phi)$ 为 Aumann 不完全信息模型，$w \in Y$ 是一个具体的世界状态，$A \subseteq Y$ 是一个世界事件，$M \subseteq N$ 是部分局中人集合，称事件 A 是状态 w 下局中人 M 的公共知识，如果满足

$$w \in K_{i_r} \cdots K_{i_1}(A), \forall i_1, \cdots, i_r \in M, \forall r \in \mathbf{N}_+.$$

定义 1.39 假设 $(N, Y, (\tau_i)_{i \in N}, S, \phi)$ 为 Aumann 不完全信息模型，$w \in Y$ 是一个具体的世界状态，$C \subseteq S$ 是一个自然事件，称事件 C 是状态 w 下局中人 N 的公共知识，如果满足

$$w \in K_{i_r} \cdots K_{i_1}(\phi^{-1}(C)), \forall i_1, \cdots, i_r \in N, \forall r \in \mathbf{N}_+.$$

定义 1.40 假设 $(N, Y, (\tau_i)_{i \in N}, S, \phi)$ 为 Aumann 不完全信息模型，$w \in Y$ 是一个具体的世界状态，$C \subseteq S$ 是一个世界事件，$M \subseteq N$ 是部分局中人集合，称事件 C 是状态 w 下局中人 M

的公共知识，如果满足
$$w \in K_{i_r}\cdots K_{i_1}(\phi^{-1}(C)), \forall i_1,\cdots,i_r \in M, \forall r \in \mathbf{N}_+.$$

定义 1.41 假设$(N,Y,(\tau_i)_{i\in N},S,\phi)$为Aumann不完全信息模型，对应的无向图$G=(V,E)$为
$$V=:Y; z\sim w \Leftrightarrow \exists i \in N, \text{s.t. } z \in F_i(w),$$

规定：节点之间可以不连，也可以相连. 如果只有一条边相连，图中无自连边，称为简单无向图.

定义 1.42 简单无向图$G=(V,E)$的连通分支指最大的连通子图. 连通是指任意两点在子图中有路径相连，最大是指子图中任意一个节点无法与子图外的节点连通. 假设$w\in V$是一个节点，包含节点w的连通分支记为$C(w)$.

定义 1.43 假设X是一个有限集合，$\alpha,\beta \in \text{Part}(X)$是两个划分，称$\alpha$是$\beta$的细化，记为$\alpha \leqslant \beta$，如果满足
$$\forall A \in \alpha, \exists B \in \beta, \text{s.t. } A \subseteq B.$$

定义 1.44 六元组$(N,Y,(\tau_i)_{i\in N},S,\phi,P)$称为Aumann带信念的不完全信息模型，如果满足

(1) N是有限的局中人集合；

(2) Y是有限的世界状态集合；

(3) $\tau_i \in \text{Part}(N), \forall i \in N$是局中人$i$对世界$Y$的信息；

(4) S是有限的自然状态集合；

(5) $\phi: Y \to S$是状态转换映射；

(6) $P: Y \to [0,1]$是概率分布，满足$P(w) > 0, \forall w \in Y$.

定义 1.45 七元组$(N,Y,(\tau_i)_{i\in N},S,\phi,P,w_*)$称为Aumann带信念的不完全信息态势，如果满足

(1) N是有限的局中人集合；

(2) Y是有限的世界状态集合；

(3) $\tau_i \in \text{Part}(N), \forall i \in N$是局中人$i$对世界$Y$的信息；

(4) S是有限的自然状态集合；

(5) $\phi: Y \to S$是状态转换映射；

(6) $P: Y \to [0,1]$是概率分布，满足$P(w) > 0, \forall w \in Y$；

(7) $w_* \in Y$是一个具体的世界状态.

1.2 案例分析

1.2.1 帽子是什么颜色

在"帽子的颜色问题"中，同样是公共知识不断公布，推理不断进行的过程.

有一群人围坐在一起，为了便于分析，假定只有4个人（实际与人数多少无关，都可同样分析）．每个人头戴一顶帽子，帽子为红色和白色两种，每个人看不到自己帽子的颜色，但能看到别人帽子的颜色．因此某人不能判定出自己头上帽子的颜色．

假定这4个人均戴红色的帽子．这时候，一个局外人来到他们当中，对他们说："你们中至少一个人戴的是红色的帽子．"当他说完后再问："你们知道你们头上帽子的颜色吗？"4个人都说："不知道．"这个局外人第二次问："你们知道你们头上帽子的颜色吗？"4个人又都说："不知道．"局外人第三次问："你们知道你们头上帽子的颜色吗？"4个人又说："不知道．"局外人又问第四次："你们知道你们头上帽子的颜色吗？"这时4个人均说："知道了！"

当局外人未宣布"至少一个人戴红帽子"时，这个事实其实每个人都知道了，因为每个人看到其他3个人的帽子都是红色的，但每个人不知道其他人是否知道这个事实，即这个事实没有成为公共知识．而当这个局外人宣布了之后，"至少一个人帽子是红色的"便成了公共知识．此时每个人不仅知道"至少一个人的帽子是红色的"，而且还知道其他人知道他知道这个事实……

局外人第一次问时，由于每个人面对的其他3个人都是红色的帽子，每个人当然不能肯定自己头上的帽子是什么颜色，于是均回答"不知道"．此时，如果只有1个人戴红色的帽子，那么这个人因面对3个戴白色的帽子，他肯定知道自己的帽子颜色．因此，当4个人均回答"不知道"时意味着"至少有2人戴的是红色帽子"，而且这也是公共知识．

当局外人第二次问时，如果只有2人戴的是红色帽子，这2人就会回答"知道"，因为他们各自面对的是1个戴红色帽子的人．由于每个人面对的是不止一个戴红色帽子的人，因此当局外人第二次问时，他们只能回答"不知道"．此时的"不知道"，意味着"至少3个人戴红色帽子"，并且它成为公共知识．

同样，当局外人第三次问时，他们均回答"不知道"，意味着4个人均戴的是红色帽子．因此，当局外人第四次问时，他们就知道每个人头上均戴的是红色帽子，于是，他们回答"知道"．

当局外人首先宣布"你们中至少一个人戴红色帽子"，以及4个人第二、第三、第四次回答时，无论回答"知道"还是"不知道"，都构成公共知识成为所有人推理的前提。在这个过程中，每个人均在推理．

对"帽子的颜色问题"进行简化：有一个游戏，有一个主持人和一群人（假定有n人），戴了两种颜色的帽子，每个人的帽子颜色是红色或者白色，每个人不能看到自己帽子的颜色却看得到其他人帽子的颜色．游戏的主持人说："你们中至少一个人的帽子是红色的．"然后开始一次次地问："你们知道自己帽子的颜色吗？"现在的问题是：当主持人问到第几次时，才有人说"知道"？并且多少人说"知道"？

1.2.2 皇帝的新装

从前，一个皇帝爱穿漂亮的衣裳，有两个骗子对皇帝说，他们能做出世界上最漂亮的衣服，这衣服不仅华丽，而且穿上它后能知道谁是愚蠢的人，因为愚蠢的人是看不见这衣服的. 皇帝相信他们的话，给了他们许多金子，让他们开始织布. 两个骗子在织机旁煞有介事地忙碌着. 皇帝派他的宠臣去看看工作的进度，然而他们惊呆了：天啊，我什么也看不见！他们想，难道我是愚蠢的人？我不胜任自己现有的权位？这是多么可怕的事啊！但好在其他人不知道. 于是他们装着看见的样子，称赞布是多么的漂亮，骗子向他们描述衣服的色彩和图样，他们点头称是. 回去后，他们将骗子的话汇报给皇帝. 皇帝亲自来看衣服制作的进度，他也同样被眼前的情景惊呆了，因为他什么也没看见！事实上确实什么也没有. 皇帝也怀疑自己是愚蠢的人，但他想，千万不能让别人知道我看不见衣服，千万不能让我的臣民知道我是愚蠢的人，于是他也同样夸赞起衣服来.

全城庆典的那天，骗子装模作样地赶好了衣服，皇帝脱掉了他原来的衣服，骗子做出给他穿衣服的样子. 当骗子给皇帝穿好所谓的"新衣服"后，皇帝步出宫殿向他的臣民致意. 皇帝什么也没穿，在大街上被他的臣民们簇拥着，臣民们都看着没穿衣服的皇帝，然而他们不敢承认，怕别人知道自己是愚蠢的人，所以他们不说自己看不到皇帝的衣服.

这时，一个小孩突然说："其实皇帝什么也没穿啊！"这一声无疑是晴天霹雳. 于是，老百姓私下传着这个天真无邪的小孩的话，人们开始相信小孩说的话是对的. 皇帝也知道了老百姓们的窃窃私语，他想老百姓的话可能是对的，但他没办法就此回头，他坚持把游行进行下去，于是他更加高傲地向前走去.

在这个童话中，所谓皇帝的新衣服其实什么也没有，每个人都知道这是事实. 也就是说，对每个人来说，"皇帝什么都没穿"是知识. 但是，每个人不知道其他人是否知道这个事实，即每个人不知道其他人拥有这个知识. 同时每一个人知道，只要他不说，其他人不知道他知道这个事实. 即"皇帝什么都没穿"不是皇帝、大臣及老百姓之间的"公共知识".

这里有一个虚假前提：如果我没看见皇帝的新衣服意味着我是愚蠢的. 因此，每个人尽量地不让其他人了解自己没看见皇帝的新装. 此时，每个人包括皇帝都在说着假话，硬说自己看见了新衣服. 每个人都在谎言下生活. 这就是一个均衡，一个大家都"说谎的均衡".

然而，小孩说出"其实皇帝什么也没穿"，小孩意味着不会说假话. 当小孩的话传到每个人那里时，"其实皇帝什么也没穿"便成了公共知识. 原来的均衡被打破了. 安徒生的这个童话里让小孩子说出真话有他的用意，小孩子是最真诚的和不受污染的.

1.2.3 教与学的均衡

我们每个人都有老师，如上小学时有小学教师，上中学时有中学教师，上大学时有大学教师，等等. 并且在同一阶段有不同的教师，如在中学有数学教师、语文教师、物理教师、化学教师等. 这是众所周知的事情，没有什么特别的地方.

然而，如果对学生－教师的知识结构作分析，就会发现教育有着特别的知识结构. 那么教育有什么样的结构？每个人都知道，学校的教师知道他（或她）应该知道的知识，学生知道他们的老师知道他们想学的知识，老师也知道学生知道他（或她）拥有某些知识，即：老师知道某些要求的知识是公共知识. 在此，用 K_1 表示"教师知道某些学科的知识"，K_1 为公共知识.

同时，学生不知道教师知道的学科性知识，学生对这些知识的无知也成为公共知识，即：教师知道学生对这些知识的无知，成为学生和老师间的公共知识，同时也是全社会的公共知识. 用 K_2 表示"学生不知道某个学科的知识"，K_2 也是公共知识. K_1 和 K_2 不仅是老师和学生间的公共知识，也是社会的公共知识.

因此，之所以教师站在讲台上处于"教"或"讲授"的位置，而学生坐在课桌前处于"学"或"聆听"的位置，就是因为有这样的公共知识存在."教－学"或"讲授－聆听"构成博弈均衡. 如果没有这样的知识构成，"教－学"或"讲授－聆听"的均衡便不会形成. 这样的均衡何时会被打破呢？

既然"教－学"的均衡依赖于公共知识 K_1 和 K_2，一旦这样的知识构成被打破，"教－学"的均衡将被终结. 这里有两种可能情况：一是 K_1 不是公共知识，或者因为教师不具有这些知识，或者教师具有这些知识但没有成为公共知识，也就是说学生或社会不知道，那么"教－学"的均衡不能形成，这个教师便不能站在讲台上. 二是通过一定时间的学习，教师将知识教给了学生，学生也知道了教师讲授的东西，此时"教－学"的均衡也被打破了.

1.2.4 英雄所见略同

《三国演义》中描写了这样一则故事：曹操带领大军进攻东吴，诸葛亮来到东吴，劝说东吴与刘备一起抵抗曹操大军，都督周瑜向诸葛亮请教如何破曹操的百万大军. 周瑜说："我昨天察看曹操水寨，极为严整、有章法，不是一般人所能攻破的，我想了一个计策，不知道是否可行，请先生为我决策."诸葛亮则说："都督暂不要说，我们各自写在手上，看一看是否一样."

周瑜大喜，遂与诸葛亮各暗写于掌中，两人移近坐榻，各出掌中之字互相观看，皆大笑. 原来周瑜掌中乃一"火"字，诸葛亮掌中亦一"火"字. 周瑜说："既我两人所见相同，更无疑矣. 幸勿漏泄."

在诸葛亮和周瑜未在掌中写出"火"字之前，或者尽管他们在掌中写出"火"字但没有互相观看时，火攻曹操为一个致胜妙计是他们两个人所知道的，但不是公共知识，因为周瑜不知道诸葛亮知道这个策略. 此时很有可能的是，诸葛亮知道周瑜知道这个策略，但周瑜以为诸葛亮不知道他知道这个策略. 而当两人在手中写出"火"字，并"互相观看"之后，这个策略可以取胜就成为他们的公共知识.

诸葛亮与周瑜将"火"字写在掌中，并互相观看，这样的行为使他们的知识结构发生变化. 在这个过程，知识结构发生变化的群体只有诸葛亮和周瑜两个人，而无其他人，即"诸将皆不知其事". 如果其他人（尤其是曹操）知道火攻为诸葛亮和周瑜之间的公共知识，那么火攻策略便不能战胜曹操，赤壁一战便会出现另外的结果。可以看出，知识的分布关系到战争的成败。

1.2.5 协同攻击难题

在生活中经常见到某些场合下，两个人为某件事情会心一笑，此时两人达成了默契。

如果用公共知识的概念来解释，就是两人都知道了某些知识，而且他们知道对方知道自己知道了该事情，即该事情是他们的公共知识。他们不通过语言传达了这些信息。

默契的双方不用语言就可形成某个公共知识。而在有些时候，即使用语言多次传递某个信息，该信息也难以成为公共知识。以下来看一个"协同攻击难题"。

两个将军各带领自己的部队埋伏在相隔一定距离的两座山上等候敌人。将军A得到可靠情报：敌人刚刚到达，立足未稳。如果敌人没有防备，两股部队一起进攻，就能够获得胜利；而如果只有一方进攻，进攻方将失败。这是两位将军都知道的。A遇到了一个难题：如何与将军B协同进攻？那时没有电话之类的通信工具，只有通过派情报员来传递消息。将军A派遣一个情报员去了将军B那里，告诉将军B：敌人没有防备，两军于黎明一起进攻。然而可能发生的情况是，情报员失踪或者被敌人抓获，即：将军A虽然派遣情报员向将军B传达"黎明一起进攻"的信息，但他不能确定将军B是否收到他的信息。事实上，情报员回来了。将军A陷入了迷茫：将军B怎么知道情报员肯定回来了？将军B如果不能肯定情报员回来的话，他必定不会贸然进攻的。于是将军A又将该情报员派遣到B地。然而，他不能保证这次情报员肯定到了将军B那里……

这就是"协同攻击难题"，它由格莱斯于1978年提出。更为糟糕的是，有学者证明，不论这个情报员来回成功地跑多少次，都不能使两个将军一起进攻。

问题在于，两个将军协同进攻的条件是："于黎明一起进攻"是将军A、B之间的公共知识，然而，无论情报员跑多少次，都不能使A、B之间形成这个公共知识！如果你是这两个将军中的一个，你有什么办法？

1.2.6 演绎与归纳

推理方式有两种：一是演绎，二是归纳。由前提真必然推出结论真就是演绎推理。这是逻辑或传统逻辑研究的对象。古希腊哲学家亚里士多德确定了三段论推理形式，如：

大前提：所有人都要喝水。

小前提：张三是人。

结论：张三要喝水。

再比如：

大前提：所有的爬行动物是用肺呼吸的。

小前提：蛇是爬行动物。

结论：蛇是用肺呼吸的。

只要前提真，推理过程无误，演绎推理的结论就是真的。演绎推理是由某个普遍性的原理推出某种特殊的结论. 这个结论的内容不会超过前提蕴含的内容. 数学就是演绎性的.

不仅有演绎推理，还有归纳推理. 如：

前提1：张三是学生.

前提2：李四是学生.

结论：所有人都是学生.

又如：

前提1：蛇是用肺呼吸的.

前提2：鳄鱼是用肺呼吸的.

结论：所有的爬行动物都是用肺呼吸的.

这种由个别真的现象或前提推导出普遍性的结论就是归纳推理.

归纳出来的普遍性的结论不是必然真的，而是归纳真的，或者说是"或然真的"，即：结论可能是真的，也可能是假的.

归纳推理是跳跃的，结论的内容超出前提的内容. 当然，这种跳跃性的过程是可质疑的. 大哲学家休谟批判人们的归纳没有合理性，只是人的习惯联想而已. 因为没有逻辑的理由来证明归纳法.

演绎与归纳在人的认识与行动中起着重要作用，哲学家在研究它们的作用. 人的行动很大一部分建立在归纳推理之上. 那么什么是归纳推理呢？

归纳推理就是从少数观测的事例中概括出普遍性的命题. 如果用逻辑学的话语表述，就是从特称命题得出全称命题. 全称命题是指这样的命题形式：所有的……具有某种性质。而特称命题是指"某某具有什么性质". 当然，这是一种不严格的说法. 今天非经典逻辑的归纳逻辑就是研究证据与全称命题之间的支撑关系的.

从特称命题到全称命题的过程是归纳过程，这个过程中存在着跳跃. 这样的跳跃合理吗？

归纳法是科学家的常用工具，而哲学家一直在探讨归纳法的合理性. 培根说过"知识就是力量"。他竭力倡导归纳法，认为知识的来源是经验.

知识来源于经验，这不容怀疑. 然而人们通过经验得出知识的方法令人怀疑. 18世纪英国哲学家休谟认为，归纳法其实是人的习惯联想. 如每天看到太阳从东方升起而得出结论"太阳每天从东方升起"，看到了几只天鹅是白色的，就说"所有的天鹅是白色的".

怎么从过去每天观测到的太阳从东方升起而得出"太阳每天从东方升起"的结论？根据休谟的看法，答案只能是习惯联想. 以前观测到甲现象出现时，乙现象也出现，当以后看到甲现象时，便期待着乙现象出现，并且把甲现象称为原因，把乙现象称为结果. 然而这样得到的结论合理吗？甲与乙之间的所谓因果联系是必然的吗？休谟的回答是否定的.

可设想一下：主人每天给猪喂食，当猪看到主人来时，意味着食物送来了，然而猪不能必然性地得出，主人来必然给它喂食物. 因为很可能某天主人拎着刀是来杀它的. 这就是归纳法的困难. 哲学家无法证明归纳法的绝对合理性，如果要证明，肯定要引入其他的假定，假定自然是有规律的，但是这样的假设又是无法证明的.

虽然归纳法的合理性存疑，但归纳法在科学中的作用不可低估. 当然，这不是上面所举例子中的简单枚举归纳法，以至于有人说，归纳法是科学家的荣耀，哲学家的耻辱.

尽管如此，人们在日常生活中也是常用到归纳法的. 如当人们看到乌云时，会想到要下雨了，因为以前出现过这种现象，然而是否肯定下雨则难说，但下雨的可能性大. 因此，归纳法是思维工具箱中一个非常有用的工具，尽管不能时时有效.

对事物规则性的归纳得出的结论叫规律，规律以命题的形式出现，命题即能判断真假的句子. 命题与事实的关系是20世纪哲学研究的一个重要内容，上面对归纳法的怀疑是对得出真命题的方法的怀疑. 这里不讨论这个问题. 以下来分析人们是如何用归纳法对人的行动进行归纳从而决定自己的行动的.

在现实中人们经常用归纳法来下结论. 如果看到某人几次做出同样的错事，那么肯定会认为他的能力有问题；如果看到某人做出几件不好的事情，那么很容易怀疑他的道德. 对他人归纳性的看法会得出对方在同样的情形下会做出同样事情的结论，因此我们会制定自己的策略，但是这样做往往陷入误区.

不能说偷过东西的人永远会偷东西，因而称他们是小偷或贼，这是不正确的. 因为犯了错误的人不一定永远犯错误，但人们往往有这种思维. 如果把偷了东西的人叫小偷，那么这种称呼本身就将他们归类，使他们成为另类，这样称呼本身就等于用语言在他们与我们之间划了一条横沟，所以此时语言成了一种不道德的暴力. 从这一点来讲，可以认为语言是不宽容的，或者说语言存在问题.

以上讨论带有思辨的特点，然而人们在社会中确实是这样使用语言和思维的. 人们正是通过对认识的人的几次接触而对他们得出一个结论的，这个结论构成人们对之采取"回应行动"的基础. 这个回应行动包括"友好相处""防范对方的侵犯""追求从而成为恋人""冷漠"等，并根据不同情况将周边的人分类成可以成为朋友的、有可能成为敌人的、可以成为恋人或情人的、没有任何交往的等. 这样的归纳会产生错误. 随着交往的深入，归纳会发生改变. 也有些归纳因某种现实的或偶然的原因而永远得不到改变.

一个群体在长时间的交往接触中，分化出各种固定的关系，有些成为亲密的朋友，有些成为一般的朋友，有些成为永远的敌人，当然也会出现恋人或爱人，还有一些形同陌路，即一均衡态出现了：周边的人基本上被定了位，形成了固定的关系. 而这一切从归纳开始，并且在不断的交往中对所归纳的看法给予改正. 这是一个博弈，在这个博弈中存在一个对周边的人不断认识的过程，在博弈中称之为学习过程.

1.3 人物故事

1.3.1 库尔诺

- **人物简历**

安东尼·奥古斯丁·库尔诺（Antoine Augustin Cournot），法国数学家、经济学家和哲学家，数理统计学的奠基人.

库尔诺的人生道路并不坎坷. 他受教于著名的巴黎高等师范学校, 获巴黎大学博士学位. 他曾在巴黎大学和里昂大学任教, 担任格勒诺布尔学院院长, 成为法国勋级会荣誉军团成员, 并被任命为巴黎的教育巡视员. 尽管他视力一直很差, 晚年几近失明, 但生活还是安逸的. 他在数学、科学哲学和历史哲学、经济学方面都有造诣. 然而, 库尔诺生不逢时. 当时法国学术界关注的是对大革命的争论以及日益增长的社会主义思潮. 圣西门和傅里叶的空想社会主义, 蒲鲁东对私有制的抨击, 路易·布朗的工人合作思想, 这些都是人们关心争论的话题. 库尔诺的思想不是时代的主旋律, 同时, 库尔诺性情忧郁, 性格孤僻, 是个内向的人, 也不关心自己的作品是否有吸引力, 没有努力去引起同时代人的关注, 至死仍然默默无闻. 也就在他临终前, 杰文斯等名家才注意到他的作品, 认识到他的著作的深远意义.

- **学术贡献**

库尔诺是第一位真正"打入"经济学界的数学家. 1833 年, 库尔诺开始出任法国里昂大学的数学教授, 还曾担任过数学学院的院长职务. 他有两位大名鼎鼎的数学家老师, 一位是拉普拉斯, 另一位是泊松. 库尔诺的第一本学术著作写的是概率论, 而之后马上就将研究对象由数学转移到了经济领域, 并运用其娴熟的数学分析方法于 1838 年写出了他的第一本经济类学术专著《财富理论的数学原理的研究》, 这是一本研究水平极高的著作, 超越了当时研究经济学的学者的普遍水平, 但因是法文版, 没有引起人们太多的注意. 但一经人们发现, 他便一致被推崇为数理经济学派的先驱者. 至于是被哪一位经济学家先发现的, 有两种说法: 一说是英国的杰文斯最终发现了这本库尔诺的著作, 并将其介绍给了同行们; 另有一说是其法国同胞、且其父与库尔诺同年同窗同名又几乎同教名的勒翁·瓦尔拉斯, 他在成名之后, 将库尔诺的早年著作向大家作了介绍. 现在都把 19 世纪 70 年代杰文斯和瓦尔拉斯极力提倡并且实行以数学推理为经济理论研究的唯一方法作为当代数理经济学和数理学派的正式形成时期.

库尔诺最早提出需求量是价格的函数这个需求定理, 并建立了垄断模型和分析寡头的双头模型, 直到今天双头模型仍然是标准教科书中的重要内容. 库尔诺至今被重视的原因还在于他用数学方法分析这些问题. 之后的经济学家高度评价了他的这种贡献, 认为他对已有的, 但形态模糊的经济概念和经济命题给予严密的数学表述. 他的分析方法强有力地促使经济学从文字的叙述转向形式逻辑的和数字的表达. 20 世纪初, 英国著名经济学家埃奇沃思指出, 库尔诺的论著"是以数学形式把经济科学里的某些高度概括的命题, 陈述得最好的". 现代经济学家还指出, 库尔诺是用博弈论思想分析经济问题的先驱者, 他的双头模型就成功地运用了博弈论. 库尔诺的著作还有《财富理论原理》(1863 年) 和《经济学说概要评论》(1877 年).

1.3.2 伯特兰

- **人物简历**

约瑟·伯特兰 (Joseph Bertland), 1822 年出生于法国, 著名数学家、经济学家. 伯特兰的父亲是科普书籍作者, 英年早逝, 母亲是数学家让·玛利亚·杜汉姆 (Jean Marie Duhamel) 的妹妹, 于是伯特兰自幼便受杜汉姆的教导. 伯特兰 9 岁便理解代数和初等几何，11岁起旁听大学讲座，17岁成为热力学博士，并正式进入巴黎综合理工大学工作.

- **学术贡献**

数论中有伯特兰–切比雪夫定理：n和$2n$之间至少有一个素数. 经济学中有伯特兰模型和伯特兰悖论.

伯特兰模型是由伯特兰于1883年建立的. 库尔诺模型是把厂商的产量作为竞争手段，是一种产量竞争模型，而伯特兰模型是价格竞争模型. 伯特兰模型假定，当企业制定其价格时，认为其他企业的价格不会因它的决策而改变，并且n个（为简化取$n=2$）寡头企业的产品是完全替代品，A、B两个企业的价格分别为P_1、P_2，边际成本都等于C.

根据模型的假定，A、B两个企业的产品之间有很强的替代性，所以消费者的选择就是价格较低的产品；如果A、B的价格相等，则两个企业平分需求. 因此，两个企业会竞相削价以争取更多的顾客. 当价格降到$P_1=P_2=C$时，达到均衡，即伯特兰均衡. 结论：只要有一个竞争对手存在，企业的行为就同在完全竞争的市场结构中一样，价格等于边际成本.

根据伯特兰模型，谁的价格低谁就将赢得整个市场，而谁的价格高谁就将失去整个市场，因此寡头之间会相互削价，直至价格等于各自的边际成本为止. 根据伯特兰均衡可以得到两个结论：寡头市场的均衡价格为$P=C$；寡头的长期经济利润为0. 结论表明，只要市场中企业数目不小于2个，无论实际数目多大都会出现完全竞争的结果，这显然与实际经验不符，因此又被称为伯特兰悖论. 伯特兰模型之所以会得出这样的结论，与它的前提假定有关. 从模型的假定看至少存在以下两方面的问题：假定企业没有生产能力的限制，如果企业的生产能力有限，它就无法供应整个市场，价格也不会降到边际成本的水平；假定企业生产的产品是完全替代品，如果企业生产的产品不完全相同，就可以避免直接的价格竞争.

伯特兰模型假设价格为策略性变量而更为现实，但是它所推导出的结果却过于极端，由于与现实不甚相符而遭到了很多学者的批评. 这就是为什么将其称为伯特兰悖论. 因此，学者们在研究市场中企业的竞争行为时，更多的是采用库尔诺模型，即用产量作为企业竞争的决策变量.

1.3.3 波莱尔

- **人物简历**

埃米尔·波莱尔（Borel Emile），著名数学家. 波莱尔1871年生于法国阿韦龙的圣阿弗里克，1956年卒于巴黎. 1893年至1896年在里尔大学任教授；1897年至1920年在巴黎高等师范学校任教授，其间，1911至1920年任校长. 1920年随他的老朋友、数学家和政治家班勒卫来中国进行学术交流，1921年当选为法国科学院院士. 1921年以后，他投身政界，成为激进社会主义者代表，当过市长、地方议员、海军部长，还参加筹建国家科学研究中心. 1927年至1941年任庞加莱研究所所长，1929年成为苏联科学院外国通讯院士.

- **学术贡献**

波莱尔对数学做出了巨大贡献. 他引进近代实变函数理论、测度论、发散级数论、非解析开拓、可数概率、丢番图近似以及解析函数值的度量分布理论等,对现代数学的许多分支都产生了深刻的影响.

1895年,波莱尔证明了有限覆盖定理,即著名的波莱尔覆盖定理.由于海涅在关于一致连续的证明中也利用了这个性质,所以这个定理也有人称之为海涅–波莱尔定理. 1898年,波莱尔出版了《函数论讲义》一书.在处理表示复函数的级数收敛的点集时,他引入了"测度"的概念,定义了可数个不相交的可测集的并集的测度,他还考虑了零测集,并证明了测度大于零的集合是不可数的,波莱尔的测度论就这样产生了.后来,他的学生勒贝格将他的测度论推向一般化,引出了勒贝格可列可加测度,并定义了勒贝格积分,使黎曼意义下不可积的函数,有些在勒贝格意义下可积,引起了一场积分学的革命. 1895年至1899年,波莱尔借助无穷级数来研究任意函数.可和性级数理论的系统发展,就是从他这里的工作开始的.他用无穷积分定义级数的可和性,并引进绝对可和性的概念,证明了绝对可和的发散级数可以完全像收敛级数那样进行运算.他的这些理论可以直接应用于微分方程. 1896年波莱尔完成了皮卡定理的证明,使得该问题历时18年首次得到解决,而且为复变函数理论的推广提供了方法.

在无限次连续可微函数类、拟解析函数、超越整函数、代数体函数以及幂级数收敛圆周等方面的研究中,波莱尔也取得了一系列出色的成果. 1917年,他出版了著名的《关于解析函数的概念和历史》一书.在数学公理基础方面,波莱尔是半直觉主义派,也称为法国经验主义派的代表.他支持庞加莱关于整数不能以公理为基础的论断,他还引进所谓可计算数的概念,并用来研究可定义的实数.波莱尔对博弈论的贡献在于精确给出了混合策略的定义.波莱尔的著作很多,仅出版了的就有300多篇(部).在现代数学的许多领域都留下了以他的名字命名的概念、定理.他多次获得巴黎科学院奖.

1.3.4 奥曼

- **人物简历**

罗伯特·约翰·奥曼(Robert John Aumann),著名数学家、博弈论专家和经济学家. 1930年生于德国法兰克福,1938年为逃避纳粹迫害随全家迁到美国纽约,1950年获得纽约城市学院数学学士学位,1955年获得麻省理工学院数学博士学位,1956年起任耶路撒冷希伯来大学教授.奥曼是美国和以色列经济学家,因为"通过博弈论分析改进了我们对冲突和合作的理解"与托马斯·克罗姆比·谢林(Thomas Crombie Schelling)共同获得2005年诺贝尔经济学奖.奥曼是美国科学院院士、美国艺术与科学学院外籍院士、以色列科学与社科院院士、英国社科院通讯院士和国际计量经济学会会士,曾担任以色列数学学会主席和国际博弈论学会首任主席.

- **学术贡献一:非合作博弈论**

一般认为,博弈理论诞生于1944年.数学家约翰·冯·诺伊曼(John von Neumann)和经济学家奥斯卡·摩根斯坦(Oskar Morgenstern)合作出版了《博弈论与经济行为》一书,书中概括了决策主体的典型行为特征,提出了策略型与扩展型等基本的博弈模型、解的概念和分析方法，奠定了博弈论大厦的基石，标志着博弈论的创立.

那么，什么是博弈论？奥曼认为，一个较好的描述性定义应是"交互式决策理论". 因为博弈论是研究决策者的行为发生直接相互作用时的决策以及这种决策的均衡问题的，就是说人们之间的决策与行为将形成互为影响的关系，一个经济主体在决策时必须考虑到对方的反应，所以用"交互的决策"来描述博弈论是再简洁不过的了. 奥曼还以经济主体的理性为分析的出发点，认为博弈论是交互式条件下"最优理性决策"，即每个参与者都希望能以其偏好获得最大的满足. 如果仅有一个参与者，就会产生通常意义上的最优化问题，而在多个参与者的博弈论中，一个参与者对结果的偏好等级并不意味着是他的最终决策的等级，这个结果也取决于其他参与者的决策.

奥曼还分析了一般模型和特殊模型中的"解概念". 他指出，就社会科学的理性方面而言，博弈论是一种概括或"统一场论". 与探讨经济学或政治学等学科的方法不同，博弈论不利用个别的、特定的结构讨论各种具体问题，如完全竞争、寡头垄断、国际贸易、税收机制、政治表决、战略威慑等. 更确切地说，博弈论发展了原则上应用于所有交互情形的一套方法，并进而探讨这些方法在每一具体应用中所导致的结果. 用一般博弈论方法得到的结果与用较为特殊的方法得到的结果之间，常常存在密切的联系，然而在很多的情形下，一般博弈论方法会得出一些其他方法未能得出的新见解.

- **学术贡献二：完全竞争经济**

众所周知，完全竞争经济模型描述了一种存在着许多参与者，并且每个参与者的影响都是微不足道的市场情形. 就是说，在完全竞争的经济状态下，每个参与者的交易量相对于市场总量来说是很小的，任何一个参与者交易的商品数量并不会影响总供给和总需求. 但是，奥曼认为："事实上，只要是一个存在有限多参与者的市场，个别参与者对经济的影响就不能被忽视. 因此，适合于完全竞争的直观上的概念的数学模型必须包括无限多的参与者. 我们认为适合这个目的最自然的模型就是参与者连续统模型，类似于一条线上点的连续统或流体中粒子的连续统."

在经济理论中，"连续统"观点的引入对经济学的学科发展有很大的影响. 奥曼指出，连续统可以被看作接近于存在许多但是数量有限的粒子的真实情形. 采用连续统的目的是使数学分析的强有力的、精确的方法得以应用，而使用有限的方法将会更困难甚至是无望的. 古典经济学假定每个人接受既定的所有商品的价格，单个居民或厂商的决策不能影响价格. 为了使经济处于稳定的状态，价格必须使总需求等于总供给，这就是瓦尔拉斯的竞争均衡. 奥曼证明了在连续统假定下的瓦尔拉斯竞争均衡的存在性.

奥曼还考虑了称为联盟的团体和它们之间以互益的方式进行的交易. 竞争均衡假定厂商允许市场力量决定价格，他们根据市场价格进行交易；而对埃奇沃思著名的"契约曲线"进行概括所产生的合作博弈的解概念即核心，则认为其是由在此之上没有联盟可以有所进步的所有分配组成，它忽视了价格机制，仅仅涉及参与者之间的直接交易. 奥曼指出，竞争分配的核心和模式与厂商连续统的市场一致. 奥曼通过精确表达完全竞争的连续统模型，成功地使最初由埃奇沃思提出，经许多其他模型改进的理论精确化，并从此成为经济理论的基本准则之一.

此外，1975年，奥曼还获得了另一个完全竞争经济中竞争分配和盈利分配之间等价性的结果. 在奥曼看来，博弈论和经济理论中最显著而独有的现象或许是竞争市场经济的价格均衡与对应的博弈论的主要解概念之间的关系. 直观上看，等价性原理是说，市场价格的建立是从完全竞争市场上运转的基本力量自然地产生的，而几乎不管我们假定这些力量是怎样运转的.

- **学术贡献三：重复博弈论**

重复博弈是指同样结构的博弈重复多次，其中的每次博弈称为阶段博弈. 重复博弈是动态博弈中的重要内容，它可以是完全信息的重复博弈，也可以是不完全信息的重复博弈. 奥曼对重复博弈的贡献在于对理论系统性的发展起了一定的促进作用.

首先是对完全信息的重复博弈研究的促进. 完全信息重复博弈的最早结果出现在20世纪50年代，被称为"民间定理". 该定理认为，重复博弈的均衡策略结局与一次性博弈中的个体理性结局恰好一致. 这个结局可被视为把多阶段的博弈行为与一次性博弈的行为联系在一起. 然而，虽然所有的个体理性结局确实代表了博弈的解观点，但是它相当模糊，并且不提供信息. 而奥曼认为，完全信息的重复博弈论与人们之间相互作用的基本演化相关，它可以用来解释诸如合作、利他主义、报复、威胁等现象.

其次是对不完全信息的重复博弈研究的促进. 从20世纪60年代中期开始，奥曼与合作者一起，发展了不完全信息的重复博弈论. 1966年，奥曼与合作者在给美国武器控制和裁军机构的开创性报告中，建立了不完全信息的重复博弈模型. 他们指出，信息使用的复杂性实际上可以以一种出色、简练、明确的方式来解决. 在最简单的一个重复的2人零和博弈中，其中一个参与者比另一个拥有更多的信息，拥有更多信息的参与者所使用的信息数量是可以被精确地决定的，有时是完全揭露，有时是部分揭露，有时是根本没有揭露. 这种分析被扩展至更一般的模型，许多新的精深的观点和概念由此产生. 例如，奥曼与合作者在1968年引入了一个"联合控制彩票"的概念，即没有参与者可以单方面地改变彩票不同结果的可能性，这个概念与非零和博弈密切相关.

- **学术贡献四：合作博弈论与理性**

博弈论可以划分为合作博弈与非合作博弈. 20世纪50年代，既是合作博弈发展的鼎盛期，又是非合作博弈的开创期. 奥曼在该方面的贡献在于，一方面把可转移效用理论扩展为一般的非转移效用理论；另一方面发展并提炼了"什么是理性"，使之形成统一的观点.

合作博弈理论不讨论理性的个人达成合作的过程，而是直接讨论合作的结果与利益的分配. 合作博弈的基本形式是联盟型博弈，它隐含的假设是存在一个在参与者之间可以自由转移的交换媒介，每个参与者的效用在其中是线性的，这些博弈被称为"可转移效用"博弈. 奥曼把可转移效用理论扩展到一般的非转移效用理论，发展并加强了可转移效用和非转移效用的合作博弈论. 他先是界定了非转移效用联盟形式的博弈概念，然后提出了相应的合作解的概念. 同时他研究了不同模型中的合作解，将非转移效用值公理化，这不仅拓展了这一领域的研究，而且产生了许多新的研究方向.

奥曼通过多年的努力，发展并提炼了"什么是理性"．他认为："如果一个参与者在既定的信息下最大化其效用，他就是理性的．"因此，一个理性人选择他最偏好的行动，当然"最"是相对于他所掌握的知识而言的．令人惊讶的是，这看上去简单清晰的表述可以不同的方式理解，当然，也有些是互相矛盾的．什么是"参与者的信息"？他知道其他人的什么情况？是他们的理性吗？奥曼在他的许多影响深远的研究工作中解决了这些问题，并为这些模型制订了标准．

首先，他考察了知识和信息问题．对于这个问题，奥曼相当精确地概括出具有常识性的概念．他指出，如果开始时两个参与者具有了相同信念，但对于一个具体事件的后验信念是常识的，则这些后验信念必然形成一致．奥曼的知识信息观点对博弈论产生了重大的影响．一方面，它导致了涉及多人情形下知识理论"交互认识论"整个领域的发展；另一方面，它形成了许多应用范畴，从经济模型到计算机科学领域等．

其次，他假定参与者是"贝叶斯理性的"．这在一人决策论中或许是标准的，但是在多人模型中是否也适用？奥曼引入了相关均衡的基本理论概念．相关均衡出现在经济和其他许多领域，引起了对不同交流程序和通常所说的"机制"的更重要的研究．同时，奥曼还研究了"达到纳什均衡所需要的理性和理性知识的范围"的基本问题．他的观点与专业人士相反，认为答案并不一定是"理性的常识"，严格的理性是对决策者行为复杂的假设，由此产生了对有界理性模型的考察，该模型放宽了假定．奥曼指出了在交互情形下微小的非理性是如何起很大作用的．

第2章 纳什均衡与相关概念

本章首先梳理了完全信息静态博弈的要素、支配均衡、安全均衡、纳什均衡和相关均衡等知识要点,然后基于知识要点给出了案例,并分析了案例,构建了模型,推导了性质,案例数据充分给出了计算求解,并对原始案例进行了反馈分析,最后给出了几个著名博弈论专家学者的小传.

2.1 知识梳理

2.1.1 二人有限零和博弈

定义 2.1 三元组 $G=(S_1,S_2,A)$ 称为二人有限零和博弈,如果满足

(1) $S_1=\{a_1,\cdots,a_m\}$ 是局中人1的策略集;

(2) $S_2=\{b_1,\cdots,b_n\}$ 是局中人2的策略集;

(3) 矩阵 $A=(a_{ij})_{m\times n}$ 是局中人1的盈利矩阵,其中 a_{ij} 是局中人1采取策略 a_i、局中人2采取策略 b_j 时局中人1的盈利;

(4) 矩阵 $A=(a_{ij})_{m\times n}$ 是局中人2的亏本矩阵,其中 a_{ij} 是局中人1采取策略 a_i、局中人2采取策略 b_j 时局中人2的亏本.

定义 2.2 假设
$$G=(S_1,S_2,A)$$
是一个二人零和博弈,博弈的盈利上界定义为
$$U=\max_{i,j} a_{ij}.$$

定义 2.3 假设
$$G=(S_1,S_2,A)$$
是一个二人零和博弈,博弈的盈利下界定义为
$$L=\min_{i,j} a_{ij}.$$

定义 2.4 假设
$$G=(S_1,S_2,A)$$
是一个二人零和博弈,局中人1取定策略 a_i,那么此策略的保底盈利函数定义为
$$f_i=:\min_{j} a_{ij}$$

定义 2.5 假设
$$G=(S_1,S_2,A)$$

是一个二人零和博弈,博弈的maxmin值定义为
$$\overline{f} = \max_i f_i = \max_i \min_j a_{ij}.$$
即局中人1的保底盈利值,就是局中人1所有的策略保底盈利值中的最大值.

定义 2.6 假设
$$G = (S_1, S_2, A)$$
是一个二人零和博弈,博弈的maxmin策略定义为
$$a_{i^*}, i^* \in \mathrm{Argmax}_i f_i.$$
也就是
$$a_{i^*}, f_{i^*} = \max_i f_i.$$

定义 2.7 假设
$$G = (S_1, S_2, A)$$
是一个二人零和博弈,局中人2取定策略b_j,那么此策略的最大亏本函数定义为
$$g^j =: \max_i a_{ij}.$$

定义 2.8 假设
$$G = (S_1, S_2, A)$$
是一个二人零和博弈,博弈的minmax值定义为
$$\underline{g} = \min_j g^j = \min_j \max_i a_{ij}.$$
即局中人2的保底亏本值,就是局中人2所有策略的最大亏本值的最小值.

定义 2.9 假设
$$G = (S_1, S_2, A)$$
是一个二人零和博弈,博弈的minmax策略定义为
$$b_{j^*}, j^* \in \mathrm{Argmin}_j g^j.$$
也就是
$$b_{j^*}, g^{j^*} = \min_j g^j.$$

定义 2.10 假设$G = (S_1, S_2, A)$是一个二人零和博弈,如果$\underline{g} = \overline{f}$,那么数值$v = \underline{g} = \overline{f}$称为博弈值,记为$v(G)$,此时博弈的maxmin策略和minmax策略分别称为局中人的最优策略,局中人1的最优策略和局中人2的最优策略形成的策略对称为博弈解,博弈解集合记为
$$\mathrm{Sol}(G) = \{(a_{i^*}, b_{j^*}) \mid i^* \in \mathrm{Argmax}_i f_i, j^* \in \mathrm{Argmin}_j g^j\}.$$

定义 2.11 假设$G = (S_1, S_2, A)$是二人有限零和博弈,策略组(a_{i^*}, b_{j^*})称为均衡解,如果满足
$$a_{ij^*} \leqslant a_{i^*j^*} \leqslant a_{i^*j}, \forall i = 1, \cdots, m; j = 1, \cdots, n$$

博弈G的所有均衡解记为

$$\text{Equm}(G).$$

均衡解(a_{i^*}, b_{j^*})对应的盈利值$a_{i^*j^*}$称为均衡值.

定义 2.12 函数$f: X \times Y \to \mathbf{R}$，点$(x^*, y^*) \in X \times Y$称为函数$f$的鞍点，如果满足

$$f(x^*, y^*) \geqslant f(X, y^*),$$
$$f(x^*, y^*) \leqslant f(x^*, Y).$$

2.1.2 二人有限零和博弈混合扩张

定义 2.13 假设A是一个有限的非空集合并且$\#A = m$，定义其上的概率分布空间为

$$\Delta(A) = \{\alpha \mid \alpha \in \mathbf{R}^m; \alpha \geqslant 0; \sum \alpha = 1\}.$$

定义 2.14 假设有限个数据$A = \{i\}_{i \in I} \subseteq R, \#I < \infty$.

(1) 用$\min A$表示集合A的最小值；

(2) 用$\max A$表示集合A的最大值；

(3) $I_{\min} = \{i \mid i \in I, x_i = \min A\}$；

(4) $I_{\max} = \{i \mid i \in I, x_i = \max A\}$；

(5) $I_{\text{mid}} = \{i \mid i \in I, \min A < x_i < \max A\}$；

(6) $\Delta(A) = \{\alpha \mid \alpha = (\alpha_i)_{i \in I}, \alpha_i \geqslant 0, \sum_{i \in I} \alpha_i = 1\}$，$\Delta_+(A) = \{\alpha \mid \alpha = (\alpha_i)_{i \in I}, \alpha_i > 0, \sum_{i \in I} \alpha_i = 1\}$；

(7) $I = I_{\min} \uplus I_{\text{mid}} \uplus I_{\max}$；

(8) 任意取定$\alpha \in \Delta(A), \text{Supp}(\alpha) = \{x \mid x \in A, \alpha(x) > 0\}$称为分布$\alpha$的支撑集，$\text{Zero}(\alpha) = \{x \mid x \in A, \alpha(x) = 0\}$称为分布$\alpha$的零测集.

定义 2.15 假设S是包含m个元素的集合，其上的混合扩张定义为S上的概率分布空间，记为Σ_S，且

$$\Sigma_S = \{x \mid x \in \mathbf{R}^m, x \geqslant 0, \sum x = 1\}.$$

定义 2.16 假设S是包含m个元素的集合，其上的混合扩张集合为Σ_S，对于其中的任意一个混合扩张$x \in \Sigma_S$，其支撑集和零测集分别为

$$\text{Supp}(x) = \{i \mid x_i > 0, i = 1, \cdots, m\}; \text{Zero}(x) = \{i \mid x_i = 0, i = 1, \cdots, m\}.$$

定义 2.17 假设S_1, S_2是局中人$1, 2$的有限策略集，元素个数分别为m, n，此时称S_1, S_2为局中人$1, 2$的纯粹策略集，局中人$1, 2$基于S_1, S_2的混合策略集记为

$$\Sigma_1 = \{x \mid x \in \mathbf{R}^m, x \geqslant 0, \sum x = 1\},$$
$$\Sigma_2 = \{y \mid y \in \mathbf{R}^n, y \geqslant 0, \sum y = 1\}.$$

记$\Sigma = \Sigma_1 \times \Sigma_2$.

定义 2.18 假设S_1, S_2是局中人$1, 2$的纯粹策略集，Σ_1, Σ_2是局中人$1、2$的混合策略

集，$G = (S_1, S_2, A)$是二人有限零和博弈，那么可以混合扩张为零和博弈

$$G_{\text{mix}} = (\Sigma_1, \Sigma_2, F),$$

其中函数F是局中人1在混合策略意义下的盈利函数，定义为

$$F(x, y) = x^\mathrm{T} A y, \forall x \in \Sigma_1, y \in \Sigma_2.$$

定义 2.19 假设$G = (S_1, S_2, A)$是一个有限的二人零和博弈，$G_{\text{mix}} = (\Sigma_1, \Sigma_2, F)$是其混合扩张，混合博弈的盈利上界定义为

$$U(G_{\text{mix}}) = \max_{x,y} x^\mathrm{T} A y.$$

定义 2.20 假设$G = (S_1, S_2, A)$是一个有限的二人零和博弈，$G_{\text{mix}} = (\Sigma_1, \Sigma_2, F)$是其混合扩张，博弈的盈利下界定义为

$$L(G_{\text{mix}}) = \min_{x,y} x^\mathrm{T} A y.$$

定义 2.21 假设$G = (S_1, S_2, A)$是一个有限的二人零和博弈，$G_{\text{mix}} = (\Sigma_1, \Sigma_2, F)$是其混合扩张，对于局中人1的混合策略$x$，博弈的保利盈利函数定义为

$$F_{\text{low}}(x) =: \min_{y} x^\mathrm{T} A y.$$

定义 2.22 假设$G = (S_1, S_2, A)$是一个有限的二人零和博弈，$G_{\text{mix}} = (\Sigma_1, \Sigma_2, F)$是其混合扩张，博弈的maxmin值定义为

$$\overline{F}_{\text{low}} = \max_{x} F_{\text{low}}(x) = \max_{x} \min_{y} x^\mathrm{T} A y = \max_{x} \min_{j} x^\mathrm{T} A \eta_j.$$

即局中人1的保底盈利值.

定义 2.23 假设$G = (S_1, S_2, A)$是一个有限的二人零和博弈，$G_{\text{mix}} = (\Sigma_1, \Sigma_2, F)$是其混合扩张，博弈的maxmin策略定义为

$$x^*, x^* \in F_{\text{low}}^{-1}(\overline{F}_{\text{low}}), x^* \in \mathrm{Argmax}_x F_{\text{low}}(x).$$

定义 2.24 假设$G = (S_1, S_2, A)$是一个有限的二人零和博弈，$G_{\text{mix}} = (\Sigma_1, \Sigma_2, F)$是其混合扩张，博弈的最大亏本函数定义为

$$F_{\text{up}}(y) =: \max_{x} x^\mathrm{T} A y.$$

定义 2.25 假设$G = (S_1, S_2, A)$是一个有限的二人零和博弈，$G_{\text{mix}} = (\Sigma_1, \Sigma_2, F)$是其混合扩张，博弈的minmax值定义为

$$\underline{F}_{\text{up}} = \min_{y} F_{\text{up}}(y) = \min_{y} \max_{x} x^\mathrm{T} A y = \min_{y} \max_{i} e_i^\mathrm{T} A y.$$

即局中人2的保底亏本值.

定义 2.26 假设$G = (S_1, S_2, A)$是一个有限的二人零和博弈，$G_{\text{mix}} = (\Sigma_1, \Sigma_2, F)$是其混合扩张，博弈的minmax策略定义为

$$y^*, y^* \in F_{\text{up}}^{-1}(\underline{F}_{\text{up}}), y^* \in \mathrm{Argmin}_y F_{\text{up}}(y).$$

定义 2.27 假设$G = (S_1, S_2, A)$是一个有限的二人零和博弈，$G_{\text{mix}} = (\Sigma_1, \Sigma_2, F)$是其混合扩张，如果

$$\overline{F}_{\text{low}} = \underline{F}_{\text{up}},$$

那么数值
$$v_{\mathrm{mix}} = \overline{F}_{\mathrm{low}} = \underline{F}_{\mathrm{up}}.$$
称为混合博弈值，此时博弈的maxmin策略和minmax策略称为博弈的混合最优策略，局中人1、2的任意混合最优策略形成的策略对称为博弈的混合解，所有的混合解记为
$$\mathrm{MixSol}(G) = \{(x^*, y^*) \mid x^* \in F_{\mathrm{low}}^{-1}(v_{\mathrm{mix}}); y^* \in F_{\mathrm{up}}^{-1}(v_{\mathrm{mix}})\}.$$

定义 2.28 假设$G = (S_1, S_2, A)$是一个有限的二人零和博弈，$G_{\mathrm{mix}} = (\Sigma_1, \Sigma_2, F)$是其混合扩张，称
$$(x^*, y^*) \in \Sigma = \Sigma_1 \times \Sigma_2$$
是混合均衡解，如果满足
$$x^{\mathrm{T}} A y^* \leqslant x^{*\mathrm{T}} A y^* \leqslant x^{*\mathrm{T}} A y, \forall x \in \Sigma_1, y \in \Sigma_2.$$
所有的混合均衡解记为$\mathrm{MixEqum}(G)$，混合均衡解对应的均衡值称为混合均衡值.

2.1.3 一般的完全信息静态博弈

定义 2.29 完全信息静态博弈包含以下三要素与一假设：

局中人要素：局中人集合记为N，单个局中人记为$i \in N$.

策略集要素：每个局中人$\forall i \in N$都有一个策略集合A_i.

盈利函数要素：每个局中人$\forall i \in N$都有一个盈利函数$f_i : A \to \mathbf{R}^1$，其中$A = \times_{i \in N} A_i$.

完全信息假设：局中人集合N，策略集合$(A_i)_{i \in N}$，盈利函数$(f_i)_{i \in N}$都是局中人的公共知识.

完全信息静态博弈模型一般记为三元组：
$$(N, (A_i)_{i \in N}, (f_i)_{i \in N}).$$

定义 2.30 假设
$$(N, (A_i)_{i \in N}, (f_i)_{i \in N})$$
是一个完全信息静态博弈. $I \subseteq N$是局中人的一个子集，$-I = N \setminus I$称为局中人集合I的对手集.
$$A_I = \times_{i \in I} A_i, A_{-I} = \times_{j \in -I} A_j$$
分别称为局中人集合I的策略集及其对手$-I$的策略集.
$$a_I = (a_i)_{i \in I}, a_{-I} = (a_j)_{j \in -I}$$
分别称为局中人集合I的策略及其对手$-I$的策略. 特别地，当局中人子集$I = \{i\}$时，称
$$-i = N \setminus \{i\}, A_{-i} = \times_{j \in -i} A_j, a_{-i} = (a_j)_{j \in -i}$$
分别为局中人i的对手、对手的策略集、对手的策略. 一个策略向量可以表示为
$$a = (a_i)_{i \in N} = (a_I, a_{-I}) = (a_1, a_{-1}) = \cdots = (a_i, a_{-i}) = \cdots.$$

定义 2.31 完全信息静态博弈
$$(N, (A_i)_{i \in N}, (f_i)_{i \in N})$$

称为

- 局中人有限博弈：如果满足 $\#N < +\infty$.
- 策略集有限博弈：如果满足 $\#A < +\infty$.
- 有限博弈：如果满足 $\#N < +\infty, \#A < +\infty$.

定义 2.32 假设

$$(N, (A_i)_{i \in N}, (f_i)_{i \in N})$$

是一个完全信息静态博弈，局中人 i 有两个策略 $a_i, b_i \in A_i$，称 a_i 被 b_i 严格支配，记为 $a_i \prec\prec b_i$，如果满足

$$f_i(a_i, c_{-i}) < f_i(b_i, c_{-i}), \forall c_{-i} \in A_{-i}.$$

以上条件可以简写为

$$a_i \prec\prec b_i \Leftrightarrow f_i(a_i, A_{-i}) < f_i(b_i, A_{-i}).$$

为了体现支配关系和当前策略集合的关系，有时也把 $a_i \prec\prec b_i$ 记为 $a_i \prec\prec_A b_i$.

定义 2.33 假设

$$(N, (A_i)_{i \in N}, (f_i)_{i \in N})$$

是一个完全信息静态博弈，局中人 i 的策略 $a_i \in A_i$，称为严格被支配策略，如果满足

$$\exists b_i \in A_i, \text{s.t. } a_i \prec\prec b_i.$$

为了体现支配关系和当前策略集合的关系，有时也把 $a_i \prec\prec b_i$ 记为 $a_i \prec\prec_A b_i$.

公理 2.1 (IESD第一公理) 理性的局中人不会选择严格被支配策略.

公理 2.2 (IESD第二公理) 完全信息静态博弈中的局中人都是理性的.

公理 2.3 (IESD第三公理) 局中人是理性的这一事实是所有局中人的公共知识.

IESD过程需要以上三个公理作为逻辑基础，缺一不可.

定义 2.34 (IESD过程) 假设

$$(N, (A_i)_{i \in N}, (f_i)_{i \in N})$$

是一个完全信息静态博弈，并且满足IESD三大公理，博弈可以实现逐次约简：

(1) 令 $R_i^0 =: A_i, \forall i \in N$;

(2) 递归定义 $R_i^n, \forall i \in N$ 为

$$R_i^n = \{s_i | s_i \in R_i^{n-1}, \nexists t_i \in R_i^{n-1}, \text{s.t. } t_i \succ\succ_{\mathbf{R}^{n-1}} s_i\};$$

(3) 最终产生 $R_i^\infty, \forall i \in N$，使之再无法约简.

定义 2.35 (IESD均衡) 假设

$$(N, (A_i)_{i \in N}, (f_i)_{i \in N})$$

是一个完全信息静态博弈，满足IESD三大公理，博弈最终可以约简为

$$(N, (R_i^\infty)_{i \in N}, (f_i)_{i \in N}).$$

此时策略集合 $R^\infty = \times_{i \in N} R_i^\infty$ 称为严格支配均衡.

定义 2.36 假设
$$(N, (A_i)_{i\in N}, (f_i)_{i\in N})$$
是一个完全信息静态博弈，局中人i有两个策略$a_i, b_i \in A_i$，称a_i被b_i弱支配，记为$a_i \prec b_i$，如果满足
$$f_i(a_i, c_{-i}) \leqslant f_i(b_i, c_{-i}), \forall c_{-i} \in A_{-i}; \exists d_{-i} \in A_{-i}, \text{s.t. } f_i(a_i, d_{-i}) < f_i(b_i, d_{-i}).$$
以上条件可以简写为
$$a_i \prec b_i \Leftrightarrow f_i(a_i, A_{-i}) \leqslant f_i(b_i, A_{-i}); \exists d_{-i} \in A_{-i}, \text{s.t. } f_i(a_i, d_{-i}) < f_i(b_i, d_{-i}).$$
为了体现支配关系和当前策略集合的关系，有时也把$a_i \prec b_i$记为$a_i \prec_A b_i$。

定义 2.37 假设
$$(N, (A_i)_{i\in N}, (f_i)_{i\in N})$$
是一个完全信息静态博弈，局中人i的策略$a_i \in A_i$，称为弱被支配策略，如果满足
$$\exists b_i \in A_i, \text{s.t. } a_i \prec b_i.$$
为了体现支配关系和当前策略集合的关系，有时也把$a_i \prec b_i$记为$a_i \prec_A b_i$。

公理 2.4 (IEWD第一公理) 理性的局中人不会选择弱被支配行动。

公理 2.5 (IEWD第二公理) 完全信息静态博弈中的局中人都是理性的。

公理 2.6 (IEWD第三公理) 局中人是理性的这一事实是所有局中人的公共知识。

定义 2.38 (IEWD过程) 假设
$$(N, (A_i)_{i\in N}, (f_i)_{i\in N})$$
是一个完全信息静态博弈，并且满足IEWD三大公理，博弈可以实现逐次约简：

(1) 令$W_i^0 =: A_i, \forall i \in N$；

(2) 递归定义$W_i^n, \forall i \in N$为
$$W_i^n = \{s_i|\ s_i \in W_i^{n-1}, \nexists t_i \in W_i^{n-1}, \text{s.t. } t_i \succ_{W^{n-1}} s_i\};$$

(3) 最终产生$W_i^\infty, \forall i \in N$，使之再无法约简。

定义 2.39 (IEWD均衡) 假设
$$(N, (A_i)_{i\in N}, (f_i)_{i\in N})$$
是一个完全信息静态博弈，满足IEWD三大公理，博弈最终可以约简为
$$(N, (W_i^\infty)_{i\in N}, (f_i)_{i\in N}).$$
此时策略集合$W^\infty = \times_{i\in N} W_i^\infty$称为弱支配均衡。

定义 2.40 假设
$$(N, (A_i)_{i\in N}, (f_i)_{i\in N})$$
是一个完全信息静态博弈，局中人i的盈利上界定义为
$$M_i = \max_{a\in A} f_i(a).$$

定义 2.41 假设
$$(N, (A_i)_{i \in N}, (f_i)_{i \in N})$$
是一个完全信息静态博弈，局中人i的盈利下界定义为
$$m_i = \min_{a \in A} f_i(a).$$

定义 2.42 假设
$$(N, (A_i)_{i \in N}, (f_i)_{i \in N})$$
是一个完全信息静态博弈，局中人i的后发盈利函数定义为
$$f_{i,\text{low}}(a_i) = \min_{a_{-i} \in A_{-i}} f_i(a_i, a_{-i}).$$

定义 2.43 假设
$$(N, (A_i)_{i \in N}, (f_i)_{i \in N})$$
是一个完全信息静态博弈，局中人i的maxmin值定义为
$$\underline{v}_i = \max_{a_i \in A_i} f_{i,\text{low}}(a_i) = \max_{a_i \in A_i} \min_{a_{-i} \in A_{-i}} f_i(a_i, a_{-i}).$$

定义 2.44 假设
$$(N, (A_i)_{i \in N}, (f_i)_{i \in N})$$
是一个完全信息静态博弈，局中人i的maxmin策略定义为
$$a_i^* \in f_{i,\text{low}}^{-1}(\underline{v}_i) = \text{Argmax}_{a_i \in A_i} f_{i,\text{low}}(a_i).$$

定义 2.45 假设
$$(N, (A_i)_{i \in N}, (f_i)_{i \in N})$$
是一个完全信息静态博弈，局中人i的先发盈利函数定义为
$$f_{i,\text{up}}(a_{-i}) = \max_{a_i \in A_i} f_i(a_i, a_{-i}).$$

定义 2.46 假设
$$(N, (A_i)_{i \in N}, (f_i)_{i \in N})$$
是一个完全信息静态博弈，局中人i的minmax值定义为
$$\overline{v}_i = \min_{a_{-i} \in A_{-i}} f_{i,\text{up}}(a_{-i}) = \min_{a_{-i} \in A_{-i}} \max_{a_i \in A_i} f_i(a_i, a_{-i}).$$

定义 2.47 假设
$$(N, (A_i)_{i \in N}, (f_i)_{i \in N})$$
是一个完全信息静态博弈，局中人i的对手$-i$的minmax策略定义为
$$a_{-i}^* \in f_{i,\text{up}}^{-1}(\overline{v}_i) = \text{Argmin}_{a_{-i} \in A_{-i}} f_{i,\text{up}}(a_{-i}).$$

定义 2.48 假设
$$(N, (A_i)_{i \in N}, (f_i)_{i \in N})$$
是一个完全信息静态博弈，$a \in A$是一个纯粹策略向量，局中人i对a的偏离策略集定义为
$$\text{Prof}_i(a) = \{b_i | \, b_i \in A_i, \text{s.t.} \, f_i(b_i, a_{-i}) > f_i(a_i, a_{-i})\}.$$

偏离策略集表示局中人i在其对手策略固定的情况下对当前策略的修正.

定义 2.49　假设
$$(N, (A_i)_{i \in N}, (f_i)_{i \in N})$$
是一个完全信息静态博弈，$a_{-i} \in A_{-i}$是一个纯粹策略向量，局中人i对a_{-i}的最优反应策略集定义为
$$BR_i(a_{-i}) = \{a_i | \ a_i \in A_i, \text{s.t.} \ f_i(a_i, a_{-i}) \geqslant f_i(A_i, a_{-i})\} = \text{Argmax}_{a_i \in A_i} f_i(a_i, a_{-i}).$$

定义 2.50　假设
$$(N, (A_i)_{i \in N}, (f_i)_{i \in N})$$
是一个完全信息静态博弈，$a^* \in A$是纳什均衡，如果满足
$$\forall i \in N, f_i(a_i^*, a_{-i}^*) \geqslant f_i(A_i, a_{-i}^*).$$

定义 2.51　假设$\Omega \subseteq \mathbf{R}^n$，函数$f: \Omega \to \mathbf{R}^1$称为连续的，如果满足
$$\forall \{x_n\} \subseteq \Omega, x_n \to x \in \Omega \Rightarrow f(x_n) \to f(x).$$

定义 2.52　假设$\Omega \subseteq \mathbf{R}^n$，称之为有界的，如果存在$M > 0$使得
$$\forall x \in \Omega, |x| \leqslant M.$$

定义 2.53　假设$\Omega \subseteq \mathbf{R}^n$，称之为闭的，如果满足
$$\forall \{x_n\}_{n=1}^{\infty} \subseteq \Omega, x_n \to x \Rightarrow x \in \Omega.$$

定义 2.54　假设$\Omega \subseteq \mathbf{R}^n$，称之为紧致的，如果它是有界的、闭的，等价于
$$\forall \{x_n\}_{n=1}^{\infty} \subseteq \Omega, \exists \{x_{n_k}\} \subseteq \{x_n\}, \text{s.t.} \ x_{n_k} \to x \in \Omega.$$

定义 2.55　假设$\Omega \subseteq \mathbf{R}^n$，称之为凸的，如果满足
$$\forall \lambda \in [0,1], \forall x, y \in \Omega \Rightarrow \lambda x + (1-\lambda)y \in \Omega.$$

定义 2.56　假设$\Omega \subseteq \mathbf{R}^n$是凸集，函数$f: \Omega \to \mathbf{R}^1$称为凸的，如果满足
$$\forall \lambda \in [0,1], \forall x, y \in \Omega \Rightarrow f(\lambda x + (1-\lambda)y) \leqslant \lambda f(x) + (1-\lambda)f(y).$$

定义 2.57　假设$\Omega \subseteq \mathbf{R}^n$是凸集，函数$f: \Omega \to \mathbf{R}^1$称为凹的，如果满足
$$\forall \lambda \in [0,1], \forall x, y \in \Omega \Rightarrow f(\lambda x + (1-\lambda)y) \geqslant \lambda f(x) + (1-\lambda)f(y).$$

定义 2.58　假设$\Omega \subseteq \mathbf{R}^n$是凸集，函数$f: \Omega \to \mathbf{R}^1$称为拟凸的，如果满足
$$\forall \alpha \in \mathbf{R}, S_f(\alpha) = \{x | \ x \in \Omega, f(x) \leqslant \alpha\}$$
是凸集.

定义 2.59　假设$\Omega \subseteq \mathbf{R}^n$是凸集，函数$f: \Omega \to \mathbf{R}^1$称为拟凹的，如果满足
$$\forall \alpha \in \mathbf{R}, T_f(\alpha) = \{x | \ x \in \Omega, f(x) \geqslant \alpha\}$$
是凸集.

定义 2.60　假设$X \subseteq \mathbf{R}^n, Y \subseteq \mathbf{R}^m$，映射$f: X \rightrightarrows Y$称为集值映射，如果满足
$$\forall x \in X, f(x) \in \mathcal{P}(Y).$$

定义 2.61 假设$X \subseteq \mathbf{R}^n, Y \subseteq \mathbf{R}^m$，集值映射$f: X \rightrightarrows Y$ 的图定义为
$$G_f = \{(x,y)|\ x \in X, y \in f(x)\} \subseteq X \times Y.$$

定义 2.62 假设$X \subseteq \mathbf{R}^n, Y \subseteq \mathbf{R}^m$，集值映射$f: X \rightrightarrows Y$ 称为闭图的，如果G_f是$X \times Y$中的闭图.

定义 2.63 假设$\Omega \subseteq \mathbf{R}^n$，点$x^* \in \Omega$称为集值映射$f: \Omega \rightrightarrows \Omega$的不动点，如果满足
$$x^* \in f(x^*).$$

定理 2.1 (一维Brauwer不动点定理) 函数$f: [0,1] \to [0,1]$是连续函数，必定有
$$\exists x^* \in [0,1], \text{s.t. } f(x^*) = x^*.$$

定理 2.2 (高维Brauwer不动点定理) 函数$f: \bar{B}^n(0,1) \to \bar{B}^n(0,1)$是连续函数，其中$\bar{B}^n(0,1) = \{x|\ x \in \mathbf{R}^n, |x| \leqslant 1\}$，那么必定有
$$\exists x^* \in \bar{B}^n(0,1), \text{s.t. } f(x^*) = x^*.$$

定理 2.3 (集值Kakutani不动点定理) 假设$\Omega \subseteq \mathbf{R}^n$是非空紧致凸集，$f: \Omega \rightrightarrows \Omega$ 是集值映射，满足：(1) $\forall x \in \Omega, f(x) \neq \varnothing$，并且$f(x)$是凸集；(2) 集值映射$f$的图$G_f$是闭的. 那么，集值映射$f$必定存在不动点.

定义 2.64 假设$(N, (A_i)_{i \in N}, (f_i)_{i \in N})$是完全信息静态博弈，其中$\forall i \in N, A_i \subseteq \mathbf{R}^n$且是非空紧致凸集，称函数$f_i$在$A_i$上是拟凹的，如果满足
$$\forall b \in A, \{a_i|\ a_i \in A_i, f(i)(a_i, b_{-i}) \geqslant f_i(b_i, b_{-i})\}$$
是凸集.

定义 2.65 方便起见，对于一个完全信息静态博弈G，其严格支配均衡记为$R^\infty = \times_{i \in N} R_i^\infty$，其弱支配均衡记为
$$W^\infty = \times_{i \in N} W_i^\infty,$$
其maxmin策略记为
$$MaxMin = \times_{i \in N} MaxMin_i,$$
其纳什均衡记为
$$\text{NashEqum}(G).$$

2.1.4 完全信息静态博弈混合扩张

定义 2.66 假设A是一个有限的非空集合，并且$\#A < m$，定义其上的概率分布空间为
$$\Delta(A) = \{\alpha|\ \alpha \in \mathbf{R}^m; \alpha \geqslant 0; \sum \alpha = 1\}.$$
$\Delta(A)$中的某一个概率分布α在A上的作用记为$\alpha(a)$.

定义 2.67 假设$G = (N, (A_i)_{i \in N}, (f_i)_{i \in N})$是一个完全信息静态博弈模型，并且$\#N < \infty, \#A < \infty$，称三元组$G_m = (N, (\Sigma_i)_{i \in N}, (F_i)_{i \in N})$是$G$的混合扩张，如果满足
$$\Sigma_i = \Delta(A_i), \forall i \in N, \Sigma = \times_{i \in N} \Sigma_i, \alpha = (\alpha_i)_{i \in N} = (\alpha_i, \alpha_{-i}) \in \Sigma;$$

$$\forall a \in A = \times_{i \in N} A_i, \forall \alpha \in \Sigma = \times_{i \in N} \Sigma_i, \alpha(a) = \prod_{i \in N} \alpha_i(a_i) = \alpha_i(a_i)\alpha_{-i}(a_{-i});$$

$$\forall i \in N, \forall \alpha \in \Sigma, F_i(\alpha) = \sum_{a \in A} \alpha(a) f_i(a) =: E_\alpha\{f_i\}.$$

其中，称$A_i, \forall i \in N$为纯粹策略，$\Sigma_i, \forall i \in N$为混合策略，$F_i$为$f_i$的混合扩张.

定义 2.68 假设$G = (N, (A_i)_{i \in N}, (f_i)_{i \in N})$是一个有限的完全信息静态博弈模型，$G_m = (N, (\Sigma_i)_{i \in N}, (F_i)_{i \in N})$是$G$的混合扩张，局中人$i$有两个混合策略$\alpha_i, \beta_i \in \Sigma_i$，称$\alpha_i$被$\beta_i$严格支配，记为$\alpha_i \prec\prec \beta_i$，如果满足

$$F_i(\alpha_i, \gamma_{-i}) < F_i(\beta_i, \gamma_{-i}), \forall \gamma_{-i} \in \Sigma_{-i}.$$

以上条件可以简写为

$$\alpha_i \prec\prec \beta_i \Leftrightarrow F_i(\alpha_i, \Sigma_{-i}) < F_i(\beta_i, \Sigma_{-i}).$$

为了体现支配关系和当前策略集合的关系，有时也把$\alpha_i \prec\prec \beta_i$记为$\alpha_i \prec\prec_\Sigma \beta_i$.

定义 2.69 假设$G = (N, (A_i)_{i \in N}, (f_i)_{i \in N})$是一个有限的完全信息静态博弈模型，$G_m = (N, (\Sigma_i)_{i \in N}, (F_i)_{i \in N})$是$G$的混合扩张，局中人$i$的策略$\alpha_i \in \Sigma_i$称为严格被支配策略，如果满足

$$\exists \beta_i \in \Sigma_i, \text{s.t. } \alpha_i \prec\prec \beta_i.$$

为了体现支配关系和当前策略集合的关系，有时也把$\alpha_i \prec\prec \beta_i$记为$\alpha_i \prec\prec_\Sigma \beta_i$.

定义 2.70 (IESD过程) 假设$G = (N, (A_i)_{i \in N}, (f_i)_{i \in N})$是一个有限的完全信息静态博弈模型，$G_m = (N, (\Sigma_i)_{i \in N}, (F_i)_{i \in N})$是$G$的混合扩张，并且满足IESD三大公理，博弈可以实现逐次约简:

(1) 令$R_i^0 =: \Sigma_i, \forall i \in N$;

(2) 递归定义$R_i^n, \forall i \in N$为

$$R_i^n = \{\alpha_i | \alpha_i \in R_i^{n-1}, \nexists \beta_i \in R_i^{n-1}, \text{s.t. } \beta_i \succ\succ_{\mathbf{R}^{n-1}} \alpha_i\};$$

(3) 最终产生$R_i^\infty, \forall i \in N$，使之再无法约简.

定义 2.71 (IESD均衡) 假设$G = (N, (A_i)_{i \in N}, (f_i)_{i \in N})$是一个有限的完全信息静态博弈模型，$G_m = (N, (\Sigma_i)_{i \in N}, (F_i)_{i \in N})$是$G$的混合扩张，并且满足IESD三大公理，博弈最终可以约简为

$$(N, (R_i^\infty)_{i \in N}, (F_i)_{i \in N}).$$

此时策略集合$\mathbf{R}^\infty = \times_{i \in N} R_i^\infty$称为混合严格支配均衡或者简称严格支配均衡.

定义 2.72 假设$G = (N, (A_i)_{i \in N}, (f_i)_{i \in N})$是一个有限的完全信息静态博弈模型，$G_m = (N, (\Sigma_i)_{i \in N}, (F_i)_{i \in N})$是$G$的混合扩张，局中人$i$有两个策略$\alpha_i, \beta_i \in \Sigma_i$，称$\alpha_i$被$\beta_i$弱支配，记为$\alpha_i \prec \beta_i$，如果满足

$$F_i(\alpha_i, \gamma_{-i}) \leqslant F_i(\beta_i, \gamma_{-i}), \forall \gamma_{-i} \in \Sigma_{-i}; \exists \delta_{-i} \in \Sigma_{-i}, \text{s.t. } F_i(\alpha_i, \delta_{-i}) < F_i(\beta_i, \delta_{-i}).$$

以上条件可以简写为

$$\alpha_i \prec \beta_i \Leftrightarrow F_i(\alpha_i, \Sigma_{-i}) \leqslant F_i(\beta_i, \Sigma_{-i}); \exists \delta_{-i} \in \Sigma_{-i}, \text{s.t. } F_i(\alpha_i, \delta_{-i}) < F_i(\beta_i, \delta_{-i}).$$

为了体现支配关系和当前策略集合的关系，有时也把$\alpha_i \prec \beta_i$记为$\alpha_i \prec_\Sigma \beta_i$.

定义 2.73 假设$G = (N, (A_i)_{i \in N}, (f_i)_{i \in N})$是一个有限的完全信息静态博弈模型，$G_m = (N, (\Sigma_i)_{i \in N}, (F_i)_{i \in N})$是$G$的混合扩张，局中人$i$的策略$\alpha_i \in \Sigma_i$称为弱被支配策略，如果满足
$$\exists \beta_i \in \Sigma_i, \text{s.t.}\ \alpha_i \prec \beta_i.$$

为了体现支配关系和当前策略集合的关系，有时也把$\alpha_i \prec \beta_i$记为$\alpha_i \prec_\Sigma \beta_i$.

定义 2.74 (IEWD过程) 假设$G = (N, (A_i)_{i \in N}, (f_i)_{i \in N})$是一个有限的完全信息静态博弈模型，$G_m = (N, (\Sigma_i)_{i \in N}, (F_i)_{i \in N})$是$G$的混合扩张，并且满足IEWD三大公理，博弈可以实现逐次约简：

(1) 令$W_i^0 =: \Sigma_i, \forall i \in N$；

(2) 递归定义$W_i^n, \forall i \in N$为
$$W_i^n = \{\alpha_i|\ \alpha_i \in W_i^{n-1}, \nexists \beta_i \in W_i^{n-1}, \text{s.t.}\ \beta_i \succ_{W^{n-1}} \alpha_i\};$$

(3) 最终产生$W_i^\infty, \forall i \in N$，使之再无法约简.

定义 2.75 (IEWD均衡) 假设$G = (N, (A_i)_{i \in N}, (f_i)_{i \in N})$是一个有限的完全信息静态博弈模型，$G_m = (N, (\Sigma_i)_{i \in N}, (F_i)_{i \in N})$是$G$的混合扩张，并且满足IEWD三大公理，博弈最终可以约简为
$$(N, (W_i^\infty)_{i \in N}, (F_i)_{i \in N}).$$

此时策略集合$W^\infty = \times_{i \in N} W_i^\infty$称为混合弱支配均衡或者简称弱支配均衡.

定义 2.76 假设有限个数据$A = \{x_i\}_{i \in I} \subseteq R, \#I < \infty$.

(1) 用$\min A$表示集合A的最小值；

(2) 用$\max A$表示集合A的最大值；

(3) $I_{\min} = \{i|\ i \in I, x_i = \min A\}$；

(4) $I_{\max} = \{i|\ i \in I, x_i = \max A\}$；

(5) $I_{\text{mid}} = \{i|\ i \in I, \min A < x_i < \max A\}$；

(6) $\Delta(A) = \{\alpha|\ \alpha = (\alpha_i)_{i \in I}, \alpha_i \geqslant 0, \sum_{i \in I} \alpha_i = 1\}$；$\Delta_+(A) = \{\alpha|\ \alpha = (\alpha_i)_{i \in I}, \alpha_i > 0, \sum_{i \in I} \alpha_i = 1\}$；

(7) 显然$I = I_{\min} \uplus I_{\text{mid}} \uplus I_{\max}$；

(8) 任意取定$\alpha \in \Delta(A), \text{Supp}(\alpha) = \{x|\ x \in A, \alpha(x) > 0\}$称为分布$\alpha$的支撑集，$\text{Zero}(\alpha) = \{x|\ x \in A, \alpha(x) = 0\}$称为分布$\alpha$的零测集.

定义 2.77 假设$G = (N, (A_i)_{i \in N}, (f_i)_{i \in N})$是一个有限的完全信息静态博弈模型，$G_m = (N, (\Sigma_i)_{i \in N}, (F_i)_{i \in N})$是$G$的混合扩张，局中人$i$的盈利上界定义为
$$M_i(G_m) = \max_{\alpha \in \Sigma} F_i(\alpha).$$

定义 2.78 假设$G = (N, (A_i)_{i \in N}, (f_i)_{i \in N})$是一个有限的完全信息静态博弈模型，$G_m = (N, (\Sigma_i)_{i \in N}, (F_i)_{i \in N})$是$G$的混合扩张，局中人$i$的盈利下界定义为
$$m_i(G_m) = \min_{\alpha \in \Sigma} F_i(\alpha).$$

2.1 知识梳理

定义 2.79 假设 $G = (N, (A_i)_{i \in N}, (f_i)_{i \in N})$ 是一个有限的完全信息静态博弈模型，$G_m = (N, (\Sigma_i)_{i \in N}, (F_i)_{i \in N})$ 是 G 的混合扩张，局中人 i 的后发盈利函数定义为

$$F_{i,\text{low}}(\alpha_i) = \min_{\alpha_{-i} \in \Sigma_{-i}} F_i(\alpha_i, \alpha_{-i}).$$

定义 2.80 假设 $G = (N, (A_i)_{i \in N}, (f_i)_{i \in N})$ 是一个有限的完全信息静态博弈模型，$G_m = (N, (\Sigma_i)_{i \in N}, (F_i)_{i \in N})$ 是 G 的混合扩张，局中人 i 的 maxmin 值定义为

$$\underline{v}_i(G_m) = \max_{\alpha_i \in \Sigma_i} F_{i,\text{low}}(\alpha_i) = \max_{\alpha_i \in \Sigma_i} \min_{\alpha_{-i} \in \Sigma_{-i}} F_i(\alpha_i, \alpha_{-i}).$$

定义 2.81 假设 $G = (N, (A_i)_{i \in N}, (f_i)_{i \in N})$ 是一个有限的完全信息静态博弈模型，$G_m = (N, (\Sigma_i)_{i \in N}, (F_i)_{i \in N})$ 是 G 的混合扩张，局中人 i 的 maxmin 策略定义为

$$\alpha_i^* \in F_{i,\text{low}}^{-1}(\underline{v}_i)(G_m) = \text{Argmax}_{\alpha_i \in \Sigma_i} F_{i,\text{low}}(\alpha_i).$$

定义 2.82 假设 $G = (N, (A_i)_{i \in N}, (f_i)_{i \in N})$ 是一个有限的完全信息静态博弈模型，$G_m = (N, (\Sigma_i)_{i \in N}, (F_i)_{i \in N})$ 是 G 的混合扩张，局中人 i 的先发盈利函数定义为

$$F_{i,\text{up}}(\alpha_{-i}) = \max_{\alpha_i \in \Sigma_i} F_i(\alpha_i, \alpha_{-i}).$$

定义 2.83 假设 $G = (N, (A_i)_{i \in N}, (f_i)_{i \in N})$ 是一个有限的完全信息静态博弈模型，$G_m = (N, (\Sigma_i)_{i \in N}, (F_i)_{i \in N})$ 是 G 的混合扩张，局中人 i 的 minmax 值定义为

$$\overline{v}_i(G_m) = \min_{\alpha_{-i} \in \Sigma_{-i}} F_{i,\text{up}}(\alpha_{-i}) = \min_{\alpha_{-i} \in \Sigma_{-i}} \max_{\alpha_i \in \Sigma_i} F_i(\alpha_i, \alpha_{-i}).$$

定义 2.84 假设 $G = (N, (A_i)_{i \in N}, (f_i)_{i \in N})$ 是一个有限的完全信息静态博弈模型，$G_m = (N, (\Sigma_i)_{i \in N}, (F_i)_{i \in N})$ 是 G 的混合扩张，局中人 i 的对手 $-i$ 的 minmax 策略定义为

$$\alpha_{-i}^* \in F_{i,\text{up}}^{-1}(\overline{v}_i)(G_m) = \text{Argmin}_{\alpha_{-i} \in \Sigma_{-i}} F_{i,\text{up}}(\alpha_{-i}).$$

定义 2.85 假设 $G = (N, (A_i)_{i \in N}, (f_i)_{i \in N})$ 是一个有限的完全信息静态博弈模型，$G_m = (N, (\Sigma_i)_{i \in N}, (F_i)_{i \in N})$ 是 G 的混合扩张，$\alpha \in \Sigma$ 是一个策略向量，局中人 i 对 α 的偏离策略集定义为

$$\text{Prof}_i(\alpha) = \{\beta_i | \beta_i \in \Sigma_i, \text{s.t. } F_i(\beta_i, \alpha_{-i}) > F_i(\alpha_i, \alpha_{-i})\}.$$

偏离策略集合表示局中人 i 在其对手策略固定的情况下对当前策略的修正.

定义 2.86 假设 $G = (N, (A_i)_{i \in N}, (f_i)_{i \in N})$ 是一个有限的完全信息静态博弈模型，$G_m = (N, (\Sigma_i)_{i \in N}, (F_i)_{i \in N})$ 是 G 的混合扩张，$\alpha_{-i} \in \Sigma_{-i}$ 是一个策略向量，局中人 i 对 α_{-i} 的最优反应策略集合定义为

$$BR_i(\alpha_{-i}) = \{\beta_i | \beta_i \in \Sigma_i, \text{s.t. } F_i(\beta_i, \alpha_{-i}) \geqslant F_i(\Sigma_i, a_{-i})\} = \text{Argmax}_{\alpha_i \in \Sigma_i} F_i(\alpha_i, \alpha_{-i}).$$

定义 2.87 假设 $G = (N, (A_i)_{i \in N}, (f_i)_{i \in N})$ 是一个有限的完全信息静态博弈模型，$G_m = (N, (\Sigma_i)_{i \in N}, (F_i)_{i \in N})$ 是 G 的混合扩张，$\alpha^* \in \Sigma$ 是纳什均衡，如果满足

$$\forall i \in N, F_i(\alpha_i^*, \alpha_{-i}^*) \geqslant F_i(\Sigma_i, \alpha_{-i}^*).$$

G_m 所有的纳什均衡记为

$$\text{MixNashEqum}(G) = \text{NashEqum}(G_m).$$

定义 2.88 假设 $G = (N, (A_i)_{i \in N}, (f_i)_{i \in N})$ 是一个有限的完全信息静态博弈模型，局中

人 i 的一个摄动向量定义为

$$\epsilon_i = (\epsilon_i(a_i))_{a_i \in A_i}, \text{s.t.} \epsilon_i > 0, \sum_{a_i \in A_i} \epsilon_i(a_i) \leqslant 1.$$

局中人 i 的所有摄动向量集合记为 $Pert_i$，所有局中人的摄动向量集合记为 $Pert = \times_{i \in N} Pert_i$，其中的一个元素记为 $\epsilon = (\epsilon_i)_{i \in N}$.

定义 2.89 假设 $G = (N, (A_i)_{i \in N}, (f_i)_{i \in N})$ 是一个有限的完全信息静态博弈模型，局中人 i 的一个 ϵ_i 混合策略集合定义为

$$\Sigma_{i, \epsilon_i} = \{\alpha_i | \alpha_i \in \Sigma_i, \alpha_i(a_i) \geqslant \epsilon_i(a_i), \forall a_i \in A_i\}.$$

取定 $\epsilon = (\epsilon_i)_{i \in N} \in Pert$，所有局中人的 ϵ 混合策略集合记为 $\Sigma_\epsilon = \times_{i \in N} \Sigma_{i, \epsilon_i}$.

定义 2.90 假设 $G = (N, (A_i)_{i \in N}, (f_i)_{i \in N})$ 是一个有限的完全信息静态博弈模型，取定摄动向量 $\epsilon \in Pert$，定义 ϵ 混合博弈为

$$G_{m,\epsilon} = (N, (\Sigma_{i,\epsilon_i})_{i \in N}, (F_i)_{i \in N}).$$

规定 $G_{m,0} = G_m$.

定义 2.91 假设 $G = (N, (A_i)_{i \in N}, (f_i)_{i \in N})$ 是一个有限的完全信息静态博弈模型，取定 $\epsilon = (\epsilon_i)_{i \in N} \in Pert$，定义

$$M_i(\epsilon_i) = \max_{a_i \in A_i} \epsilon_i(a_i); m_i(\epsilon_i) = \min_{a_i \in A_i} \epsilon_i(a_i); M(\epsilon) = \max_{i \in N} M_i(\epsilon_i); m(\epsilon) = \min_{i \in N} m_i(\epsilon_i),$$

显然 $M(\epsilon) \leqslant 1, m(\epsilon) > 0$.

定义 2.92 假设 $G = (N, (A_i)_{i \in N}, (f_i)_{i \in N})$ 是一个有限的完全信息静态博弈模型，$G_m = (N, (\Sigma_i)_{i \in N}, (F_i)_{i \in N})$ 是其混合扩张。$\alpha_i \in \Sigma_i$ 称为是完备的，如果 $\text{Supp}(\alpha_i) = A_i$，记为 $\alpha_i > 0$；$\alpha = (\alpha_i)_{i \in N} \in \Sigma$ 称为是完备的，如果 $\forall i \in N, \alpha_i$ 是完备的，记为 $\alpha > 0$.

定义 2.93 假设 $G = (N, (A_i)_{i \in N}, (f_i)_{i \in N})$ 是一个有限的完全信息静态博弈模型，$G_m = (N, (\Sigma_i)_{i \in N}, (F_i)_{i \in N})$ 是其混合扩张，$\alpha \in \Sigma$ 称为博弈 G 的颤抖手均衡(Trembling Hands Equilibrium)，如果满足

$$\exists (\epsilon^k)_{k \in \mathbf{N}} \subseteq Pert, \lim_{k \to \infty} M(\epsilon^k) = 0, \exists \alpha^k \in \text{NashEqum}(G_{m,\epsilon^k}), \text{s.t.} \alpha^k \to \alpha.$$

博弈 G 的所有颤抖手均衡记为 $\text{TremHandEqum}(G)$.

定义 2.94 假设 $G = (N, (A_i)_{i \in N}, (f_i)_{i \in N})$ 是一个有限的完全信息静态博弈模型，分布 $\alpha \in \Delta(A)$ 称为博弈 G 的一个相关均衡，如果满足

$$\sum_{a_{-i} \in A_{-i}} \alpha(a_i, a_{-i}) f_i(a_i, a_{-i}) \geqslant \sum_{a_{-i} \in A_{-i}} \alpha(a_i, a_{-i}) f_i(b_i, a_{-i}), \forall i \in N, \forall a_i, b_i \in A_i.$$

博弈 G 的所有相关均衡记为 $\text{CorEqum}(G)$.

2.2 案例分析

2.2.1 囚徒困境

最著名的完全信息静态博弈模型是"囚徒困境". 它的重要性体现在大量的事件情形中，参与者存在与故事中人物同样的动机.

例 2.1 一件较为严重的案件发生后,警察在现场抓到两名嫌疑人. 事实上,该案件正是他们所为. 但是警方没有掌握足够的证据,只能将他们隔离囚禁起来,要求他们坦白交代. 在此情况下,两个人都可以做出自己的选择:如果他们都保持沉默,每人都将被判入狱1年;如果他们中的一个且只有一个坦白并且愿意出来作证,坦白者将被宽大处理并被释放,而另一个人将会被判入狱4年;如果两人都坦白,则两人都被判入狱3年.

此问题可以构建为一个完全信息静态博弈模型

$$(N, (A_i)_{i \in N}, (f_i)_{i \in N}).$$

其局中人集合为$N = \{1,2\}$,分别表示嫌疑人1和嫌疑人2;若将沉默记为S,坦白记为C,则局中人1的策略集为$A_1 = \{S, C\}$,局中人2的策略集为$A_2 = \{S, C\}$,因此策略向量集合为

$$A = A_1 \times A_2 = \{(S,S), (S,C), (C,S), (C,C)\}.$$

局中人1的盈利函数f_1为

$$f_1(S,S) = -1; f_1(S,C) = -4; f_1(C,S) = 0; f_1(C,C) = -3.$$

同理,局中人2的盈利函数f_2为

$$f_2(S,S) = -1; f_2(S,C) = 0; f_2(C,S) = -4; f_2(C,C) = -3.$$

可以很简洁地将上面的模型表示为如下矩阵,第一列表示局中人1的策略,第一行表示局中人2的策略,括号中的第一个数字表示局中人1的盈利,第二个数字表示局中人2的盈利.

$$\begin{pmatrix} 策略 & S & C \\ S & (-1,-1) & (-4,0) \\ C & (0,-4) & (-3,-3) \end{pmatrix}.$$

通过最优反应函数法派生出来的划线算法,可以很容易得到囚徒困境的纳什均衡解. 求解过程如下:

$$\begin{pmatrix} 策略 & S & C \\ S & (-1,-1) & (-4,\underline{0}) \\ C & (\underline{0},-4) & (\underline{-3},\underline{-3}) \end{pmatrix}.$$

所以(C,C)是囚徒困境的纳什均衡,此时每个嫌疑人都选择坦白作为自己的最优策略. 纳什均衡代表了理性局中人的一种自我保全、互不信任、稳中求优的策略选择理念.

(1)具体考察博弈过程.

第一条路径:假设局中人1先做决策,选择策略S,此时局中人2的最好选择是C,局中人1再做决策,选择C,局中人2选择C,到此达到了均衡点(C,C).

第二条路径:假设局中人1先做决策,选择策略C,此时局中人2的最好选择是C,局中人1再做决策,选择C,局中人2选择C,到此达到了均衡点(C,C).

第三条路径:假设局中人2先做决策,选择策略S,此时局中人1的最好选择是C,局中人2再做决策,选择C,局中人1选择C,到此达到了均衡点(C,C).

第四条路径:假设局中人2先做决策,选择策略C,此时局中人1的最好选择是C,局中人2再做决策,选择C,局中人1选择C,到此达到了均衡点(C,C).

由此,无论哪一条路径,此博弈都会达到均衡点(C,C),这就是纳什均衡的核心思想,

即稳定的最优.

(2)具体考察博弈结果.

从个人利益来看,(S,S)比(C,C)要好,但是因为局中人的理性和猜疑,使得无法在(S,S)处形成稳定;从集体利益来看,$(S,S),(S,C),(C,S)$任何一个都比(C,C)要好,但是因为决策者考虑的是个人利益而不是集体利益,所以所得的均衡虽然对于个人来说是一种稳定最优,但是在集体利益层面是最差的. 因此,纳什均衡可能达不到个体的最优,也可能达不到集体最优,只能达到个体的稳定最优,而稳定最优虽然稳定,但未必是绝对意义上的最优.

进一步地,可以计算囚徒困境的混合纳什均衡. 首先将有限的完全信息静态博弈混合扩张得到

$$(N,(\Sigma_i)_{i\in N},(F_i)_{i\in N}),$$

其中

$$\Sigma_1 = \{\alpha_1|\,\alpha_1 = (x, 1-x), x \in [0,1]\};$$
$$\Sigma_2 = \{\alpha_2|\,\alpha_2 = (y, 1-y), y \in [0,1]\};$$
$$F_1(\alpha_1,\alpha_2) = -xy - 4x(1-y) - 3(1-x)(1-y);$$
$$F_2(\alpha_1,\alpha_2) = -xy - 4(1-x)y - 3(1-x)(1-y).$$

根据混合纳什均衡计算的无差别原则,可得方程

$$F_1(S,\alpha_2) = 3y - 4;$$
$$F_1(C,\alpha_2) = 3y - 3;$$
$$F_2(\alpha_1,S) = 3x - 4;$$
$$F_2(\alpha_1,C) = 3x - 3.$$

此方程无解,说明囚徒困境无真正意义上的混合纳什均衡.

囚徒困境的重要性不在于去了解囚徒告密的动机,而在于其他许多情况都有类似的结构. 囚徒困境的模型虽然简单,但是有很多变形.

例 2.2 两家厂商生产同一种产品,每家厂商对产品开出高价或者低价,每家厂商都想得到可能的最高利润. 如果两家厂商选择高价,那么每家厂商得到的利润是1 000元;如果一家厂商选择高价而另一家厂商选择低价,那么选择高价的厂商因为失去一些顾客会损失200,而选择低价的厂商将获取1 200元的利润;如果两家厂商都选择低价,那么每家厂商获取的利润是600,每家厂商都只关心自己的利润.

此问题可以构建为一个完全信息静态博弈模型

$$(N,(A_i)_{i\in N},(f_i)_{i\in N}).$$

其局中人集合为$N = \{1,2\}$,分别表示厂商1和厂商2;若将高价记为H,低价记为L,则局中

人1的策略集为$A_1 = \{H, L\}$，局中人2的策略集为$A_2 = \{H, L\}$，因此策略向量集合为
$$A = A_1 \times A_2 = \{(H,H), (H,L), (L,H), (L,L)\}.$$
局中人1的盈利函数f_1为
$$f_1(H,H) = 1\,000; f_1(H,L) = -200; f_1(L,H) = 1\,200; f_1(L,L) = 600.$$
同理，局中人2的盈利函数f_2为
$$f_2(H,H) = 1\,000; f_2(H,L) = 1\,200; f_2(L,H) = -200; f_2(L,L) = 600.$$
可以很简洁地将上面的模型表示为以下矩阵，第一列表示局中人1的策略，第一行表示局中人2的策略，括号中的第一个数字表示局中人1的盈利，第二个数字表示局中人2的盈利.

$$\begin{pmatrix} 策略 & H & L \\ H & (1\,000, 1\,000) & (-200, 1\,200) \\ L & (1\,200, -200) & (600, 600) \end{pmatrix}.$$

通过最优反应函数法派生出来的划线算法，可以很容易得到如上模型的纳什均衡解. 求解过程如下：

$$\begin{pmatrix} 策略 & H & L \\ H & (1\,000, 1\,000) & (-200, \underline{1\,200}) \\ L & (\underline{1\,200}, -200) & (\underline{600}, \underline{600}) \end{pmatrix}.$$

所以(L, L)是纳什均衡，此时每个厂商都选择低价为自己的最优策略. 局中人的纳什均衡既不是个人的绝对最优，也不是集体最优，而只是一种稳定最优. 此问题具有囚徒困境的博弈结构.

例 2.3 假定两个国家进行军备竞赛，可以选择的策略是拥有核武器或者不拥有核武器. 每个国家最喜欢的结局是自己拥有核武器而对手国家没有；次之是都没有核武器；再次之是都拥有核武器；最糟糕的情况是自己不拥有核武器而对手国家拥有核武器.

此问题可以构建为一个完全信息静态博弈模型
$$(N, (A_i)_{i \in N}, (f_i)_{i \in N}).$$
其局中人集合为$N = \{1, 2\}$，分别表示国家1和国家2；若将拥有核武器记为Y，不拥有核武器记为N，则局中人1的策略集为$A_1 = \{Y, N\}$，局中人2的策略集为$A_2 = \{Y, N\}$，因此策略向量集合为
$$A = A_1 \times A_2 = \{(Y,Y), (Y,N), (N,Y), (N,N)\}.$$
局中人1的盈利函数f_1为
$$f_1(Y,Y) = 0; f_1(Y,N) = 1; f_1(N,Y) = -1; f_1(N,N) = 1/2.$$
同理，局中人2的盈利函数f_2为
$$f_2(Y,Y) = 0; f_2(Y,N) = -1; f_2(N,Y) = 1; f_2(N,N) = 1/2.$$
可以很简洁地将上面的模型表示为以下矩阵，第一列表示局中人1的策略，第一行表示局中人2的策略，括号中的第一个数字表示局中人1的盈利，第二个数字表示局中人2的盈利.

$$\begin{pmatrix} 策略 & Y & N \\ Y & (0,0) & (1,-1) \\ N & (-1,1) & (1/2, 1/2) \end{pmatrix}.$$

通过最优反应函数法派生出来的划线算法，可以很容易得到如上模型的纳什均衡解. 求解过程如下：

$$\begin{pmatrix} 策略 & Y & N \\ Y & (\underline{0},\underline{0}) & (\underline{1},-1) \\ N & (-1,\underline{1}) & (1/2,1/2) \end{pmatrix}.$$

所以(Y,Y)是纳什均衡，此时每个国家都选择拥有核武器为自己的最优策略. 局中人的纳什均衡既不是个人的绝对最优，也不是集体最优，而只是一种稳定最优. 此问题具有囚徒困境的博弈结构.

以上分析了囚徒对局中各个策略下的结果或支付，以及它的均衡. 它的均衡是双方均选择"招认"的策略. 囚徒博弈是完全信息下的静态博弈，各种策略组合下的支付是他们之间的"公共知识".

囚徒困境可以用来说明许多现象，如我国目前的应试教育就是一个囚徒困境.

最近10多年来，我国基础教育面临的问题是如何摆脱应试教育的困境. 目前给中小学生"减负"不仅是学生家长的呼声，也是教育专家和教育管理部门的呼声，也可以说是全社会的呼声. 教育管理部门这几年做了一系列的工作.

大家普遍认为应试教育扼杀了学生的创造性，都在呼吁改变应试教育的模式. 但实际上，无论是专家还是普通百姓，其小孩都在接受着这种教育.

在现有的教育体制下，学生（或学生家长）有两个可选择的策略："减负"和"增负". 学生的精力是有限的，如果选择"减负"策略，意味着学生有更多的时间学习课本以外的知识，这样学生的素质可以得到提高，因此，"减负"策略往往与素质教育联系在一起；而如果选择"增负"策略，则意味着学生要花大量的时间做大量的习题，以"学透""学精"课本规定的东西，此时，学生没有时间学习课本以外的内容. "减负"的结果是学生的全面发展，而"增负"的结果是学生获得高的分数.

在这样的博弈结构下，学生（或学生家长）如何选择呢？每个学生这样想：其他人采取的是"增负"教育策略的话，如果我采取"减负"教育策略，我的考试分数不如他人，在求学方面我会落后，接受不了好的教育，在未来求职时我也赶不上他人. 在他人采取"增负"的策略下，我也应当采取"增负"策略. 如果其他人采取的是"减负"策略，我应当采取什么策略呢？还是应当采取"增负"策略！因为，在其他人采取"减负"策略时，如果我采取的是"增负"策略，我的考试分数会比其他人高，我会上好的学校，在未来的职业竞争中我会处于优势. 因此，无论其他人采取的是什么策略，我采取"增负"策略都是最好的. 当每个学生都这样想时，全社会便进入了应试教育这样一个囚徒困境之中.

如果我国现有的考试制度没有改变，假设所有的学生都选择"减负"策略，即除了做少量的巩固性作业，不补课、不做其他的练习题，情况会是什么样子？

假设这种状态会出现，那么也会很快消失，而立即会出现所有学生都进入"增负"的一个状态. 可以说，均选择"减负"策略的状态是不稳定的，而"增负"的状态是稳定的均衡. 原因就是，目前教育的博弈结构规定了各种行动或行为的收益或好处：获得高分的会进入好的初中、高中，进入好的初中、高中的学生大概率可以考高分进入好的大学. 在这个博弈中，对于教师来说，学生的升学率高意味着其教学成绩好，对自己的学生采取"增负"策略，对于自己而言是占优策略.

我国基础教育的博弈与囚徒困境有共同的结构，大家均选择"增负"策略构成基础教育博弈的纳什均衡. 纳什均衡是一个稳定的博弈结果，这也是为什么我国目前的应试教育难以改变的原因.

2.2.2 性别之战

囚徒困境中，主要问题是局中人是否会合作都选择沉默. 另一类博弈是称为性别之战的博弈，局中人同意合作好于不合作，但是他们在最好的结局上存在分歧.

例 2.4 男孩和女孩希望一起去听音乐会：巴赫音乐会和斯特拉文斯基音乐会. 男孩喜欢巴赫，女孩喜欢斯特拉文斯基. 如果他们分开，双方都不乐意.

此问题可以构建为一个完全信息静态博弈模型
$$(N, (A_i)_{i \in N}, (f_i)_{i \in N}).$$
其局中人集合为 $N = \{1, 2\}$，分别表示男孩和女孩；若将巴赫音乐会记为 B，斯特拉文斯基音乐会记为 S，则局中人1的策略集为 $A_1 = \{B, S\}$，局中人2的策略集为 $A_2 = \{B, S\}$，因此策略向量集合为
$$A = A_1 \times A_2 = \{(B,B), (B,S), (S,B), (S,S)\}.$$
局中人1的盈利函数 f_1 为
$$f_1(B,B) = 2; f_1(B,S) = 0; f_1(S,B) = 0; f_1(S,S) = 1.$$
同理，局中人2的盈利函数 f_2 为
$$f_2(B,B) = 1; f_2(B,S) = 0; f_2(S,B) = 0; f_2(S,S) = 2.$$
可以很简洁地将上面的模型表示为以下矩阵，第一列表示局中人1的策略，第一行表示局中人2的策略，括号中的第一个数字表示局中人1的盈利，第二个数字表示局中人2的盈利.
$$\begin{pmatrix} 策略 & B & S \\ B & (2,1) & (0,0) \\ S & (0,0) & (1,2) \end{pmatrix}.$$
通过最优反应函数法派生出来的划线算法，可以很容易得到性别之战的纳什均衡解. 求解过程如下：
$$\begin{pmatrix} 策略 & B & S \\ B & (\underline{2},\underline{1}) & (0,0) \\ S & (0,0) & (\underline{1},\underline{2}) \end{pmatrix}.$$
所以 $(B,B), (S,S)$ 是性别之战的纳什均衡，此时男孩女孩都将在一起听音乐会作为自己的最优策略，而不管是巴赫还是斯特拉文斯基. 纳什均衡代表了理性局中人的一种稳中求优的策略选择理念.

(1)具体考察博弈过程.

第一条路径：假设局中人1先做决策，选择策略B，此时局中人2的最好选择是B，局中人1再做决策，选择B，局中人2选择B，到此达到了均衡点(B,B).

第二条路径：假设局中人1先做决策，选择策略S，此时局中人2的最好选择是S，局中人1再做决策，选择S，局中人2选择S，到此达到了均衡点(S,S).

第三条路径：假设局中人2先做决策，选择策略B，此时局中人1的最好选择是B，局中人2再做决策，选择B，局中人1选择B，到此达到了均衡点(B,B).

第四条路径：假设局中人2先做决策，选择策略S，此时局中人1的最好选择是S，局中人2再做决策，选择S，局中人1选择S，到此达到了均衡点(S,S).

由此，无论哪一条路径，此博弈都会达到(B,B)或者(S,S)均衡点，这就是纳什均衡的核心思想，即稳定的最优.

(2) 具体考察博弈结果.

从个人利益来看，(B,B)和(S,S)比(B,S)和(S,B)要好；从集体利益来看，(B,B)和(S,S)比(B,S)和(S,B)要好. 此时的纳什均衡实现了个人利益、集体利益的统一，但是因为有多个纳什均衡，并且无法在其间比较好坏，还需要男孩女孩的进一步博弈斗争.

进一步，可以计算囚徒困境的混合纳什均衡. 首先将有限的完全信息静态博弈混合扩张得到

$$(N, (\Sigma_i)_{i\in N}, (F_i)_{i\in N}),$$

其中

$$\Sigma_1 = \{\alpha_1 | \alpha_1 = (x, 1-x), x \in [0,1]\};$$
$$\Sigma_2 = \{\alpha_2 | \alpha_2 = (y, 1-y), y \in [0,1]\};$$
$$F_1(\alpha_1, \alpha_2) = 2xy + (1-x)(1-y);$$
$$F_2(\alpha_1, \alpha_2) = xy + 2(1-x)(1-y).$$

根据混合纳什均衡计算的无差别原则，可得方程

$$F_1(S, \alpha_2) = 2y;$$
$$F_1(C, \alpha_2) = 1-y;$$
$$F_2(\alpha_1, S) = x;$$
$$F_2(\alpha_1, C) = 2-2x.$$

计算得到混合纳什均衡为

$$\alpha_1^* = (2/3, 1/3); \alpha_2^* = (1/3, 2/3),$$

即男孩采用$(2/3S, 1/3C)$策略，女孩采用$(1/3S, 2/3C)$策略，这也是纳什均衡.

性别之战的重要性不在于决定选择听哪一场音乐会，而是描述了一类广泛的合作胜于不合作的情形，有多类型的变化.

例 2.5 同一个政党的两位议员决定对某事件发表立场，立场有温和与强硬两种. 议员1倾

向强硬立场，议员2倾向温和立场，但是因为是同一个政党，任何立场不一致所造成的后果都很严重.

此问题可以构建为一个完全信息静态博弈模型
$$(N, (A_i)_{i \in N}, (f_i)_{i \in N}).$$
其局中人集合为$N = \{1, 2\}$，分别表示议员1和议员2；若将强硬立场记为H，温和立场记为S，则局中人1的策略集为$A_1 = \{H, S\}$，局中人2的策略集为$A_2 = \{H, S\}$，因此策略向量集合为
$$A = A_1 \times A_2 = \{(H, H), (H, S), (S, H), (S, S)\}.$$
局中人1的盈利函数f_1为
$$f_1(H, H) = 2; f_1(H, S) = 0; f_1(S, H) = 0; f_1(S, S) = 1.$$
同理，局中人2的盈利函数f_2为
$$f_2(H, H) = 1; f_2(H, S) = 0; f_2(S, H) = 0; f_2(S, S) = 2.$$
可以很简洁地将上面的模型表示为以下矩阵，第一列表示局中人1的策略，第一行表示局中人2的策略，括号中的第一个数字表示局中人1的盈利，第二个数字表示局中人2的盈利.
$$\begin{pmatrix} 策略 & H & S \\ H & (2,1) & (0,0) \\ S & (0,0) & (1,2) \end{pmatrix}.$$
通过最优反应函数法派生出来的划线算法，可以很容易得到性别之战的纳什均衡解. 求解过程如下：
$$\begin{pmatrix} 策略 & H & S \\ H & (\underline{2},\underline{1}) & (0,0) \\ S & (0,0) & (\underline{1},\underline{2}) \end{pmatrix}.$$
所以$(H, H), (S, S)$是此问题的纳什均衡，此时两个议员都将一致的立场作为自己的最优策略，而不管是强硬还是温和. 此问题具有性别之战的博弈结构.

例 2.6 同一个公司下面的两个子公司要建设信息系统，标准的选择有两种：一种为子公司1偏好的标准，另一种为子公司2偏好的标准. 选择不同的标准会造成不同的不良后果. 为了方便整个公司系统的兼容性，需要尽可能选择同一种标准.

此问题可以构建为一个完全信息静态博弈模型
$$(N, (A_i)_{i \in N}, (f_i)_{i \in N}).$$
其局中人集合为$N = \{1, 2\}$，分别表示子公司1和子公司2；若将子公司1偏好的标准记为B，子公司2偏好的标准记为C，则局中人1的策略集为$A_1 = \{A, B\}$，局中人2的策略集为$A_2 = \{A, B\}$，因此策略向量集合为
$$A = A_1 \times A_2 = \{(B, B), (B, C), (C, B), (C, C)\}.$$
局中人1的盈利函数f_1为
$$f_1(B, B) = 2; f_1(B, C) = 0; f_1(C, B) = 0; f_1(C, C) = 1.$$

同理，局中人2的盈利函数f_2为
$$f_2(B,B)=1;\ f_2(B,C)=0;\ f_2(C,B)=0;\ f_2(C,C)=2.$$
可以很简洁地将上面的模型表示为以下矩阵，第一列表示局中人1的策略，第一行表示局中人2的策略，括号中的第一个数字表示局中人1的盈利，第二个数字表示局中人2的盈利.
$$\begin{pmatrix} 策略 & B & C \\ B & (2,1) & (0,0) \\ C & (0,0) & (1,2) \end{pmatrix}.$$
通过最优反应函数法派生出来的划线算法，可以很容易得到性别之战的纳什均衡解. 求解过程如下：
$$\begin{pmatrix} 策略 & B & C \\ B & (\underline{2},\underline{1}) & (0,0) \\ C & (0,0) & (\underline{1},\underline{2}) \end{pmatrix}.$$
所以$(B,B),(C,C)$是此问题的纳什均衡，此时两个子公司都将统一的标准作为自己的最优策略，而不管是自己喜欢的还是别人喜欢的. 此问题具有性别之战的博弈结构.

2.2.3 硬币匹配

在囚徒困境和性别之战中，出现了冲突与合作. 硬币匹配问题是纯粹冲突的.

例 2.7 两个人同时出示硬币的正面或者反面. 如果他们出示的是相同的一面，那么局中人2向局中人1支付1美元；如果他们出示不同的面，那么局中人1向局中人2支付1美元. 每个人只关心他接受了多少钱，并且越多越好.

此问题可以构建为一个完全信息静态博弈模型
$$(N,(A_i)_{i\in N},(f_i)_{i\in N}).$$
其局中人集合为$N=\{1,2\}$，分别表示局中人1和局中人2；若将硬币的正面记为H，反面记为T，则局中人1的策略集为$A_1=\{H,T\}$，局中人2的策略集为$A_2=\{H,T\}$，因此策略向量集合为
$$A=A_1\times A_2=\{(H,H),(H,T),(T,H),(T,T)\}.$$
局中人1的盈利函数f_1为
$$f_1(H,H)=1;\ f_1(H,T)=-1;\ f_1(T,H)=-1;\ f_1(T,T)=1.$$
同理局中人2的盈利函数f_2为
$$f_2(H,H)=-1;\ f_2(H,T)=1;\ f_2(T,H)=1;\ f_2(T,T)=-1.$$
可以很简洁地将上面的模型表示为以下矩阵，第一列表示局中人1的策略，第一行表示局中人2的策略，括号中的第一个数字表示局中人1的盈利，第二个数字表示局中人2的盈利.
$$\begin{pmatrix} 策略 & H & T \\ H & (1,-1) & (-1,1) \\ T & (-1,1) & (1,-1) \end{pmatrix}.$$
通过最优反应函数法派生出来的划线算法，求解过程如下：
$$\begin{pmatrix} 策略 & H & T \\ H & (\underline{1},-1) & (-1,\underline{1}) \\ T & (-1,\underline{1}) & (\underline{1},-1) \end{pmatrix}.$$

根据划线法可知硬币匹配问题没有纯策略纳什均衡.

具体考察博弈过程.

第一条路径：假设局中人1先做决策，选择策略H，此时局中人2的最好选择是T，局中人1再做决策，选择T，局中人2选择H，到此陷入了循环.

第二条路径：假设局中人1先做决策，选择策略T，此时局中人2的最好选择是H，局中人1再做决策，选择H，局中人2选择T，到此陷入了循环.

第三条路径：假设局中人2先做决策，选择策略H，此时局中人1的最好选择是H，局中人2再做决策，选择T，局中人1选择T，到此陷入了循环.

第四条路径：假设局中人2先做决策，选择策略T，此时局中人1的最好选择是T，局中人2再做决策，选择H，局中人1选择H，到此陷入了循环.

由此，无论哪一条路径，此博弈都会陷入循环而达不到稳定，所以没有纯策略的纳什均衡.

进一步，可以计算硬币匹配的混合纳什均衡. 首先将有限的完全信息静态博弈混合扩张得到

$$(N, (\Sigma_i)_{i \in N}, (F_i)_{i \in N}),$$

其中

$$\Sigma_1 = \{\alpha_1 | \alpha_1 = (x, 1-x), x \in [0, 1]\};$$
$$\Sigma_2 = \{\alpha_2 | \alpha_2 = (y, 1-y), y \in [0, 1]\};$$
$$F_1(\alpha_1, \alpha_2) = xy - x(1-y) - (1-x)y + (1-x)(1-y);$$
$$F_2(\alpha_1, \alpha_2) = -xy + x(1-y) + (1-x)y - (1-x)(1-y).$$

根据混合纳什均衡计算的无差别原则，可得方程

$$F_1(H, \alpha_2) = 2y - 1;$$
$$F_1(T, \alpha_2) = 1 - 2y;$$
$$F_2(\alpha_1, H) = 1 - 2x;$$
$$F_2(\alpha_1, T) = 2x - 1.$$

计算得到混合纳什均衡为

$$\alpha_1^* = (1/2, 1/2); \alpha_2^* = (1/2, 1/2),$$

即局中人1采用$(1/2H, 1/2T)$策略，局中人2采用$(1/2H, 1/2T)$策略，这是纳什均衡.

硬币匹配的重要性不在于决定选择正面或者反面，而是描述了一类广泛的纯粹不合作的情形，有多类型的变化.

例2.8 在一定规模的市场中，老厂商与新厂商开发新产品进行外观选择. 假定每家厂商可以在两种不同的外观中选择一种. 老厂商希望新厂商的产品看上去与自己的不同(这样它的顾客不会被诱导去买新厂商的产品)，新厂商则希望产品看上去相似(这样可以诱导顾客购买

它的产品).

此问题可以构建为一个完全信息静态博弈模型
$$(N, (A_i)_{i\in N}, (f_i)_{i\in N}).$$

其局中人集合为$N = \{1, 2\}$，分别表示老厂商和新厂商；若将产品的第一种外观记为H，第二种外观记为T，则局中人1的策略集为$A_1 = \{H, T\}$，局中人2的策略集为$A_2 = \{H, T\}$，因此策略向量集合为
$$A = A_1 \times A_2 = \{(H, H), (H, T), (T, H), (T, T)\}.$$

局中人1的盈利函数f_1为
$$f_1(H, H) = -1;\ f_1(H, T) = 1;\ f_1(T, H) = 1;\ f_1(T, T) = -1.$$

同理，局中人2的盈利函数f_2为
$$f_2(H, H) = 1;\ f_2(H, T) = -1;\ f_2(T, H) = -1;\ f_2(T, T) = 1.$$

可以很简洁地将上面的模型表示为以下矩阵，第一列表示局中人1的策略，第一行表示局中人2的策略，括号中的第一个数字表示局中人1的盈利，第二个数字表示局中人2的盈利.

$$\begin{pmatrix} 策略 & H & T \\ H & (-1, 1) & (1, -1) \\ T & (1, -1) & (-1, 1) \end{pmatrix}.$$

通过最优反应函数法派生出来的划线算法，求解过程如下：

$$\begin{pmatrix} 策略 & H & T \\ H & (\underline{-1}, 1) & (1, \underline{-1}) \\ T & (1, \underline{-1}) & (\underline{-1}, 1) \end{pmatrix}.$$

根据划线法可知这个问题没有纯策略纳什均衡. 计算得到混合纳什均衡为
$$\alpha_1^* = (1/2, 1/2);\ \alpha_2^* = (1/2, 1/2).$$

此问题具有和硬币匹配问题一样的结构.

2.2.4 猎鹿问题

例2.9 现有两个猎人，每个猎人有两种选择：追捕梅花鹿或追捕野兔.如果他们都聚精会神地追捕梅花鹿，就能逮住它并且平均分配；如果任何一个猎人把自己的精力放在追捕野兔上，梅花鹿就会逃掉，而野兔只属于那个开小差（追野兔）的猎人. 每个猎人都喜欢分享梅花鹿胜于只得到野兔.

此问题可以构建为一个完全信息静态博弈模型
$$(N, (A_i)_{i\in N}, (f_i)_{i\in N}).$$

其局中人集合为$N = \{1, 2\}$，分别表示猎人1和猎人2；若将聚精会神记为B，将开小差记为S，则局中人1的策略集为$A_1 = \{B, S\}$，局中人2的策略集为$A_2 = \{B, S\}$，因此策略向量集合为
$$A = A_1 \times A_2 = \{(B, B), (B, S), (S, B), (S, S)\}.$$

局中人1的盈利函数f_1为
$$f_1(B,B)=2;\ f_1(B,S)=0;\ f_1(S,B)=1;\ f_1(S,S)=1.$$
同理，局中人2的盈利函数f_2为
$$f_2(B,B)=2;\ f_2(B,S)=1;\ f_2(S,B)=0;\ f_2(S,S)=1.$$
可以很简洁地将上面的模型表示为以下矩阵，第一列表示局中人1的策略，第一行表示局中人2的策略，括号中的第一个数字表示局中人1的盈利，第二个数字表示局中人2的盈利.
$$\begin{pmatrix} 策略 & B & S \\ B & (2,2) & (0,1) \\ S & (1,0) & (1,1) \end{pmatrix}.$$
通过最优反应函数法派生出来的划线算法，求解过程如下：
$$\begin{pmatrix} 策略 & B & S \\ B & (\underline{2},\underline{2}) & (0,1) \\ S & (1,0) & (\underline{1},\underline{1}) \end{pmatrix}.$$
所以$(B,B),(S,S)$是猎鹿问题的纳什均衡，此时两个猎人都将同时聚精会神或者同时开小差作为自己的最优策略.纳什均衡代表了理性局中人的一种稳中求优的策略选择理念.

(1)具体考察博弈过程.

第一条路径：假设局中人1先做决策，选择策略B，此时局中人2的最好选择是B，局中人1再做决策，选择B，局中人2选择B，到此达到了均衡点(B,B).

第二条路径：假设局中人1先做决策，选择策略S，此时局中人2的最好选择是S，局中人1再做决策，选择S，局中人2选择S，到此达到了均衡点(S,S).

第三条路径：假设局中人2先做决策，选择策略B，此时局中人1的最好选择是B，局中人2再做决策，选择B，局中人1选择B，到此达到了均衡点(B,B).

第四条路径：假设局中人2先做决策，选择策略S，此时局中人1的最好选择是S，局中人2再做决策，选择S，局中人1选择S，到此达到了均衡点(S,S).

由此无论哪一条路径，此博弈都会达到(B,B)或者(S,S)均衡点，这就是纳什均衡的核心思想，即稳定的最优.

(2)具体考察博弈结果.

从个人利益来看，(B,B)和(S,S)比(B,S)和(S,B)要好；从集体利益来看，(B,B)和(S,S)比(B,S)和(S,B)要好.此时的纳什均衡实现了个人利益、集体利益的统一，对于这个纳什均衡，可以比较好坏，(B,B)比(S,S)要好.

进一步，可以计算猎鹿问题的混合纳什均衡.首先将有限的完全信息静态博弈混合扩张得到
$$(N,(\Sigma_i)_{i\in N},(F_i)_{i\in N}),$$
其中
$$\Sigma_1=\{\alpha_1|\ \alpha_1=(x,1-x), x\in[0,1]\};$$
$$\Sigma_2=\{\alpha_2|\ \alpha_2=(y,1-y), y\in[0,1]\};$$

$$F_1(\alpha_1,\alpha_2) = 2xy + (1-x)y + (1-x)(1-y);$$
$$F_2(\alpha_1,\alpha_2) = 2xy + x(1-y) + (1-x)(1-y).$$

根据混合纳什均衡计算的无差别原则,可得方程
$$F_1(B,\alpha_2) = 2y;$$
$$F_1(S,\alpha_2) = 1;$$
$$F_2(\alpha_1,B) = 2x;$$
$$F_2(\alpha_1,S) = 1.$$

计算得到混合纳什均衡为
$$\alpha_1^* = (1/2, 1/2); \alpha_2^* = (1/2, 1/2).$$

即猎人1采用$(1/2B, 1/2S)$策略,猎人2采用$(1/2B, 1/3S)$策略,这也是纳什均衡.

猎鹿问题的重要性不在于决定选择猎取哪一种猎物,而是描述了一类广泛的要么合作、要么不合作的情形,有多类型的变化.

例 2.10 有两个国家进行适度军备竞赛,每个国家都希望两个国家进行军控胜于自己单独武装,自己单独武装胜于两个都武装.

此问题可以构建为一个完全信息静态博弈模型
$$(N, (A_i)_{i\in N}, (f_i)_{i\in N}).$$

其局中人集合为$N = \{1, 2\}$,分别表示国家1和国家2;若将军控记为B,将武装记为S,则局中人1的策略集为$A_1 = \{B, S\}$,局中人2的策略集为$A_2 = \{B, S\}$,因此策略向量集合为
$$A = A_1 \times A_2 = \{(B,B), (B,S), (S,B), (S,S)\}.$$

局中人1的盈利函数f_1为
$$f_1(B,B) = 2; f_1(B,S) = 0; f_1(S,B) = 1; f_1(S,S) = 1.$$

同理,局中人2的盈利函数f_2为
$$f_2(B,B) = 2; f_2(B,S) = 1; f_2(S,B) = 0; f_2(S,S) = 1.$$

可以很简洁地将上面的模型表示为以下矩阵,第一列表示局中人1的策略,第一行表示局中人2的策略,括号中的第一个数字表示局中人1的盈利,第二个数字表示局中人2的盈利.

$$\begin{pmatrix} 策略 & B & S \\ B & (2,2) & (0,1) \\ S & (1,0) & (1,1) \end{pmatrix}.$$

通过最优反应函数法派生出来的划线算法,求解过程如下:

$$\begin{pmatrix} 策略 & B & S \\ B & (\underline{2},\underline{2}) & (0,1) \\ S & (1,0) & (\underline{1},\underline{1}) \end{pmatrix}.$$

所以$(B,B), (S,S)$是此问题的纳什均衡,此时两个国家都将同时武装或者同时军控作为自己的最优策略. 纳什均衡代表了理性局中人的一种稳中求优的策略选择理念. 进一步计算得到混

合纳什均衡为
$$\alpha_1^* = (1/2, 1/2); \alpha_2^* = (1/2, 1/2).$$
即国家1采用$(1/2B, 1/2S)$策略，国家2采用$(1/2B, 1/2S)$策略，这也是一种纳什均衡. 此问题体现了猎鹿问题的结构.

2.2.5 斗鸡博弈

试想有两只公鸡遇到一起，每只公鸡有两个行动选择：一是后退，二是前进. 如果一方后退，而对方前进，则对方获得胜利，后退的公鸡很丢面子；如果对方也后退，则双方打个平手；如果自己前进，而对方后退，则自己胜利，对方失败；如果两只公鸡都前进，则两败俱伤. 因此，对每只公鸡来说，最好的结果是对方后退，而自己前进. 支付矩阵如下：
$$\begin{pmatrix} \text{策略} & \text{前进} & \text{后退} \\ \text{前进} & (-2,-2) & (1,-1) \\ \text{后退} & (-1,1) & (-1,-1) \end{pmatrix}.$$
矩阵中数字的含义是：两者如果均选择"前进"，结果是两败俱伤，两者均获得-2的支付；如果一方"前进"，另外一方"后退"，前进的公鸡获得1的支付，赢得了面子，而后退的公鸡获得-1的支付，输掉了面子，但没有两者均"前进"受到的损失大；两者均"后退"，两者均输掉了面子，获得-1的支付. 当然，矩阵中的数字只是相对值.

通过划线法，可以计算得到
$$\begin{pmatrix} \text{策略} & \text{前进} & \text{后退} \\ \text{前进} & (-2,-2) & (\underline{1},\underline{-1}) \\ \text{后退} & (\underline{-1},\underline{1}) & (-1,-1) \end{pmatrix}.$$
此博弈有两个纳什均衡：一方前进，另一方后退. 但关键是谁进谁退？对某一博弈，如果有唯一的纳什均衡点，那么这个博弈是可预测的，这个纳什均衡点就是事先知道的唯一的博弈结果. 但是如果博弈有两个或两个以上的纳什均衡点，那么任何人无法预测出一个结果来. 因此无法预测斗鸡博弈的结果，即不能知道谁进谁退、谁输谁赢.

2.2.6 智猪博弈

猪圈里养了两头猪，一头大猪、一头小猪. 在猪圈的一端有一个盛食槽，另一端有一个按压式开关. 开关每被按压一次，就有固定数量的食物出现在盛食槽中. 大猪和小猪都在思考是否去按压开关.

如果大猪和小猪都去按压开关，然后两头猪从开关处奔向猪圈另一端的盛食槽. 由于大猪跑得快，小猪跑得慢，因此大猪会比小猪早到达盛食槽并把盛食槽内的食物吃光. 小猪付出了按压开关的劳动却没有吃到食物. 在此种情况下，大猪的收益为5，小猪的收益为-1.

如果大猪去按压开关，小猪在盛食槽旁等待，那么当大猪按下开关后，盛食槽内出现食物，小猪立即开始吃，大猪则需要花一定时间从猪圈一端跑到另一端. 当大猪到达盛食槽后，身强力壮的大猪会把小猪挤到一旁，吃光剩余的食物. 在这种情况下，大猪得到的收益是4，小猪得到的收益是2.

如果小猪去按压开关，大猪在盛食槽旁等待. 那么当小猪按下开关后，大猪开始吃，即使当小猪从开关处跑到盛食槽旁后，大猪仍然会霸占着食物，将食物全部吃光，小猪只能无可奈何地被挤在一旁. 在这种情况下，大猪可以不劳而获，得到的收益为10，小猪徒劳无功，看到大猪不劳而获，更增加了小猪的郁闷，小猪得到收益-2.

如果大猪和小猪都不去按压开关，则大猪和小猪都无法吃到食物，大猪和小猪均得到收益0.

整个博弈过程可以构建为如下的模型，第一列为大猪的策略，第一行为小猪的策略.

$$\begin{pmatrix} \text{策略} & \text{按开关} & \text{等待} \\ \text{按开关} & (5,-1) & (4,2) \\ \text{等待} & (10,-2) & (0,0) \end{pmatrix}.$$

通过划线法，可以计算得到

$$\begin{pmatrix} \text{策略} & \text{按开关} & \text{等待} \\ \text{按开关} & (5,-1) & (\underline{4},\underline{2}) \\ \text{等待} & (\underline{10},-2) & (0,\underline{0}) \end{pmatrix}.$$

可得智猪博弈的纳什均衡是(按开关, 等待)，也就是大猪去按开关，小猪等待.

智猪博弈有许多应用，例如灯塔建造的经典例子. 在美国的大湖地区可以看到许多灯塔. 大航运公司因为船舶多，航班频密，迫切需要建造灯塔，但是小航运公司在这方面的积极性就比较低. 结果大公司花钱建造灯塔，公司从设置灯塔所获得的效益超过了建灯塔的花费，所以这项投资对于大公司是值得的. 而小公司因此就可以"搭便车"，也得到了好处.

在世界上很多地方，公共交通一般不太发达，如果没有自己的汽车，往往就会寸步难行. 假设你早就想去一个地方，但因为没有车一直未能成行，碰巧某一天你的一位有车的朋友要去那个地方，并且车子有空位，你就可以搭他的"顺风车". 在经济生活中，如果不考虑"朋友"这样的关系，通常只有公共物品才会发生"搭便车"问题.

2.2.7 独木桥博弈

甲、乙两人相对而行，试图通过一座独木桥. 独木桥仅能容纳一人通行.

如果两人坚持继续前行，那么互不相让的两人都会掉到河里，此时甲、乙均得到收益-10.

如果甲选择退让，让乙先行，那么得意的乙将得到收益20，面子受损的甲得到收益-2.

如果乙选择退让，让甲先行，那么得意的甲将得到收益20，面子受损的乙得到收益-2.

如果甲和乙均选择退让，那么双方均得到收益10.

整个博弈过程可以构建为如下的模型，第一列为甲的策略，第一行为乙的策略.

$$\begin{pmatrix} \text{策略} & \text{前行} & \text{退让} \\ \text{前行} & (-10,-10) & (20,-2) \\ \text{退让} & (-2,20) & (10,10) \end{pmatrix}.$$

通过划线法，可以计算得到

$$\begin{pmatrix} \text{策略} & \text{前行} & \text{退让} \\ \text{前行} & (-10,-10) & (\underline{20},\underline{-2}) \\ \text{退让} & (\underline{-2},\underline{20}) & (10,10) \end{pmatrix}.$$

可得独木桥博弈的纳什均衡是(前行, 退让)和(退让, 前行)，也就是一人退让，一人前行.

2.2.8 骑虎难下博弈

经常碰到的一类博弈是行动者进也不是、退也不是. 这样的博弈称为骑虎难下博弈.

有一个拍卖,其规则是:轮流出价,谁出价最高,谁就得到该物品,但是出价少的人不仅得不到该物品,而且要按他所叫的价付给拍卖方.

假定有两人竞价争夺价值100元的物品,只要双方开始叫价,在这个博弈中双方就陷入了骑虎难下的状态. 因为每个人都会想:如果我退出,我将失去我出的钱;若不退出,将有可能得到这价值100元的物品,但是随着出价的增加,损失也可能越大. 每个人面临着两难:是继续叫价还是退出? 这种拍卖的规则看似不合理,在实际中不会出现,但我们经常会看到此类模型的博弈案例.

在冷战期间,美苏为争夺霸权拼命发展武器,无论是原子弹、氢弹等核武器的研制,还是如隐形战斗机这样的常规武器的研制,双方均不甘落后. 20世纪80年代,里根在位时准备启动"星球大战"计划,此举意味着两个超级大国的武器竞赛将进一步升级. 美苏之间的武器竞赛就相当于拍卖中轮番出价,双方均不断出更高的价,如果一方没有出最高的价钱,退了下来,即没有继续竞赛下去,那么意味着它在军备上的投入没有效果,而对方将赢得整个局面. 但如果继续竞赛下去,一旦支撑不住,损失也就越大. 苏联将整个力量放在军备竞赛上,而民用建设无法跟上,国力不济,最终退下阵来. 里根的"星球大战"计划,其目的就是要拖垮苏联.

一旦进入骑虎难下的博弈,及早退出是明智之举,然而当局者往往做不到,这就是所谓当局者迷. 这种骑虎难下的博弈经常出现在国家之间,也出现在企业或组织之间,当然个人之间也能碰到. 例如,20世纪60年代,美国介入越南就是一个骑虎难下博弈;赌红了眼的赌徒输了钱还要继续赌下去以希望返本,也是骑虎难下博弈,其实,赌徒进入赌场开始赌博时,他已经进入了骑虎难下的状态,因为赌场从概率上讲是肯定赢的.

博弈论专家将这里的骑虎难下博弈称为协和谬误. 20世纪60年代,英国和法国政府联合投资研发大型超音速客机,即协和飞机. 该种飞机机身大、设计豪华并且速度快. 但是英法政府发现:继续投资研发这样的机型,花费会急剧增加,但是这样的设计定位能否适应市场还不知道;而停止研制将使以前的投资付诸东流. 随着研制工作的深入,他们更是无法做出停止研制工作的决定. 协和飞机最终研制成功,但因飞机的缺陷(如耗油大、噪声大、污染严重等),不适合市场,最终被市场淘汰,英法政府为此蒙受很大的损失. 在这个研制过程中,如果英法政府能及早放弃飞机的研发工作,会使损失减少,但他们没能做到.

2.2.9 市场争夺战

假设在市场中有两个竞争对手,一个是已经在市场中的"在位者",另一个是企图进入市场的"潜在进入者". 潜在进入者有两个可以选择的策略:进入、不进入. 在位者也有两个可以选择的策略:斗争、默许.

整个博弈过程可以构建为如下的模型,第一列为潜在进入者的策略,第一行为在位者的策略.

$$\begin{pmatrix} 策略 & 斗争 & 默许 \\ 进入 & (-10,-10) & (5,5) \\ 不进入 & (0,20) & (0,15) \end{pmatrix}.$$

如果潜在进入者选择进入，在位者选择斗争，那么激烈的市场竞争会使得双方均亏损，双方收益均为−10.

如果潜在进入者选择进入，在位者选择默许，那么双方在市场中均可获得收益5.

如果潜在进入者选择不进入，在位者选择斗争，那么潜在进入者的收益为0，在位者的收益为20.

如果潜在进入者选择不进入，在位者选择默许，那么潜在进入者的收益为0，在位者的收益为15.

通过划线法，可以计算得到

$$\begin{pmatrix} 策略 & 斗争 & 默许 \\ 进入 & (-10,-10) & (\underline{5},\underline{5}) \\ 不进入 & (\underline{0},\underline{20}) & (0,15) \end{pmatrix}.$$

可得市场争夺战的纳什均衡是(进入,默许)和(不进入,斗争).

2.2.10 二寡头古诺模型

市场中有两个寡头通过产量决策进行竞争. 厂商一的产量是q_1，需要的总成本是$C_1(q_1) = \alpha_1 q_1 + \gamma_1$，其中$\alpha_1$是厂商一的边际成本，$\gamma_1$是厂商一的固定成本; 同样假设厂商二的产量是$q_2$，需要的总成本是$C_2(q_2) = \alpha_2 q_2 + \gamma_2$，其中$\alpha_2$是厂商二的边际成本，$\gamma_2$是厂商二的固定成本.

此时市场上的产品总数为$Q = q_1 + q_2$，单个商品的市场价格遵循以下规律:

$$P = A - Q = A - (q_1 + q_2).$$

其中A是一个外生参数. 在这样的设定下，厂商一的利润是

$$\pi_1(q_1) = Pq_1 - C_1(q_1) = (A - q_1 - q_2)q_1 - \alpha_1 q_1 - \gamma_1 = -q_1^2 + (A - q_2 - \alpha_1)q_1 - \gamma_1.$$

同理，厂商二的利润是

$$\pi_2(q_2) = Pq_2 - C_2(q_2) = (A - q_1 - q_2)q_2 - \alpha_2 q_2 - \gamma_2 = -q_2^2 + (A - q_1 - \alpha_2)q_2 - \gamma_2.$$

假设两厂商的均衡为(q_1^*, q_2^*)，那么必定满足

$$\left.\frac{\partial \pi_1(q_1)}{\partial q_1}\right|_{q_1^*} = -2q_1^* + (A - q_2^* - \alpha_1) = 0;$$

$$\left.\frac{\partial \pi_2(q_2)}{\partial q_2}\right|_{q_2^*} = -2q_2^* + (A - q_1^* - \alpha_2) = 0.$$

解得

$$q_1^* = \frac{A - 2\alpha_1 + \alpha_2}{3}; q_2^* = \frac{A - 2\alpha_2 + \alpha_1}{3}.$$

均衡盈利为

$$\pi_1(q_1^*) = \left(\frac{A - 2\alpha_1 + \alpha_2}{3}\right)^2 - \gamma_1; \pi_2(q_2^*) = \left(\frac{A - 2\alpha_2 + \alpha_1}{3}\right)^2 - \gamma_2.$$

此时均衡价格为
$$p^* = \frac{A + \alpha_1 + \alpha_2}{3}.$$

2.2.11 多寡头古诺模型

市场中有n个寡头通过产量决策进行竞争. 厂商i的产量是q_i, 需要的总成本是$C_i(q_i) = \alpha_i q_i + \gamma_i$, 其中$\alpha_i$是厂商$i$的边际成本, γ_i是厂商i的固定成本.

此时市场上的产品总数为$Q = \sum_i q_i$, 单个商品的市场价格遵循以下规律:
$$P = A - Q = A - \sum_i q_i.$$

其中A是一个外生参数. 在这样的设定下, 厂商i的利润是
$$\pi_i(q_i) = P q_i - C_i(q_i) = (A - \sum_j q_j - \alpha_i) q_i - \gamma_i.$$

假设厂商的均衡为$(q_i^*)_{i \in N}$, 那么必定满足
$$\frac{\partial \pi_i(q_i)}{\partial q_i}\bigg|_{q_i^*} = -q_i^* + (A - \sum_j q_j^* - \alpha_i) = 0, \forall i.$$

解得
$$q_i^* = \frac{A - (n+1)\alpha_i + \sum_j \alpha_j}{n+1}, \forall i.$$

均衡盈利为
$$\pi_i(q_i^*) = \left(\frac{A - (n+1)\alpha_i + \sum_j \alpha_j}{n+1}\right)^2 - \gamma_i, \forall i.$$

此时均衡价格为
$$p^* = \frac{A + \sum_j \alpha_j}{n+1}.$$

2.2.12 二寡头伯特兰模型

市场中有两个寡头通过价格决策进行竞争. 厂商一的产量是q_1, 需要的总成本是$C_1(q_1) = \alpha q_1$, 其中α是厂商一的边际成本, 厂商一的固定成本为0; 同样假设厂商二的产量是q_2, 需要的总成本是$C_2(q_2) = \alpha q_2$, 其中α是厂商二的边际成本, 厂商二的固定成本为0. 这里假设厂商一和二的边际成本一样.

厂商一的策略是价格: $p_1 \geqslant \alpha$; 厂商二的策略也是价格: $p_2 \geqslant \alpha$.

厂商一和厂商二通过选择各自的最优价格达到各自利润最大化的目标.

当厂商一产品的价格高于厂商二产品的价格时, 消费者会购买厂商二的产品, 厂商一产品的消费量为0.

当厂商一产品的价格低于厂商二产品的价格时, 消费者会购买厂商一的产品, 厂商二产品的消费量为0.

当厂商一产品的价格等于厂商二产品的价格时, 消费者对两家厂商的产品具有相同的消费欲望, 其会购买厂商一或厂商二的产品.

因此伯特兰寡头博弈的均衡为：

$$p_1^* = p_2^* = \alpha.$$

这是因为：当厂商二的价格满足 $p_2^* = \alpha$ 时，厂商一的最优策略选择是使得自己的定价满足 $p_1^* = \alpha$. 如果厂商一的定价高于 α，则厂商一会失去整个市场；如果厂商一的定价低于 α，则厂商一会亏损. 因此当厂商二的定价等于 α 时，厂商一的最优定价策略是使得价格等于 α. 类似地，当厂商一的价格等于 α 时，厂商二的最优定价策略也是使得价格等于 α.

2.2.13 多寡头伯特兰模型

市场中有 n 个寡头通过价格决策进行竞争. 厂商 i 的产量是 q_i，需要的总成本是 $C_i(q_i) = \alpha q_i$，其中 α 是厂商 i 的边际成本，厂商 i 的固定成本为 0，在这里假设厂商的边际成本一样.

厂商 i 的策略是价格：$p_i \geqslant \alpha, \forall i$.

厂商通过选择各自的最优价格达到各自利润最大化的目标.

当厂商 i 产品的价格高于其他厂商产品的价格时，消费者会购买其他厂商的产品，厂商 i 产品的消费量为 0.

当厂商 i 产品的价格低于其他厂商产品的价格时，消费者会购买厂商 i 的产品，其他厂商产品的消费量为 0.

当厂商 i 产品的价格等于其他厂商产品的价格时，消费者会同时消费厂商 i 和其他厂商的产品.

因此伯特兰寡头博弈的均衡为：

$$p_i^* = \alpha, \forall i.$$

这是因为：当其他厂商的价格满足 $p_{-i}^* = (\alpha)$ 时，厂商 i 的最优策略选择是使得自己的定价满足 $p_i^* = \alpha$. 如果厂商 i 的定价高于 α，则厂商 i 会失去整个市场；如果厂商 i 的定价低于 α，则厂商 i 会亏损. 因此当其他厂商的定价等于 α 时，厂商 i 的最优定价策略是使得价格等于 α.

2.2.14 城市公交博弈

为了建立城市公交的博弈模型，引入如下假设：一是完全理性人假设；二是人均收入达到一定水平并不再成为相当部分家庭汽车消费的主要障碍；三是政府不进行管制.

设有一公共道路资源，为 N 个人共同享有. 出行方式上，这 N 个个体都可以选择公交或私车. 现将这 N 个人分为 2 个行为群体 P 和 Q，从而 2 个群体间存在 4 个战略组合，其收益分析为：若双方成员均选择私车出行，则双方各自得益 A；若一方选择私车出行，另一方选择公交出行，则选择私车出行的一方将获得超额收益 B，而乘坐公交出行的一方则遭受损失（拥堵时间成本、公交换乘时间成本和公交内拥挤的不舒适成本）获得极低收益 C；若双方成员均选择公交出行，两者均获得收益 D. 可令 $A > C, B > C, B > D$. 这时 P、Q 两方博弈构成完全信息静态博弈，形成如下的矩阵博弈，其中第一列为局中人 Q 的策略，第一行为局中人 P

的策略.

$$\begin{pmatrix} \text{策略} & \text{私车出行} & \text{公交出行} \\ \text{私车出行} & (A,A) & (B,C) \\ \text{公交出行} & (C,B) & (D,D) \end{pmatrix}.$$

通过划线法, 可以求解得到

$$\begin{pmatrix} \text{策略} & \text{私车出行} & \text{公交出行} \\ \text{私车出行} & (\underline{A},\underline{A}) & (B,C) \\ \text{公交出行} & (C,\underline{B}) & (D,D) \end{pmatrix}.$$

博弈的最佳策略组合为（私车出行，私车出行），即博弈唯一的纳什均衡解，其得益组合为(A,A).

然而, 私车的过度使用导致了道路的交通拥挤, 从个体利益出发的行为最终不一定能够实现个体的最大利益, 即个体最终利益不是理想中的D.

如果允许博弈中存在一种"有约束力的协议", 使得博弈方为了群体利益而让度自己的利益, 那么个体利益和集体利益之间的矛盾就可以解决, 从而使博弈方按照集体理性决策和行为成为可能. 在交通体系里, 能够提供这种有广泛"约束力协议"的是政府. 在政府参与下, 交通博弈可转化为如下的博弈:

$$\begin{pmatrix} \text{策略} & \text{私车出行} & \text{公交出行} \\ \text{私车出行} & (A-a,A-a) & (B-d,C+a) \\ \text{公交出行} & (C+a,B-d) & (D+d,D+d) \end{pmatrix}.$$

其中, a和d分别为政府对私车和公交的管制与激励效应. 群体P、Q中的理性人在选择行为时, 均会选择公交出行的行为, 即公交出行成为理性个体在政府管制下新的好策略. 因此, 它的唯一纳什均衡解为（公交出行，公交出行），其均衡得益组合为$(D+d,D+d)$.

2.2.15 银行监管博弈

商业银行（监管对象）作为理性经济人, 其行为动机是部门、个人利益最大化. 但由于在管理体制、经营方式、技术手段、人员素质、资产质量方面与外资银行之间存在差距, 其经营难度和盈利能力都会受到不利的冲击. 在遵循一定条件的预期效用最大化的原则下, 商业银行有足够的动力进行违规操作, 例如私自变动利率或进行不符合政策的违规金融创新, 借以获得竞争优势, 实现最大化效益. 国家金融监督管理总局作为监管者, 通过行使行政管理、现场检查、非现场检查以及违规处罚等监管权力, 对商业银行的市场准入和退出、日常业务营运等进行指导、监督和管理. 而在目前市场经济没有完善的条件下, 无论是现场检查还是非现场检查, 都存在监管工作量大、连续性强的特点. 因此, 实行严格监管策略有着较高的成本：监管费用增加, 监管机构"暗箱"操作增长, 创造经济租金使商业银行寻租行为增多, 商业银行内部创新能力削弱等. 监管成本的增加可能会超过市场交易成本.

博弈的假设前提：（1）国家金融监督管理总局的策略空间为严格监管和宽松监管；（2）国家金融监督管理总局在进行严格监管工作时, 有成本支出, 当商业银行违规经营时, 可采用罚款、取消高级人员资格等措施, 但在商业银行合规经营时, 国家金融监督管理总局宽松监管会带来收益；（3）商业银行的策略空间是违规经营和合规经营；（4）商业银行合规经营时，无论监管者监管与否，商业银行都将得到自己的正常收益；（5）商业银行违规经营的期望收益是违规所得，其在违规经营中将获得超额利润，但在银监会严格监管的条件下也将付出成本. 基于以上假设，可以构建如下矩阵博弈模型，第一列为国家金融监督管理总局的策略，第一行为商业银行的策略.

$$\begin{pmatrix} \text{策略} & \text{合规经营}(q) & \text{违规经营}(1-q) \\ \text{严格监管}(p) & (R_1-A, R_2) & (R_1-A, R_2+M-C) \\ \text{宽松监管}(1-p) & (R_1, R_2) & (R_1-B, R_2+M) \end{pmatrix}.$$

其中，R_1、R_2 分别是国家金融监督管理总局宽松监管、商业银行合规经营的正常收益；A 为国家金融监督管理总局采取监管措施所花费的成本；B 为国家金融监督管理总局在商业银行违规经营情况下，采取宽松监管所遭受的损失；C 为商业银行在违规经营条件下受到严格监管所造成的损失；M 为国家金融监督管理总局采取宽松监管，商业银行违规经营所获得的超额收益. 其中 A、B、C 都与 M 成正相关. p 为国家金融监督管理总局严格监管的概率，$1-p$ 是国家金融监督管理总局宽松监管的概率；q 是商业银行合规经营的概率，$1-q$ 是商业银行违规经营的概率.

当商业银行合规经营时，国家金融监督管理总局宽松监管的收益大于严格监管的收益，所以其最优选择是采取宽松监管；当商业银行违规经营时，国家金融监督管理总局是采取严格监管还是宽松监管主要取决于 A 与 B 的比较. 当 $A>B$ 时，国家金融监督管理总局采取宽松监管，商业银行的最优选择是违规经营；当 $A<B$ 时，国家金融监督管理总局采取严格监管，而商业银行最优选择取决于 M 与 C 的比较. 该博弈模型在不同条件下存在着不同的均衡.

情形一：当 $A>B$ 时，不管 M 与 C 的大小如何，国家金融监督管理总局与商业银行之间存在纯策略纳什均衡（宽松监管，违规经营）. 其含义为：当国家金融监督管理总局采取严格监管措施付出的成本大于商业银行违规经营对其造成的损失时，无论商业银行如何经营，国家金融监督管理总局都采取宽松监管，最终商业银行选择违规经营. 因此，该均衡的占优策略是（宽松监管，违规经营）.

情形二：当 $A<B, M>C$ 时，国家金融监督管理总局与商业银行的纯策略纳什均衡是（严格监管，违规经营）. 其含义为：因为国家金融监督管理总局采取严格监管的成本小于商业银行违规经营对其造成的损失，所以国家金融监督管理总局选择严格监管；而商业银行违规经营所获得的超额收益大于违规经营所造成的损失，商业银行还是会选择违规经营. 因此，该博弈的占优策略是（严格监管，违规经营）.

情形三：当 $A<B, M<C$ 时，存在混合策略纳什均衡. 国家金融监督管理总局严格监管的期望效用为：

$$pq(R_1-A) + p(1-q)(R_1-A) = p(R_1-A).$$

国家金融监督管理总局宽松监管的期望效用为：

$$(1-p)qR_1 + (1-p)(1-q)(R_1-B) = (1-p)(R_1-B+qB).$$

计算得到
$$q^* = \frac{B-A}{B}.$$

商业银行合规经营的期望效用为:
$$qpR_2 + q(1-p)R_2 = qR_2.$$

商业银行违规经营的期望效用为:
$$(1-q)p(R_2 + M - C) + (1-q)(1-p)(R_2 + M).$$

计算得到
$$p^* = \frac{R_2 + M - R_1}{C}.$$

因此,在这种条件下的混合策略纳什均衡为:
$$\left(\frac{R_2 + M - R_1}{C}, \frac{B-A}{B}\right).$$

即当国家金融监督管理总局严格监管的概率 $p < p^*$ 时,商业银行的最优选择是违规经营;当国家金融监督管理总局采取严格监管的概率 $p > p^*$ 时,商业银行的最优选择是合规经营;当商业银行采取合规经营的概率 $q < q^*$ 时,国家金融监督管理总局采取的最优策略是严格监管;当商业银行采取合规经营的概率 $q > q^*$ 时,国家金融监督管理总局采取的最优策略是宽松监管;当商业银行采取合规经营的概率 $q = q^*$ 时,国家金融监督管理总局可以随机选择严格监管或宽松监管.

2.2.16 兵力分配问题

兵力是最重要的作战资源之一,兵力分配是根据指挥员的作战意图、作战任务、敌情和地形以及武器性能等对兵力统一进行区分、编组和配置.随着信息化建设的不断深入和高技术武器装备的不断发展,兵力分配在样式上呈现多元化、复杂化,指挥官在实际作战过程中应充分运用系统理论的思想和方法,科学统筹,灵活部署,才能确保部队整体效能发挥最大化.同时兵力分配作为战争行动的重要环节和重要组成部分,是有效提高作战效率、提升作战能力的重要手段之一.

《孙子兵法》中提到过:"兵法:一曰度,二曰量,三曰数,四曰称,五曰胜."意思是根据战场的情况合理分析敌方的兵力配置、属性情况,进而可以做到衡量和判断胜负.并且孙子认为"用兵之法,十则围之,五则攻之,倍则分之,敌则能战之,少则能逃之,不若则能避之",充分说明战争之中根据实际情况合理规划和分配兵力是十分重要和必须的.

设红、蓝两军各有指挥官统帅相当数量的军队,在为争夺某地区的几个阵地而部署必要的兵力.为具体起见,不妨假设共有两个阵地 A、B,红军有4个营的兵力,蓝军有3个营的兵力,并且双方的军队战斗素质相当,因此只有兵力比对方强大时才能把对方打败,同时规定指挥官只能按军队建制,成营地调动或分配兵力.

若设 x 为用于争夺阵地 A 的兵力数,y 为用于争夺阵地 B 的兵力数,那么 (x,y) 便可表示红

方指挥官的一种兵力分配策略，因而红方有五种策略（即方案），即
$$(4,0),(0,4),(3,1),(1,3),(2,2).$$
类似地，蓝方指挥官有四种策略，即
$$(3,0),(0,3),(2,1),(1,2).$$
其中，括号内第一个数字是用于争夺阵地 A 的兵力（单位：营），第二个数字是争夺阵地 B 的兵力. 赢得矩阵中的元素代表战斗效果评分，这里设消灭对方一个营记1分，占领阵地一个记1分，双方得失相当记0分，一方得分，另一方便失分，建成一个符合零和矩阵的博弈模型，即

$$\begin{pmatrix} 策略 & (3,0) & (0,3) & (2,1) & (1,2) \\ (4,0) & 4 & 0 & 2 & 1 \\ (0,4) & 0 & 4 & 1 & 2 \\ (3,1) & 1 & -1 & 3 & 0 \\ (1,3) & -1 & 1 & 0 & 3 \\ (2,2) & -2 & -2 & 2 & 2 \end{pmatrix}.$$

此矩阵即为问题假设所得到的红方胜的赢得博弈矩阵.

2.2.17 攻击点顺序选择

在合适的战术方案下，合理选择优化攻击点是达到毁伤和压制敌人的重要手段，是有效打击敌人的重要环节和主要准备工作. 不同的指挥人员，在认识上有一定的差异，造成在攻击点选择上有很大的不同. 如何采用合适的攻击点选择方案，以获取最大的战争效益，在指挥决策中就显得非常重要. 并且由于战场的复杂性，不同角度会有不同的选择方法，因此利用军事运筹学理论，在攻击点选择上构建相应的数学模型，并采用定性和定量相结合的方法进行实例评估，可以有效提高决策的科学性和精确性，为指挥员提供高效、优化的辅助决策，进而提升作战效能，提升部队作战能力.

由于作战时间、空间、环境、武器装备和人员配置对作战情况的复杂影响，合理选择、优化攻击点可以极大提升作战毁伤效果，节省人力、物力以及时间上的损耗，以求最小代价获取战争胜利.

设红、蓝两军争夺 n 块战斗要地，假设这些要地均由蓝军把守，各个要地的重要性依次评分为
$$a_1 \geqslant a_2 \geqslant \cdots \geqslant a_n > 0.$$
红方准备攻打其中一块要地，依集中优势兵力的原则，将会选择其中某一块或几块地区作为攻击目标，而防守方也可集中兵力防守某些重点地区，于是存在一个选择重要的攻击（防守）顺序并布置兵力的问题.

若红方攻击第 i 块地区而蓝方并未防守（或蓝方基本上未加防守），该地区较完整地落入红方手中，其重要性评分仍为 a_i，若红军攻打第 j 块地区却遭到蓝方的抵抗，目标设施毁伤而使重要性评分受到影响，评分设为 $p_j a_j, 0 \leqslant p_j \leqslant 1$，于是双方间的战斗矩阵（以红方为标准）

如下：

$$\begin{pmatrix} 策略 & t_1 & t_2 & \cdots & t_n \\ s_1 & p_1 a_1 & a_1 & \cdots & a_1 \\ s_2 & a_2 & p_2 a_2 & \cdots & a_2 \\ \vdots & \vdots & \vdots & & \vdots \\ s_{n-1} & a_{n-1} & a_{n-1} & \cdots & a_{n-1} \\ s_n & a_n & a_n & \cdots & p_n a_n \end{pmatrix}.$$

红方的策略是 $x = (x_i)_{i \in N}, x_i \geqslant 0, \sum_i x_i = 1$，这里 $x_i \geqslant 0$ 表示红方攻打第 i 块地区的概率，相应的蓝方的策略 $y = (y_j)_{j \in N}$。

2.2.18 真伪识别问题

当今战争中，信息发挥着重要作用，谁能时刻准确掌握战场态势，谁就能掌握主动权。随着科技的进步，各种侦察探测手段有了很大进步，导致战场的透明性越来越高，双方在获取到大量战场信息的同时也面临着一个严峻问题，就是信息的准确性。战场上，敌我双方为了混淆对方，提高己方的生存能力，经常会将己方作战单元进行伪装，将真目标伪装成假目标，或者在真目标中混杂假目标，甚至将己方目标伪装成敌方目标，从而达到欺骗敌方的效果。因此，解决真伪识别问题对于提高战场态势的准确性、加强作战的控制和协调、减少意外伤害的可能性具有重要意义。

真伪识别技术广泛应用于侦察飞机、舰艇船舶以及防空雷达等具备探测功能的武器单元，在此假设一种场景来对该问题进行研究。设想在某次军事行动中，红方派遣无人机在战场高空侦察蓝方阵地目标情况。在此过程中，侦察机发现目标后对目标进行识别并将相关信息传送至红方指挥所，指挥所在分析所得情报后做出判断和处理。这个过程包含蓝方和红方的策略以及无人机不同情况下的效用评价。

无人机在侦察过程中对目标进行识别，根据目标实际真伪及识别的结果，假设相应的效用评价如下：

若识别为真，实际也确实为真，则效用评价为 a。

若识别为真，实际却为假，则效用评价为 b。

若识别为假，实际也确实为假，则效用评价为 c。

若识别为假，实际却为真，则效用评价为 d。

其中 a, b, c, d 的取值满足

$$a > b, a > d, c > b, c > d.$$

再假设蓝方在设置真假目标或进行伪装时，真目标的概率为 p。

红方在分析无人机侦察结束所得情报时，可以有四种不同的处理方式，并将它们看作四种策略，用 I 表示，这四种策略分别是

$$I_1\{真,假\} = \{真,假\},$$

$$I_2\{真,假\} = \{假,假\},$$

$$I_3\{真,假\} = \{假,真\},$$
$$I_4\{真,假\} = \{真,真\}.$$

其表示的含义用I_2举例说明：I_2表示红方看到真目标时认为是假的,看到假目标时也认为是假的.

对于蓝方而言显然存在两种策略,一种是不进行伪装以真的目标出现,记作"真",另一种是布置了假目标,但外形和真的一样,记作"假".

那么对于每个重要目标,可给出如下盈利矩阵.

$$\begin{pmatrix} 策略 & 真 & 假 \\ I_1 & pa+(1-p)c & pa+(1-p)b \\ I_2 & pb+(1-p)c & pb+(1-p)c \\ I_3 & pb+(1-p)d & pb+(1-p)c \\ I_4 & pa+(1-p)d & pa+(1-p)d \end{pmatrix}.$$

因a,b,c,d的取值满足

$$a>b, a>d, c>b, c>d,$$

所以一定有$I_1 \gg I_4, I_2 \gg I_3$, 化简博弈模型为

$$\begin{pmatrix} 策略 & 真 & 假 \\ I_1 & pa+(1-p)c & pa+(1-p)b \\ I_2 & pb+(1-p)c & pb+(1-p)c \end{pmatrix}.$$

进一步分析并估计蓝方阵地上真目标的概率. 实际战场上蓝方对于真假目标的分布一般不是"均匀"的,由于作战环境和作战任务的不同,有的地区目标可能都是真的,而有的地区为欺骗引诱红军可能布置许多外形为真的假目标,真假目标在阵地上或连片地分布,或混杂分布. 比如在某阵地上蓝方故意把真的加以伪装,同时再将假目标伪装成真目标混杂在其中,而在另一块阵地上将所有不管真假目标都以真的外表出现,这样一来上述支付矩阵便不适用,需要进行重写. 同时,在实际战场上,侦察方可以在获取和处理有关信息后进行某种检验性质的攻击,根据检验的结果再进行侦察与识别,这就需要用到多阶段对策或重复对策加以分析.

2.2.19 导弹危机

1962年,加勒比海地区的岛国古巴发生了一场震惊世界的导弹危机. 这场危机是冷战的巅峰之一,是美苏两大国之间最激烈的一次对抗.

事情缘由是1959年美国在南欧部署了中程弹道导弹系统,苏联为了应对美国的挑衅,决定在古巴部署战略导弹和核导弹. 美国发现后随即对古巴进行了大规模封锁并准备入侵,苏联初期也摆出了战争姿态,世界大战一触即发. 庆幸的是,事件最后以苏联与美国的相互妥协而告终. 这场危机虽然仅持续13天,但是美苏双方当时处在核战争的边缘,人类空前地接近毁灭,世界也处于万分紧急之中. 事件虽然过去了60多年,但是有很多经验教训值得反思总结.

依据情况可以建立如下关于古巴导弹危机的经典博弈模型. 局中人为美国和苏联,美国的策略包括放弃、入侵;苏联的策略包括撤退、坚持.

$$\begin{pmatrix} 策略 & 撤退 & 坚持 \\ 放弃 & (a_{11},b_{11}) & (a_{12},b_{12}) \\ 入侵 & (a_{21},b_{21}) & (a_{22},b_{22}) \end{pmatrix}.$$

暂不对古巴导弹危机经典博弈模型中的盈利函数进行赋值,而是先做抽象分析,看哪些策略对可能成为纳什均衡,并且计算出成为纳什均衡的条件.

- **(放弃,撤退)如何成为唯一的纳什均衡**

对于古巴导弹危机模型

$$\begin{pmatrix} 策略 & 撤退 & 坚持 \\ 放弃 & (a_{11},b_{11}) & (a_{12},b_{12}) \\ 入侵 & (a_{21},b_{21}) & (a_{22},b_{22}) \end{pmatrix},$$

(放弃,撤退)如何成为唯一的纳什均衡?此时一方面要保证(放弃,撤退)成为纳什均衡,还需要保证(放弃,坚持)、(入侵,撤退)、(入侵,坚持)不能成为纳什均衡的候选,此时根据纳什均衡的定义逐个讨论.

先分析(放弃,撤退)成为纳什均衡,根据定义,一定要满足

$$C_1: a_{11} \geqslant a_{21} 且 b_{11} \geqslant b_{12}.$$

再分析(放弃,坚持)不能成为纳什均衡,实际上(放弃,坚持)成为纳什均衡条件的补充就是不能成为纳什均衡的条件. 那么(放弃,坚持)怎么成为纳什均衡呢?根据纳什均衡的定义,一定要满足

$$a_{12} \geqslant a_{22}, b_{12} \geqslant b_{11}.$$

因此,(放弃,坚持)不成为纳什均衡当且仅当

$$C_2: a_{12} \geqslant a_{22} 且 b_{12} \geqslant b_{11}$$

不成立.

同理可得,(入侵,撤退)不成为纳什均衡当且仅当

$$C_3: a_{21} \geqslant a_{11} 且 b_{21} \geqslant b_{22}$$

不成立.

(入侵,坚持)不成为纳什均衡当且仅当

$$C_4: a_{22} \geqslant a_{12} 且 b_{22} \geqslant b_{21}$$

不成立.

综上分析,得到使(放弃,撤退)成为唯一的纳什均衡必须满足的四个条件:

$$C_1: a_{11} \geqslant a_{21} 且 b_{11} \geqslant b_{12} 成立;$$

$$C_2: a_{12} \geqslant a_{22} 且 b_{12} \geqslant b_{11} 不成立;$$

$$C_3: a_{21} \geqslant a_{11} 且 b_{21} \geqslant b_{22} 不成立;$$

$$C_4: a_{22} \geqslant a_{12} 且 b_{22} \geqslant b_{21} 不成立.$$

- **（放弃，坚持）如何成为唯一的纳什均衡**

对于古巴导弹危机模型

$$\begin{pmatrix} \text{策略} & \text{撤退} & \text{坚持} \\ \text{放弃} & (a_{11}, b_{11}) & (a_{12}, b_{12}) \\ \text{入侵} & (a_{21}, b_{21}) & (a_{22}, b_{22}) \end{pmatrix},$$

（放弃，坚持）如何成为唯一的纳什均衡？此时一方面要保证（放弃，坚持）成为纳什均衡，还需要保证（放弃，撤退）、（入侵，撤退）、（入侵，坚持）不能成为纳什均衡的候选，此时根据纳什均衡的定义逐个讨论. 同前文分析可得：

（放弃，撤退）不成为纳什均衡，根据定义，一定要满足

$$C_1 : a_{11} \geqslant a_{21} \text{且} b_{11} \geqslant b_{12}$$

不成立.

（放弃，坚持）成为纳什均衡当且仅当

$$C_2 : a_{12} \geqslant a_{22} \text{且} b_{12} \geqslant b_{11}$$

成立.

（入侵，撤退）不成为纳什均衡当且仅当

$$C_3 : a_{21} \geqslant a_{11} \text{且} b_{21} \geqslant b_{22}$$

不成立.

（入侵，坚持）不成为纳什均衡当且仅当

$$C_4 : a_{22} \geqslant a_{12} \text{且} b_{22} \geqslant b_{21}$$

不成立.

综上分析，得到使（放弃，坚持）成为唯一的纳什均衡必须满足的四个条件：

$$C_1 : a_{11} \geqslant a_{21} \text{且} b_{11} \geqslant b_{12} \text{不成立};$$

$$C_2 : a_{12} \geqslant a_{22} \text{且} b_{12} \geqslant b_{11} \text{成立};$$

$$C_3 : a_{21} \geqslant a_{11} \text{且} b_{21} \geqslant b_{22} \text{不成立};$$

$$C_4 : a_{22} \geqslant a_{12} \text{且} b_{22} \geqslant b_{21} \text{不成立}.$$

- **（入侵，撤退）如何成为唯一的纳什均衡**

对于古巴导弹危机模型

$$\begin{pmatrix} \text{策略} & \text{撤退} & \text{坚持} \\ \text{放弃} & (a_{11}, b_{11}) & (a_{12}, b_{12}) \\ \text{入侵} & (a_{21}, b_{21}) & (a_{22}, b_{22}) \end{pmatrix},$$

（入侵，撤退）如何成为唯一的纳什均衡？此时一方面要保证（入侵，撤退）成为纳什均衡，还需要保证（放弃，撤退）、（放弃，坚持）、（入侵，坚持）不能成为纳什均衡的候选，此时根据纳什均衡的定义逐个讨论. 同前文分析可得：

（放弃，撤退）不成为纳什均衡，根据定义，一定要满足

$$C_1 : a_{11} \geqslant a_{21} \text{且} b_{11} \geqslant b_{12}$$

不成立.

（放弃，坚持）不成为纳什均衡当且仅当

$$C_2: a_{12} \geqslant a_{22} \text{ 且 } b_{12} \geqslant b_{11}$$

不成立.

（入侵，撤退）成为纳什均衡当且仅当

$$C_3: a_{21} \geqslant a_{11} \text{ 且 } b_{21} \geqslant b_{22}$$

成立.

（入侵，坚持）不成为纳什均衡当且仅当

$$C_4: a_{22} \geqslant a_{12} \text{ 且 } b_{22} \geqslant b_{21}$$

不成立.

综上分析，得到使（入侵，撤退）成为唯一的纳什均衡必须满足的四个条件：

$$C_1: a_{11} \geqslant a_{21} \text{ 且 } b_{11} \geqslant b_{12} \text{ 不成立;}$$

$$C_2: a_{12} \geqslant a_{22} \text{ 且 } b_{12} \geqslant b_{11} \text{ 不成立;}$$

$$C_3: a_{21} \geqslant a_{11} \text{ 且 } b_{21} \geqslant b_{22} \text{ 成立;}$$

$$C_4: a_{22} \geqslant a_{12} \text{ 且 } b_{22} \geqslant b_{21} \text{ 不成立.}$$

- **（入侵，坚持）如何成为唯一的纳什均衡**

对于古巴导弹危机模型

$$\begin{pmatrix} \text{策略} & \text{撤退} & \text{坚持} \\ \text{放弃} & (a_{11}, b_{11}) & (a_{12}, b_{12}) \\ \text{入侵} & (a_{21}, b_{21}) & (a_{22}, b_{22}) \end{pmatrix},$$

（入侵，坚持）如何成为唯一的纳什均衡？此时一方面要保证（入侵，坚持）成为纳什均衡，还需要保证（放弃，撤退）、（放弃，坚持）、（入侵，撤退）不能成为纳什均衡的候选，此时根据纳什均衡的定义逐个讨论. 同前文分析可得：

（放弃，撤退）不成为纳什均衡，根据定义，一定要满足

$$C_1: a_{11} \geqslant a_{21} \text{ 且 } b_{11} \geqslant b_{12}$$

不成立.

（放弃，坚持）不成为纳什均衡当且仅当

$$C_2: a_{12} \geqslant a_{22} \text{ 且 } b_{12} \geqslant b_{11}$$

不成立.

（入侵，撤退）不成为纳什均衡当且仅当

$$C_3: a_{21} \geqslant a_{11} \text{ 且 } b_{21} \geqslant b_{22}$$

不成立.

（入侵，坚持）成为纳什均衡当且仅当

$$C_4: a_{22} \geqslant a_{12} \text{ 且 } b_{22} \geqslant b_{21}$$

成立.

综上分析，得到使（入侵，坚持）成为唯一的纳什均衡必须满足的四个条件：

$$C_1: a_{11} \geqslant a_{21} \text{且} b_{11} \geqslant b_{12} \text{不成立};$$

$$C_2: a_{12} \geqslant a_{22} \text{且} b_{12} \geqslant b_{11} \text{不成立};$$

$$C_3: a_{21} \geqslant a_{11} \text{且} b_{21} \geqslant b_{22} \text{不成立};$$

$$C_4: a_{22} \geqslant a_{12} \text{且} b_{22} \geqslant b_{21} \text{成立}.$$

- **其他多类型纳什均衡存在条件的讨论**

除了前面讨论的单一纳什均衡，还可以考虑两个、三个或者四个纳什均衡存在的条件．

对于古巴导弹危机模型

$$\begin{pmatrix} \text{策略} & \text{撤退} & \text{坚持} \\ \text{放弃} & (a_{11}, b_{11}) & (a_{12}, b_{12}) \\ \text{入侵} & (a_{21}, b_{21}) & (a_{22}, b_{22}) \end{pmatrix},$$

下面四个条件的成立与否是控制纳什均衡的充分必要条件：

$$C_1: a_{11} \geqslant a_{21} \text{且} b_{11} \geqslant b_{12};$$

$$C_2: a_{12} \geqslant a_{22} \text{且} b_{12} \geqslant b_{11};$$

$$C_3: a_{21} \geqslant a_{11} \text{且} b_{21} \geqslant b_{22};$$

$$C_4: a_{22} \geqslant a_{12} \text{且} b_{22} \geqslant b_{21}.$$

简而言之，要控制某一个或某几个策略对成为纳什均衡，只需要控制对应的条件成立即可．

例如，若要想（放弃，撤退）和（入侵，坚持）成为纳什均衡，只需要满足：

$$C_1: a_{11} \geqslant a_{21} \text{且} b_{11} \geqslant b_{12} \text{成立};$$

$$C_2: a_{12} \geqslant a_{22} \text{且} b_{12} \geqslant b_{11} \text{不成立};$$

$$C_3: a_{21} \geqslant a_{11} \text{且} b_{21} \geqslant b_{22} \text{不成立};$$

$$C_4: a_{22} \geqslant a_{12} \text{且} b_{22} \geqslant b_{21} \text{成立}.$$

若要想（放弃，撤退）、（放弃，坚持）和（入侵，撤退）成为纳什均衡，只需满足：

$$C_1: a_{11} \geqslant a_{21} \text{且} b_{11} \geqslant b_{12} \text{成立};$$

$$C_2: a_{12} \geqslant a_{22} \text{且} b_{12} \geqslant b_{11} \text{成立};$$

$$C_3: a_{21} \geqslant a_{11} \text{且} b_{21} \geqslant b_{22} \text{成立};$$

$$C_4: a_{22} \geqslant a_{12} \text{且} b_{22} \geqslant b_{21} \text{不成立}.$$

若要想（放弃，撤退）、（放弃，坚持）、（入侵，撤退）和（入侵，坚持）成为纳什均衡，只需要满足：

$$C_1: a_{11} \geqslant a_{21} \text{且} b_{11} \geqslant b_{12} \text{成立};$$

$$C_2: a_{12} \geqslant a_{22} \text{且} b_{12} \geqslant b_{11} \text{成立};$$

$$C_3: a_{21} \geqslant a_{11} \text{且} b_{21} \geqslant b_{22} \text{成立};$$

$C_4: a_{22} \geqslant a_{12}$ 且 $b_{22} \geqslant b_{21}$ 成立.

- **政治学家的评估数据**

地缘政治学家对古巴导弹危机博弈模型中的盈利函数数据进行了战略层面的估计,它们认可如下的博弈数据:

$$\begin{pmatrix} 策略 & 撤退 & 坚持 \\ 放弃 & (3,3) & (\underline{2},\underline{4}) \\ 入侵 & (\underline{4},\underline{2}) & (1,1) \end{pmatrix}.$$

通过前文的讨论和划线法,可得(入侵,撤退)、(放弃,坚持)都是古巴导弹危机的纳什均衡,但是实际的结果却是(入侵,撤退),这到底是怎么回事呢?留给读者思考.

- **英阿马岛之战**

英阿马岛之战是人类历史上的重要战略事件,是帝国主义强国与新兴资本主义新秀国家之间的较量. 在20世纪80年代,虽然大不列颠王国已经从日不落帝国的宝座上跌落,但是其工业、经济与军事实力仍然位居世界主要强国前列.阿根廷是南美新兴区域强国,历史上南美是被西班牙、葡萄牙联合压迫的殖民地,后以玻利瓦尔革命为开端开始了独立之路,从这个意义上讲,马岛之战是南美独立革命的延续.

马岛之战是第一场真正意义上的高科技战争,战争双方大量使用高科技武器,比如导弹、核潜艇、航母. 这场海战揭开了新的序幕:高科技海战时代来临.

马岛之战给世界海军带来了变革,包括舰艇损害控制系统的改进、反舰导弹的利用、防火海军服装的设计等. 马岛之战对未来现代化战争有着重要的启示作用.

在此可以建立如下关于英阿马岛之战的经典博弈模型. 局中人为英国和阿根廷,英国的策略包括放弃、入侵;阿根廷的策略包括撤退、坚持.

$$\begin{pmatrix} 策略 & 撤退 & 坚持 \\ 放弃 & (a_{11},b_{11}) & (a_{12},b_{12}) \\ 入侵 & (a_{21},b_{21}) & (a_{22},b_{22}) \end{pmatrix}.$$

这个模型和古巴导弹危机的模型有着异曲同工之妙,可以类似分析.

2.2.20 俾斯麦海战

1943年2月,在争夺新几内亚的关键阶段,盟军谍报员获悉:一支日本舰队集结在南太平洋的大不列颠腊包尔港,打算通过俾斯麦海开往新几内亚的莱城.盟军西南太平洋空军奉命拦截并炸沉这支日本舰队. 从腊包尔到莱城有南北两条航线,航程都是三天.气象预报表明:未来三天在北路航线上阴雨连绵、气候恶劣,南路航线天气晴好. 盟军指挥部必须对日军的航线做出判断,以便派出轰炸机进行搜索,一旦发现日本舰队,即可对其进行轰炸.

盟军参谋部分析了如下几种可能的选择:

结局1:将搜索重点放在北路,日舰也走北路. 由于气候恶劣,能见度低,日舰将在第二天被发现,于是有两天轰炸时间.

结局2:将搜索重点放在北路而日舰走南路. 由于南路只有很少的侦察机,虽然天气晴好,也需要一天时间才能发现日舰,同样有两天轰炸时间.

结局3：将搜索重点放在南路而日舰走北路．这时北路只有极少数的侦察机，加之天气恶劣，故需用两天时间方能发现日舰，那么只有一天的轰炸时间．

结局4：将搜索重点放在南路，日舰也走南路．日舰很快被发现，将有三天轰炸时间．

可以建立如下的博弈模型：

$$\begin{pmatrix} 策略 & 北路 & 南路 \\ 北路 & (2,-2) & (2,-2) \\ 南路 & (1,-1) & (3,-3) \end{pmatrix}.$$

在上面的博弈表中，博弈双方的收益是用日军遭受轰炸的时间来表示的．比如日军走北路，美军搜索北路，则日军遭受两天的轰炸，美军的收益为2，日军的收益为-2．

通过划线法求解可以得到

$$\begin{pmatrix} 策略 & 北路 & 南路 \\ 北路 & (\underline{2},\underline{-2}) & (2,\underline{-2}) \\ 南路 & (1,\underline{-1}) & (\underline{3},-3) \end{pmatrix}.$$

先看：美军走北路的收益向量为$(2,2)$，美军走南路的收益向量为$(1,3)$，二者无明显的优劣之分，无法剔除．

$$\begin{pmatrix} 策略 & 北路 & 南路 \\ 北路 & (2,-2) & (2,-2) \\ 南路 & (1,-1) & (3,-3) \end{pmatrix}.$$

再看：日军走北路的收益向量为$(-2,-1)$，日军走南路的收益向量为$(-2,-3)$，北路好于南路，可以剔除日军的南路战略．

$$\begin{pmatrix} 策略 & 北路 \\ 北路 & (2,-2) \\ 南路 & (1,-1) \end{pmatrix}.$$

再看：美军走北路的收益为2，美军走南路的收益为1，北路好于南路，可以剔除美军的南路战略．

$$\begin{pmatrix} 策略 & 北路 \\ 北路 & (2,-2) \end{pmatrix}.$$

划线法和剔除法两种算法求解俾斯麦海战的结果都相同：美军重点搜索北线，日军选择北线远航．战争的实际结果也是如此．

2.2.21 登岛作战博弈

假设攻方有2个师的兵力，守方有3个师的兵力，攻方的任务在"敌人"守备薄弱的地点登陆，并且双方的兵力只能整师调动．适合登岛的地点有两个．当攻方发起攻击时，若兵力超过敌人，则获胜；若兵力比敌人的守备兵力少或者相等，则失败．但是，如果敌人的防守有疏漏，攻方兵力渗透过去，那么攻方胜．这个情况类似于邓艾偷渡阴平．那么，攻方将如何制订进攻方案？胜率如何？

通常会认为，"守方有3个师而攻方只有2个师，攻方兵力已经吃亏，还要规定兵力相等则攻方败，连规则都不公平，完全偏袒守方"．故守方的胜算要大于攻方．其实，通过模拟"作战"，攻方取胜的概率是50%．

分析如下：守方有3个师，布防在甲、乙两个登陆地点．由于必须整师布防，因此守方有四种部署方案，即：A方案，3个师都驻守甲方向；B方案，2个师驻守甲方向，1个师驻守乙方向；C方案，1个师驻守甲方向，2个师驻守乙方向；D方案，3个师都驻守乙方向．

同样，攻方有2个师的进攻部队，可以有三种部署方案，即：a方案，集中2个师的兵力从甲方向攻击；b方案，兵分两路，1个师从甲方向，另1个师从乙方向，同时发起攻击；c方案，集中2个师的兵力从乙方向攻击．胜负分析结果如下：

$$\begin{pmatrix} 策略 & A & B & C & D \\ a & (-1,1) & (-1,1) & (1,-1) & (1,-1) \\ b & (1,-1) & (-1,1) & (-1,1) & (1,-1) \\ c & (1,-1) & (1,-1) & (-1,1) & (-1,1) \end{pmatrix}.$$

假设攻方采取a方案，那么如果守方采取A方案，攻方的2个师将遇到敌军3个师的抵抗，攻方要败下阵来，所以是$(-1,1)$；如果守方采取B方案，攻方的2个师遇到敌军2个师，也要败下阵来，同样是$(-1,1)$；如果守方采取C方案，攻方以2个师打守方甲方向1个师，攻方就会以优势兵力获得胜利，结果是$(1,-1)$；同样，如果守方采取D方案，攻方攻守方的甲方向，就能长驱直入，登陆成功，结果也是$(1,-1)$．

和以前的博弈表示略微不同，每个格子里面除正负号，还有相同的数字．如果后面的数字不同，比如攻方失败时的支付由-1改为-2，成功时的收益由1改为2，守方失利时的支付改为-2，成功时的收益改为2，这也不影响分析，重要的只是表达出输赢．

交战双方的胜负分析表画出来以后，从$(1,-1)$的分布来看．似乎双方取胜的机会一样大．可以运用劣势战略消去法把它化简．

实际分析问题时，如果先从攻方入手，是难以分出优劣来的，a和b、b和c以及c和a之间，都说不上谁优谁劣．于是从守方入手，尝试站在敌军的立场，看有没有劣战略．

比较战略A和B，如果攻方采取战略a或c，守军取A或B结果一样．如果攻方采取战略a，守军取A或B都会赢．如果攻方采取战略c，守军取A或B都会输．如果攻方取战略b，守军取A会输，而取B会赢．可见，在守军看来，战略B比战略A好．比较战略A和B，可知A是劣势战略．同样，战略C和D比较，D是劣势战略．守军是不会将全部兵力部署于一个方向而使另一个方向疏漏没有守备的，因此可以把A, D两列划去．

理性的局中人是不会采用劣势战略的，所以当做出博弈的矩阵表示以后，如果发现劣势战略，就可以把它划去，这就是劣势战略消去法．消去后得到如下结果：

$$\begin{pmatrix} 策略 & B & C \\ a & (-1,1) & (1,-1) \\ b & (-1,1) & (-1,1) \\ c & (1,-1) & (-1,1) \end{pmatrix}.$$

从结果来看，似乎敌方的赢面比较大，其实不然，因为到了敌方只剩下B和C两个较优战略的时候，攻方的三个战略之中，原来不是劣势战略的b，现在就变成弱劣战略了．攻方也应是理性的，所以也应该把b删去．即攻方不会平分兵力，在两个地点各放一个师去进攻

的. 分析结果如下:

$$\begin{pmatrix} 策略 & B & C \\ a & (-1,1) & (1,-1) \\ c & (1,-1) & (-1,1) \end{pmatrix}$$

由此可以看出,守军必取B或C那样的"2-1"或"1-2"布防,一路2个师,另一路1个师,而攻方应集中兵力于某一路实施攻击,即a或c那样的攻击战略. 这样,攻在敌军的薄弱处就获胜;若攻在敌人兵力较多的地方就失败. 总之,攻守双方获胜的概率还是一样大. 这虽然是一个模拟的例子,却具有相当的现实意义.

诺曼底战役前的情况,大体也是这个样子. 跨海作战,攻方由于渡海工具有限,能够调动首攻的兵力比守方可以用于守备的兵力少. 模拟作战中假设攻方兵力为2个师而守方的兵力为3个师,就是这样的背景. 另外,渡海登陆作战,通常至少在开始的时候,攻方要承受很大的牺牲. 模拟作战中规定若攻守双方兵力相等则攻方失败,就体现了这个思想. 但是由于守方不会弃守一个要地,而集中全部兵力于另一个地点,因此攻方还是有机会在首攻时获取兵力优势的.

第二次世界大战进行到1944年的时候,以艾森豪威尔为总司令的盟国远征军,经过近一年的准备,在英国集结了强大的军事力量,准备横渡英吉利海峡,在欧洲开辟第二战场跨海作战,当时可供盟军渡海登陆的地点主要有两个:一个是塞纳河东岸的布隆涅-加来-敦刻尔克一带,此区域海峡最狭窄的地方只有几十千米,是一个理想的登陆地点;另一个是塞纳河西岸的诺曼底半岛,此区域海面比较宽阔,渡海时间比较长,但德军防守比较薄弱.

德军在欧洲西线的总兵力是58个师,而要布防的海岸线长近5 000千米,因此只能把主要兵力放在它认为盟军最有可能渡海登陆的地方. 同时,盟军在英国集结能够用于渡海作战的兵力,受登陆舰船容量的限制,数量也有限,只能考虑集中有限的兵力重点进攻一个地方. 因此,这次跨海作战成败的关键,对于盟军来说是选择在哪里登陆,而对于德军来说是判断盟军在哪里登陆.

守备欧洲大陆西海岸的德军西线有两个司令官,一个是伦德泰元帅,另一个是隆美尔元帅. 伦德泰认为盟军多半会取道海峡较窄的加来一带急速渡海登陆,这一带正是伦德泰驻防的地方. 隆美尔凭直觉判断盟军将在他主要布防的诺曼底一带登陆,主张在这一带集中兵力. 希特勒决定把西线的兵力大体平分给两位元帅. 这么一来,面对盟军集成的兵力,在后来盟军选择登陆的诺曼底一带,德军的守备力量就显得相对薄弱,隆美尔手下可供调遣的装甲师只有一个. 为此,隆美尔请求给诺曼底增派装甲师. 这一请求没有被希特勒接受. 其间,盟军频频发出迷惑性的电报,制造即将发动在广阔海岸线上全面进攻的假象,使希特勒认为即使是在诺曼底一带登陆也不过是在从加来到诺曼底的广阔海岸线上全面进攻的前奏. 这也是希特勒没有听取隆美尔的意见去全力加强诺曼底防御力量的一个原因.

诺曼底战役的战前博弈分析已如上述,最后得到两行两列的双矩阵博弈表. 通常防守方会在攻方可能登陆的任何地点设防,尽管由此会分散兵力. 但是,防守方重点在哪里,攻方重点在哪里是没有纯战略纳什均衡的. 混合战略纳什均衡(1/2,1/2),只是双方都不愿让对方掌握攻防重点方向.战前盟军实施了成功的欺骗,致使诺曼底作战开始后,德军还以为是诱敌之计.在此重点分析水文气象因素对登陆作战的影响.

登陆战役对气象、天文、潮汐有着较苛刻的要求.海峡不能有狂风恶浪,第一波登陆船要赶上涨潮,满潮前要有月光以利于航空识别目标.6月初,正当盟军完成"霸王计划"部署时,英吉利海峡狂风怒吼,出现了少有的坏天气.原计划6月5日发起渡海作战,但恶劣的天气迫使计划推迟.此时,盟军气象专家斯塔格提出一份气象预报,指出一个冷峰正在向海峡移动,在冷峰过去和低压槽到来前,即6月6日,英吉利海峡将有大半天时间的好天气.艾森豪威尔当机立断,在6月4日深夜下令,改在6月6日开始执行"D日战役".

与此同时,德军的天气预报却显示,"从目前的月相和潮汐来看,恶劣的天气将在英吉利海峡持续下去".由于这一预报,6月5日晨,隆美尔离开前线回柏林晋见希特勒,并交待部下"目前气候恶劣,可以考虑休整一下".德军在空中和海上例行侦察行动也暂时取消,甚至盟军扫雷舰已经驶到可视距离,德军还无人报告.

艾森豪威尔决心在6月6日发动"D日战役",因为6月5日前后这一段时间错过,他又要等很长时间.可是,几十万人部队、几千艘舰艇、上万架作战飞机,长时间集结待命是不利的,保密工作也会变得十分困难.为什么错过了6月5日前后这一段时间就一定要再等很长时间呢?这就和战役要求以及天文、水文条件有关了.按照计划,发起攻击的当天,盟军的3个空降师将在凌晨两点左右降落在欧洲大陆.这段时间,需要夜色来掩护空降及空降后最初的集结运动.同时,上万艘舰船借夜色隐蔽横渡英吉利海峡后,在黎明前时分接近海岸时,要求有较好的月光,以便观察清楚德军在海上设置的障碍物.月亮每天比前一天晚升起大约48分钟,即0.8小时.原来计算的6月5日前后这三天正是月亮在黎明前光线较好的日子.这段日子错过,就要再等一个月了.同时,黎明前攻击有利于空军提供支援.

德军在欧洲大陆西海岸沿线的浅滩上设置了许多障碍物,船舶误入障碍,就会被撞伤或者被卡住.这样一来,盟军登陆的时间还必须选择在海水低潮期间.因为潮水低,障碍物暴露在水面上,可以在一定程度上防止船舶受损.诺曼底一带的潮水是半日潮,即每天涨潮两次退潮两次,"涨、退、涨、退"循环,每天的涨潮退潮时间比前一天往后推48分钟.计算好6月5日前后黎明前正是低潮,如果错过了这段时间,单是等待下一个黎明前低潮的时间,就要半个月.

6月6日凌晨两点,盟军三个伞兵师空降到德军防线后面.接着,盟军的飞机和军舰猛烈轰击德军的防御阵地.清晨六点半,盟军的第一批地面部队终于在法国西北部的诺曼底地区登陆.经过激烈的战斗,盟军15.6万人占领了诺曼底滩头.由于战前盟军采用多种方案诈骗德军,在诺曼底登陆的前几天内,希特勒一直怀疑这是佯攻而未把预备队调上去.即使是这样,也直到三个星期以后,盟军才最后巩固了自己的阵地.

这就是第二次世界大战中著名的诺曼底登陆战役.战役胜利,盟军参谋部出色的参谋工作功不可没.1944年的德国,还掌握着欧洲大陆的大量资源,力量很强,但由于德军参谋部气象预测等错误,在盟军发起攻击的时候,德军的司令不在前线,整个防备比较松懈,因此让盟军占了先机. 但是即使这样, 动用几十万部队、几千艘舰艇和上万架作战飞机的盟军, 也是再经过了三个星期的苦战才最终巩固了在诺曼底的胜利. 那么我们可以设想, 如果德军的参谋工作好一点, 不给盟军以"攻其不备"的优势, 战事的进行恐怕就不一样了. 至少, 反法西斯同盟方面可能要承受更大的牺牲.

这个例子印证了前面所讲登岛博弈模型所体现的谋略思维. 德军要在各种可能的登岛方向做出防御部署, 避免出现漏空. 盟军在选择登陆点时, 一是判断地形对作战是否有利, 二是看能否诱使对方做出错误判断. 选定方案之后, 一是要严格保密, 二是要继续诱使对方做出错误判断. 从战果可以看出, 盟军情报部门确实在诱敌错判上作了杰出的工作.

2.2.22 攻守博弈模型

在登陆博弈的例子中, 攻方2个师, 守方3个师, 攻守兵力对比是2:3, 双方取胜的概率却各为50%. 为什么？下面再分析一个较复杂的案例: 假设攻守兵力之比为2:4, 并且是三点攻防, 然后谈谈对"攻则有余, 守则不足"的理解.

同样是攻防博弈, 要求条件与前面例子类似, 假定攻方第一梯队还是2个师, 守方由原来3个师增加为4个师, 但需要防守三个地点, 因为是登陆博弈, 守方反登陆"半渡而击"有地利优势. 因此假定在进攻地点守方少于攻方便算失败, 等于或大于攻方兵力便算胜利. 假定双方在战前同时决策兵力部署, 那么各方的胜算如何呢？

尽管为计算简便起见假设双方只能整师调动, 但还是有一个较大的矩阵. 其中攻方可以选择两个方向, 每个方向各1个师, 也可集中2个师在三个方向中攻击一个方向, 共有6种战略, 分别记为

(200)进攻: 甲方向2个师, 乙方向0个师, 丙方向0个师.

(020)进攻: 甲方向0个师, 乙方向2个师, 丙方向0个师.

(002)进攻: 甲方向0个师, 乙方向0个师, 丙方向2个师.

(110)进攻: 甲方向1个师, 乙方向1个师, 丙方向0个师.

(011)进攻: 甲方向0个师, 乙方向1个师, 丙方向1个师.

(101)进攻: 甲方向1个师, 乙方向0个师, 丙方向1个师.

守方4个师应用于三个方向, 第一类方案是只守两个方向, 每个方向各2个师; 第二类方案是在一个方向集中3个师, 另一个方向部署1个师; 第三类方案是集中4个师于一个方向; 第四类方案是重点方向部署2个师, 其他两个地点各部署1个师. 四类方案一共15种战略.

(400)防御: 甲方向4个师, 乙方向0个师, 丙方向0个师.

(040)防御: 甲方向0个师, 乙方向4个师, 丙方向0个师.

(004)防御: 甲方向0个师, 乙方向0个师, 丙方向4个师.

(310)防御: 甲方向3个师, 乙方向1个师, 丙方向0个师.

(031)防御: 甲方向0个师, 乙方向3个师, 丙方向1个师.

2.2 案例分析

(301)防御：甲方向3个师，乙方向0个师，丙方向1个师.

(130)防御：甲方向1个师，乙方向3个师，丙方向0个师.

(013)防御：甲方向0个师，乙方向1个师，丙方向3个师.

(103)防御：甲方向1个师，乙方向0个师，丙方向3个师.

(220)防御：甲方向2个师，乙方向2个师，丙方向0个师.

(202)防御：甲方向2个师，乙方向0个师，丙方向2个师.

(022)防御：甲方向0个师，乙方向2个师，丙方向2个师.

(112)防御：甲方向1个师，乙方向1个师，丙方向2个师.

(121)防御：甲方向1个师，乙方向2个师，丙方向1个师.

(211)防御：甲方向1个师，乙方向1个师，丙方向1个师.

因此需要画一个15×6的矩阵. 如果某地守方少于攻方，则攻方胜，用"+"号标示，否则守方胜，用"−"号标示.

策略	(200)	(020)	(002)	(110)	(011)	(101)
(400)	−	+	+	+	+	+
(040)	+	−	+	+	+	+
(004)	+	+	−	+	+	+
(310)	−	+	+	+	+	+
(031)	+	−	+	+	−	+
(301)	−	+	+	+	+	−
(130)	+	−	+	−	+	+
(013)	+	+	−	+	−	+
(103)	+	+	−	+	+	−
(220)	−	−	+	−	+	+
(202)	−	+	−	+	+	−
(022)	+	−	−	−	−	+
(112)	+	+	−	−	−	−
(121)	+	−	+	−	−	−
(211)	−	+	+	−	−	−

首先分析守方战略的优劣. 守方如果只防守一地，则攻方有较大可能从另一地渗透进来. 例如（400）部署劣于（211），守方要剔除（400）、（004）、（040）这样的部署. 此外，守方采取（013）部署取胜的概率比（112）要小，类似地依次剔除（013）、（301）、（103）、（310）、（301）、（031）这样的布防.

这时，没有一个战略是严格劣的. 但守方不能判断攻方的进攻方向时，取（220）、（202）、（022）这样的部署守方取胜的概率比（112）、（121）、（211）小，所以对守方是相对劣的. 守方一般采取多点布防与重点布防相结合，即采取类似于（211）、（121）、（112）这样的防守布局. 这时攻方采取分兵进攻的战略是劣的，攻方剔除分兵进攻的战略（101）、（110）和（011），这时便余下一个如下3×3矩阵：

$$\begin{pmatrix} 策略 & (200) & (020) & (002) \\ (112) & + & + & - \\ (121) & + & - & + \\ (211) & - & + & + \end{pmatrix}.$$

剩下的 3×3 的混合战略解是 $(1/3, 1/3, 1/3)$，即攻方集中2个师采取1/3的概率攻取三地中的某一地，而守方采取1/3的概率部署2个师重点防守其中的一地，以另2个师分别防守另外两地. 攻方的胜率为2/3，守方的胜率是1/3. 这个与现实中的直觉是近似的. 往往是守方按地形部署防守兵力或构筑防御阵地，攻方视情选择进攻方向. 这时，守方注意不留 "空门"，但攻方仍选择守方的弱点进攻，在一个广阔地域内，积极进攻一方比消极防守一方的胜率高.

在这个例子中，攻方仍为2个师，而守方由3个师增为4个师，由于防守地点从两个变为三个，成功防守的概率由1/2降为1/3. 讲这个例子是为了加深对孙子兵法"守则不足，攻则有余"的理解. 对"守则不足，攻则有余"有两种解释：第一种解释是"不可胜者，守也；可胜者，攻也". 如曹操解释为"吾所以守者，力不足也，所以攻者，力有余也". 即强攻弱守，这是讲战略. 但在作战角度却是俗套的解释. 第二种解释"同样的兵力用来防守则不足，用来进攻则有余"，是讲战术. 如果防守的目标是不让对方突破防线，那么需要防守的地点越多，兵力就越分散. 尽管兵力比原来增多，但需要防守的地点越多，劣势就越明显. 这是消极防御不可回避的弱点.

单纯防御或消极防御，必然面临被对方各个击破的困境. 案例分析与现实登陆博弈相比，抽象了许多东西，比如信息问题、行动的先后问题、攻方第二梯队登岛速度以及守方预备队的增援距离与速度等. 在攻防中，为了克服守则不足的困境，通常前沿只配置一部分守备部队或在要塞配置守备部队，并在后方留预备队，这样既节约兵力又可随时增援前沿. 因此，登岛博弈还要考虑：攻方的第一梯队必须既能够打败前沿或要塞守备部队并打败随后可能赶到的近距离增援部队，扩展并巩固登陆场；攻方要能用空中力量或远程攻击力量阻断守方的远距离增援部队；攻方的第二梯队持续登岛速度和实力要大于对方预备队的增援速度和实力；最后，攻方登岛部队总实力要大于对方可能投入战斗的部队总实力.

2.2.23 积极防御博弈

上例主要从攻的角度分析，本节主要从守的角度，证明分兵把口，消极防御，以"御敌于国门之外"为作战目标的"李德战法"必然失败. 在敌强我弱时，只有积极防御的战法才可能胜利.

依据土地革命战争时期的围剿与反围剿设计一个模型：如果攻方为4个师，守方为3个师（总兵力少于攻方），防守三地，守方的目的是御敌于国门之外，于是实行分兵把口. 若某地防守兵力少于敌人则防守失败；若某地防守兵力等于或大于对方则防守胜利. 问守方的胜算有多大？此假设条件下的矩阵很大，但可以推理证明守方的胜率为0. 因为守方总兵力少于对方，所以总会有一个或数个方向的防守兵力少于对方. 当无法利用要塞防御战法改变双方的作战效能指数时，"御敌于国门之外"的目标是注定要失败的. 可以证明，在土地革命时期中央苏区第五次反围剿作战中,王明路线的领导者实施"分兵把口"的消极防御战略根本没有取胜的希望. 第五次反围剿作战初期,博古、李德等人推行军事冒险主义,提出所谓"两个拳头打人""御敌于国门之外",在军事冒险主义碰壁后,便实行处处设防、节节抵抗的军事保守主义方针,搞六路分兵,节节防御. 最终丢掉了苏区,开始了大搬家式的转移.

作为对照,再分析这样一个模型:假设白军有4个军,红军有2个军,进行三点攻防. 白军的作战目的是围住并消灭红军. 红军的作战目的不是"御敌于国门之外",而是保存自己消灭敌人,实行打得赢就打、打不赢就走的军事方针. 红军有打和走两种选择,白军则有围和打的双重任务. 白军在某地不设防红军可能会"走",因此白军在各个可能方向都会设防以围堵红军. 如果红军只选择一个方向且兵力多于白军则红军胜,如果红军选择的突围方向上兵力少于或等于白军则红军失败. 白军要围住红军至少要从三个方向向心攻击,实际围剿作战有时大于三个方向,为简单起见,假定只有三个方向,并规定各方只能整军调动. 那么白军和红军各取什么战略,红军的胜算有多大?

红军作为守方,要剔除兵分两路的战法而集中兵力为一路,否则白军取(112)、(121)、(211),红军则完全不能突围. 在这个前提下,白军剔除(400)、(040)、(004)这类集中4个军于一路的战略,否则只能跟在红军后面游行,达不到围剿的目的. 作为劣战略,白军还要剔除(211)、(121)、(112)这类战略,因为这会使红军选择白军较少的一路消灭白军. 类似地,白军还要剔除(301)、(310)、(031)这类部署,此类部署不能围住红军,可能被红军吃掉较少的一路.

结论是白军以4:2的优势兵力,并无完全把握实现围剿红军的目的. 理论上,红军取胜(顺利突围打到外线也算红军胜)的概率是1/3,白军胜率是2/3. 实际上,因为红军是内线作战,有信息优势,红军总可以选择其空白一路突围而出,白军只能跟在红军后面游行,不能实现围剿红军的目的.

从理论上,如果是三点攻防,白军要围住红军至少需要3倍的兵力. 如果是四点攻防,需要4倍的兵力. 可见,红区的面积越大,白军要围住红军必须在更多的要点设防或进攻. 蒋介石也懂这个道理,因此对中央苏区的五次围剿,大体上部署了比红军多数倍的兵力.

在第三次反围剿作战中,蒋军与红军实际军力对比悬殊,为什么红军还取得胜利呢?主要经验就是大步进退,诱敌深入,造成战役优势以歼灭敌人. 实战与模型比较:一是模型中为简化起见假定白军只需要围堵三个方向,实际作战空间更大,可能需要五六个方向,这使白军分散了兵力;二是白军深入红区后,部队逐渐展开,在红军主力附近的白军一线部队对红军的数量优势大大下降;三是这些一线部队分散配置以围堵红军,难以形成局势优势;四是进入红区后信息优势在红军一方,更有利于红军集中优势兵力歼灭敌人. 当然,红军有战胜敌人的可能,不等于必定能战胜敌军,这需要高超的指挥. 这里分析对《孙子·谋攻篇》中一段话的理解:"故用兵之法,十则围之,五则攻之,倍则分之,敌则能战之,少则能逃之,不若则能避之. 故小敌之坚,大敌之擒也."

怎样理解"十则围之"?兵力优势要看战区的大小,如果一个战区较大,以4至8倍的一线力量围住守军,才能保证在每一个方向数量都多于守军. 在反围剿作战中,由于敌人还要防备我跳出包围后对其城市及其他要点攻击,总是要留许多守备或警戒部队,这样进一步分散了兵力,因此对苏区8至10倍的兵力也不一定能达到作战目的. 但如果一个战区较小,理论上需要3倍以上的兵力才能围住. 但如果守军防守一个孤城,而攻方有了反突围的工事,这时仅需要较少的力量,在解放战争时期我军能以3倍以下的实力围困敌军并进行攻城打援就是这个道理. 因此,"十则围之"要灵活理解.

对"五则攻之",也要灵活理解,要看双方作战效能系数的具体情况. 作战效能系数取决于多种因素,包括双方火力强度、地形、指挥与战术、士气等. 例如抗美援朝作战,我军要消灭美军一个建制团有时四五倍的兵力优势还不够;而刘伯承指挥邯郸战役,徐向前指挥晋中战役,兵力优势不大但获得了全歼敌人的胜利. 当时形势需要,咬着牙也要打一仗. 但一般来说,毛泽东在解放战争时期主张以3至4倍甚至更多的兵力打歼灭战,在朝鲜战争期间主张5倍、6倍以上的兵力.

"倍则分之"原意为"拥有两倍于敌人的兵力要分割敌人". 毛泽东主张集中优势兵力各个歼灭敌人不但要体现在战役中,也要靠大步进退形成我军战役优势,而且在作战中也要坚持这个原则,尽可能分割敌军作战体系,以优势兵力先歼敌一部. 在要点攻防时,我包围敌军一个师,可以分割敌军并集中兵力先消灭敌一个团. 在突然袭击作战中,也要注意分割敌人,但这时不一定是攻敌一部,对混乱的敌人全面攻击比局部攻击要好,可以迅速使敌陷于失控状态,使其作战效能系数急剧下降. 这就是"倍则分之"的灵活运用. 集中优势兵力并分割敌军原则,要考虑地形条件是否允许兵力和火力展开,不可过度密集,避免遭受敌炮火的杀伤.

2.2.24 国家战略博弈

策略式博弈可以用以分析战略关系,帮助理解战略关系的性质.

战略博弈不仅包括战略对手的博弈,也包括战略伙伴关系博弈. 首先分析战略伙伴关系. 用博弈论方法看,一是战略伙伴关系必须有利益上的合作;二是战略伙伴关系要形成一个机制;三是战略伙伴关系也有利益差别,但不影响双方作为战略伙伴的性质.

首先,战略伙伴关系必须有利益上的增进,战略伙伴关系的基础是合作利益大于单独行动的利益. 与猎鹿博弈相似的利益增进型合作博弈分析了这个问题. 比如中俄关系,都有反对霸权主义、实现国际政治民主化的愿望,因此在国际政治意义上是战略伙伴. 此外,中国与各大国经济上相互依存,如果战略利益上的矛盾可以被抵消,都可以塑造为战略伙伴. 比如欧洲国家如法国、德国、意大利等反对美国霸权行径,均可以塑造为战略伙伴. 此类关系如下:

$$\begin{pmatrix} \text{策略} & \text{合作} & \text{不合作} \\ \text{合作} & (2,2) & (0,1) \\ \text{不合作} & (1,0) & (1,1) \end{pmatrix}.$$

在这个博弈中,只要双方的信任度大于0.5,合作就可以达成. 为了实现合作,各方往往达成协议或形成机制来增强相互信任度,只要双方合作的利益增进关系存在,通过外交活动往往会达成这种合作机制. 战略伙伴间也有利益差别. 比如中俄军事技术合作对双方都有利,俄方可以支持其军事技术研究,我方可以少走弯路.但俄方希望价格较高且不转让技术,我方希望价格合理且转让技术.双方利益有差别,但利益差别不影响战略伙伴的性质.反过来,也不能希求战略伙伴间没有利益差别.战略伙伴的差别利益关系如下:

$$\begin{pmatrix} 策略 & A & B \\ A & (\underline{3},\underline{2}) & (0,0) \\ B & (0,0) & (\underline{2},\underline{3}) \end{pmatrix}.$$

这个博弈有两个纳什均衡,实现哪一个取决于谈判的结果.中俄虽然在合作方式上有分歧,但战略关系上属于伙伴关系.目前我们与欧盟没有军事技术交易,其伙伴关系是政治意义的但不是军事意义的战略伙伴.

由于伙伴之间也有利益差别,因此利益产生分歧时,也不要怀疑是不是伙伴关系.当然不能完全依靠伙伴关系来支撑国家安全,必须依靠自力更生来解决高技术装备问题.

战略关系是分层次的,主要分为国际政治层次的战略关系和军事层次的战略关系.战略对手分为潜在对手与现实对手.潜在对手是与潜在热点相关的,国家间存在领土主权争端,双方都愿搁置争端时,该区域为潜在热点.如果一方采取"鹰"的态度就会打破平衡,使其成为现实热点.因此即使在和平时期双方也会相互防范,互视为潜在对手.

判断现实的战略对手有两个模型:一个是危机博弈,另一个是军备竞争博弈.判断战略对手,一看双方未来是否可能发生军事危机;二是看双方现在有没有针对对方的军事斗争准备.一般来说,有可能发生鹰鸽博弈的国家可能相互视为潜在对手.

$$\begin{pmatrix} 策略 & 鹰 & 鸽 \\ 鹰 & (\dfrac{v-c}{2},\dfrac{v-c}{2}) & (v,-1) \\ 鸽 & (-1,v) & (\dfrac{v}{2},\dfrac{v}{2}) \end{pmatrix}.$$

2.2.25 改变博弈结构

"你打你的,我打我的"是毛泽东多次提到的军事指导原则.下面从博弈论的角度进行一些分析以加深理解,为此首先回顾毛泽东四次提出该作战指导原则的背景与指示精神.

1947年4月8日,当我晋察冀野战军发起正太战役,孤立石家庄之敌时,蒋军7个师向我冀中解放区发起猛烈进攻.我军不为所动,一周后歼敌一万人,迫使傅作义部只好调兵援助石家庄.毛泽东发电指示:你们现已取得主动权,如敌南援,你们不去理他,仍然集中全力完成正太战役,使敌完全陷入被动,这是很正确的方针.正太战役完成后,应完全不被敌之动作所迷惑,选择敌人之薄弱部分主动地歼击之.选击何部那时再定.这即是先打弱的,后打强的,你打你的,我打我的(各打各的)策略,即完全主动作战策略.

1947年7月,毛泽东指示华东野战军兵分四路打入敌后而置正面之敌主力于不顾时,再次阐述了这一思想:因为正面之敌极端集中,没有好的机会,故应采取先打弱敌,后打强敌,你打你的,我打我的(各打各的)方针完全主动作战,将敌抛入被动地位.

抗美援朝战争前,当讨论到我若出兵,美国可能向我扔原子弹的问题时,毛泽东说:你打你的,我打我的,你打原子弹,我打手榴弹,抓住你的弱点,跟着你打,最后打败你.

在毛泽东领导的历次战争中,他把这四句话运用到了炉火纯青的地步.土地革命早期,你打你的正规战，我打我的游击战；土地革命后期，你打你的分兵围剿，我打我的集中兵力歼敌；抗日战争时期，你打你的速决战，我打我的持久战；解放战争时期，你打你的阵地战，我打我的运动战；抗美援朝战争，你打原子弹，我打手榴弹；自卫反击作战，你打你的"前进政策"，我打我的"断头斩腰切尾".

这一思想的精髓是：只选择能打赢的打法，只打能打赢的仗；打敌人的弱点，打有准备和有把握之仗. 从博弈思维方法角度，就是要打破思维定式，发挥我方主观能动性，想出克敌制胜的策略. 要重视分析敌我各方的长短，以我之长击敌之短，不被敌人牵着鼻子走. 考察以下两个博弈模型.

$$\begin{pmatrix} 策略 & L & R \\ A & (-1,1) & (-2,2) \\ B & (-2,2) & (-1,1) \end{pmatrix}$$

和

$$\begin{pmatrix} 策略 & L & R \\ A & (-1,1) & (-2,2) \\ B & (-2,2) & (-1,1) \\ C & (2,-2) & (1,-1) \end{pmatrix}.$$

在第一个模型中无论选择A或B，结局都是不利的. 但是如果想出第三种策略C，如第二个模型，策略集扩大为A、B、C三种，则局势豁然开朗. 然而这是打破教条主义的思维定式，进行发散思维的结果. 在以"经典"为教条的机会主义者看来，也许这是离经叛道的，但唯有此，才是克敌制胜之道.

进行发散思维，要将双方各种可能想到的战略包括在内，然后才能进行劣选优，这是从发散到收敛的过程. 在这个过程中，一要防止我方的可能方案思考不周；二要防止对敌的可能选择没有想到. 比如第四次中东战争，埃军一青年军官想出了用高压水冲垮阿列夫防线沙堤的方案，以军却想不到埃军有办法跨越这道高高的沙堤. 埃军想到了斋日袭击而以军没有想到对手会在此时发起攻击，埃军用步兵反坦克导弹伏击的方式歼击以军的导弹旅，以军没有想到埃军会有这种战法. 在战争中期，埃军停止了进攻的步伐，没有想到以军会转兵北上集中优势兵力打败叙利亚军队，随后转兵南下集中优势兵力攻击埃军；埃军没有想到以军反攻时不使用正面攻击的方法，而是在接合部插入埃军后方进行包抄，埃军没有想到以军坦克会渡过苏伊士运河横扫埃军后方导弹基地和机场，并向其首都开罗进攻，也没有想到前线集团军被围后的困难局势……这诸多战略上的没有想到，导致了战争局势沧海桑田般戏剧性变化. 因此，学习战略式博弈，重点要把握其对谋略思维的启示和精髓.

固守思维定式是教条主义的思维方法. 在教条主义者看来，由中心城市暴动向农村扩散的苏联革命道路也必须是中国革命成功的道路，为此他们多次下令红军攻打中心城市. 他们认为苏联红军正规作战模式也必须是中国红军的作战模式，为此他们强调阵地战. 教条主义在思想方法上是形而上学，也即思维方法的片面性和静止性. 然而军事博弈必须考虑各种复杂因素，要防止把多种因素归结为一种因素，防止把互动因素归结为静止因素. 学习经典兵法要把握其精髓，比如孙子讲庙算要考虑"道、天、地、将、法"，这也许用现代眼光看还不全面,没有涵盖经济依存、信息结构、战略环境、态势等问题,但他强调的是系统全面地看问题,他的思想方法是正确的. 贯彻《孙子兵法》和毛泽东思想的精髓是防止片面性,既要考虑各种影响因素,又要考虑互动. 在胜利的时候防止骄傲轻敌,在困难的时候防止情绪消沉;在进攻时提防敌人反扑,在防守时防止消极待敌;等等. 这些都是反对形而上学的题中之义.

在毛泽东的倡导下,我军的优秀传统之一是发扬战前军事民主. 这有利于进行发散思维. 确定战略和明确各部队的作战目标后,各部队积极侦察敌情,并针对敌情和任务想出多种应对办法. 例如,在某次攻城作战中,担任突击队的先锋营要突破敌外堡、外城、内城三道障碍,营长把任务分别交给三个连,每个连负责突破一道障碍. 战前,这三个连详细侦察、研究敌情,发扬军事民主,把作战中可能会遇到的各种情况以及克服方法都想到了,结果作战打得很精彩.

谋略思维的发散极其重要. 这里举两个例子:

第二次世界大战期间,德国发明了"感音水雷". 这种水雷具有"闻声爆炸"的特殊性能,只要水雷的声音感知装置接收到外界的声波达到一定的限度,它就会爆炸. 因为舰艇的发动机和螺旋桨发出的声波都能引起水雷的爆炸,所以这种水雷在袭击盟军的舰艇中屡建奇功. 盟军的科研人员苦苦思考,终于想出了用"响蛙"撒播于通道要津之地,让其担当"义务排雷兵"自行引爆德军水雷的策略.

在英阿马岛之战中,阿军击沉了英军的"谢菲尔德"驱逐舰后,想再击沉英军的"无敌"号航空母舰. 阿军的诱敌机群引开航母上的直升机后,主力机群向英航母发射了两枚"飞鱼"导弹. 但此时英军已吸取教训,派出了诱饵直升机,诱饵直升机不断伴动,终于吸引"飞鱼"导弹偏离航母方向. 当两者十分接近时,"海王"直升机猛然拉高,"飞鱼"也随着上升,接着就猛烈爆炸了. 原来英军知道"飞鱼"导弹有升高限度,当它进入到空中7.5米时,就会自爆. 这种直升机钓导弹的战术,也是发散思维的结果.

战略式博弈用定量方法分析了军事对抗中谋略运筹如何"杂于利害",如何"两害相权取其轻,两利相权取其重". 其主要启发是,在严格竞争博弈中,你只能最大最小化你的策略,即在敌方力图使己方期望值最小的基础上选择最大化策略,应用中要注意把握博弈论不同于决策论的这一重要特点.

2.3 人物故事

2.3.1 冯·诺依曼

- **人物简历**

约翰·冯·诺依曼(John von Neumann),著名匈牙利裔美籍数学家、计算机科学家、物理学家和化学家. 冯·诺依曼1903年出生于匈牙利的布达佩斯. 冯·诺依曼的父亲是一个银行家,家境富裕,十分注意对孩子的教育. 冯·诺依曼从小就显示出数学和记忆方面的天赋,其兴趣广泛. 据说6岁时就能用希腊语同父亲交流,一生掌握了七种语言,最擅长德语. 他对读过的书籍和论文,能够一字不差地将内容复述出来,而且经过很长时间后,仍可如此. 1911–1921 年,冯·诺依曼在布达佩斯的卢瑟伦中学读书期间就深受老师器重. 1921–1923 年在苏黎世联邦工业大学学习,很快又在 1926 年以优异的成绩获得了布达佩斯大学数学博士学位,此时冯·诺依曼年仅 23 岁. 1927–1929 年,冯·诺依曼相继在柏林大学和汉堡大学担任数学讲师,1930 年接受了普林斯顿大学客座教授的职位,前往美国. 1931 年,他成为普林斯顿大学的第一批终身教授,那时,他还不到 30 岁. 1933 年转到该校的高等研究院,成为最初六位教授之一,并在那里工作了一生. 冯·诺依曼是普林斯顿大学、宾夕法尼亚大学、哈佛大学、伊斯坦堡大学、哥伦比亚大学等多所院校的荣誉博士,他是美国国家科学院、秘鲁国立自然科学院等院的院士. 1951–1953 年,他任美国数学会主席;1954 年任美国原子能委员会委员,同年夏,被发现患有癌症. 1957 年 2 月 8 日,冯·诺依曼在华盛顿去世,终年 54 岁.

- **学术贡献一:数学公理化**

1922 年,冯·诺依曼与菲克特合作发表了他的第一篇论文,是关于切比雪夫多项式求根法的菲叶定理推广,那时冯·诺依曼还不满 18 岁. 另有一篇用匈牙利文撰写的讨论一致稠密数列的文章,题目的选取和证明方法的简洁显露出冯·诺依曼在代数技巧和集合论直观结合的特征. 1923 年,还是苏黎世大学学生的冯·诺依曼,发表了一篇超限序数的论文. 文章第一句话就直率地声称"本文的目的是将康托的序数概念具体化、精确化",他的关于序数的定义,已被普遍采用. 强烈探讨公理化是冯·诺依曼的愿望,从 1925 年到 1929 年,他尝试在大多数文章中贯彻这种公理化精神,在理论物理研究中也如此. 当时,他对集合论的表述处理,尤感不够形式化,在他 1925 年关于集合论公理系统的博士论文中,开始就说"本文的目的,是要给集合论以逻辑上无可非议的公理化论述". 有趣的是,冯·诺依曼在论文中预感到任何一种形式的公理系统所具有的局限性,模糊地使人联想到后来由哥德尔证明的不完全性定理. 对此文章,著名逻辑学家、公理集合论奠基人之一弗兰克尔教授曾作过如下评价,"我不能坚持说我已把诺依曼文章的一切理解了,但可以确有把握地说这是一件杰出的工作,并且透过它可以看到一位巨人".

1928 年,冯·诺依曼发表了论文《集合论的公理化》,是对集合论的公理化处理. 该系统十分简洁,它用第一型对象和第二型对象相应表示朴素集合论中的集合和集合的性质,用了一页多一点的纸就写好了系统的公理,已足够建立朴素集合论的所有内容,同时,整个现代数学由此确立. 冯·诺依曼的公理系统给出了集合论的也许是第一个基础,所用的有限条公理具有像初等几何那样简单的逻辑结构. 冯·诺依曼从公理出发,巧妙地使用代数方法导出集合论中许多重要概念的能力简直叫人惊叹不已,所有这些也为他后来把兴趣落脚在计算机和机械化证明方面奠定了基础.

20 世纪 20 年代后期,冯·诺依曼参与了希尔伯特的元数学计划,发表过几篇证明部分算术公理无矛盾性的论文. 1927 年的论文《关于希尔伯特证明论》最为引人注目,它的主题是讨论如何把数学从矛盾中解脱出来. 文章强调由希尔伯特等提出和发展的这个问题十分复杂,当时还未得到满意的解答. 它还指出阿克曼排除矛盾的证明并不能在古典分析中实现. 为此,冯·诺依曼对某个子系统作了严格的有限性证明。这离希尔伯特企求的最终解答似乎不远了。恰在此时，1930年哥德尔证明了不完全性定理。定理断言：在包含初等算术（或集合论）的无矛盾的形式系统中，系统的无矛盾性在系统内是不可证明的。至此，冯·诺依曼只能中止这方面的研究。冯·诺依曼还得到过有关集合论本身的专门结果，他在数学基础和集合论方面的兴趣一直延续到他生命结束。

- **学术贡献二：纯粹数学**

在1930至1940年间，冯·诺依曼在纯粹数学方面取得的成就更为集中，创作更趋于成熟，声誉也更高涨。后来在一张为国家科学院填的问答表中，冯·诺依曼选择了量子理论的数学基础、算子环理论、各态遍历定理三项作为他最重要数学工作。

1927年，冯·诺依曼已经在量子力学领域从事研究工作。他和希尔伯特以及诺戴姆联名发表了论文《量子力学基础》。该文的基础是希尔伯特1926年所作的关于量子力学新发展的讲演，诺戴姆帮助准备了讲演，冯·诺依曼则从事于该主题的数学形式化方面的工作。文章的目的是将经典力学中的精确函数关系用概率关系代替。希尔伯特的元数学、公理化的方案在这个生气勃勃的领域里获得了施展，并且获得了理论物理和对应的数学体系间的同构关系。对这篇文章的历史重要性和影响无论如何评价都不会过高。冯·诺依曼在文章中还讨论了物理学中可观察算符运算的轮廓和埃尔米特算子的性质，这些内容构成了《量子力学的数学基础》一书的序曲。

1932年，世界著名的斯普林格出版社出版了冯·诺依曼的经典著作《量子力学的数学基础》，它是冯·诺依曼主要著作之一，初版为德文，1943年出版了法文版，1949年出版了西班牙文版，1955年出版了英文版。当然他还在量子统计学、量子热力学、引力场等方面做了不少重要工作。

客观地说，在量子力学发展史上，冯·诺依曼至少做出过两个重要贡献：狄拉克对量子理论的数学处理在某种意义下是不够严格的，冯·诺依曼通过对无界算子的研究，发展了希尔伯特算子理论，弥补了这个不足；此外，冯·诺依曼明确指出，量子理论的统计特征并非从事测量的观察者的状态未知所致，借助于希尔伯特空间算子理论，他证明凡包括一般物理量缔合性的量子理论之假设，都必然引起这种结果。对于冯·诺依曼的贡献，诺贝尔物理学奖获得者威格纳曾作过如下评价："在量子力学方面的贡献，足以确保他在当代物理学领域中的特殊地位。"

在冯·诺依曼的工作中，希尔伯特空间上的算子谱论和算子环论占有重要的支配地位，这方面的文章大约占了他所发表论文的三分之一。它们包括对线性算子性质的极为详细的分析和对无限维空间中算子环进行代数方面的研究。算子环理论始于1930年下半年，冯·诺依曼十分熟悉诺特和阿丁的非交换代数，很快就把它用于希尔伯特空间上有界线性算子组成的代数上去，后人把它称为冯·诺依曼算子代数。1936至1940年间，冯·诺依曼发表了六篇关于非交换算子环论文，可谓20世纪分析学方面的杰作，其影响一直延伸至今。冯·诺依曼曾在《量子力学的数学基础》中说过：由希尔伯特最早提出的思想就能够为物理学的量子论提供一个适当的基础,而不需再为这些物理理论引进新的数学构思. 他在算子环方面的研究成果应验了这个目标. 冯·诺依曼对这个课题的兴趣贯穿了他的整个生涯. 算子环理论的一个惊人的生长点是由冯·诺依曼命名的连续几何. 普通几何学的维数为整数1、2、3等,冯·诺依曼在著作中已看到,决定一个空间维数结构的,实际上是它所容许的旋转群. 因此维数可以不再是整数,连续维度空间的几何学由此被提出来.

1932年,冯·诺依曼发表了关于遍历理论的论文,解决了遍历定理的证明,并用算子理论加以表述,它是在统计力学中遍历假设的严格处理的整个研究领域中,获得的第一项精确的数学结果. 冯·诺依曼的这一成就,可能得再次归功于他所娴熟掌握的受到集合论影响的数学分析方法,和他在希尔伯特算子研究中创造的那些方法. 它是20世纪数学分析研究领域取得的最有影响成就之一. 此外,冯·诺依曼在实变函数论、测度论、拓扑、连续群、格论等数学领域也取得不少成果. 1900 年,希尔伯特在那次著名的演说中,为20世纪数学研究提出了23个问题,冯·诺依曼也曾为解决希尔伯特第五个问题做出了决定性贡献.

- **学术贡献三:应用数学**

1940年,是冯·诺依曼科学生涯的一个转换点. 在此之前,他是一位通晓物理学的登峰造极的纯粹数学家;此后则成了一位牢固掌握纯粹数学的出神入化的应用数学家. 他开始关注当时把数学应用于物理领域的最主要工具:偏微分方程. 冯·诺依曼的这个转变一方面来自他长期对数学物理问题的钟情;另一方面来自当时社会方面的需要. 第二次世界大战爆发后,冯·诺依曼应召参与了许多军事科学研究计划和工程项目. 1940 至1957年任马里兰阿伯丁试验弹道研究实验室科学顾问;1941 至1955 年任职于华盛顿海军军械局;1943 至1955 年任洛斯·阿拉莫斯实验室顾问;1950至1955年任陆军特种武器设计委员会委员;1951至1957 年任美国空军华盛顿科学顾问委员会成员;1953至1957年任原子能技术顾问小组成员;1954至1957 年任导弹顾问委员会主席.

冯·诺依曼研究过连续介质力学. 很久以来,他对湍流现象一直感兴趣. 1937年他关注纳维-斯托克斯方程的统计处理可能性的讨论,1949年他为海军研究部写了《湍流的最新理论》. 冯·诺依曼还研究过激波问题. 他在这个领域中的大部分工作,直接来自国防需要. 他在碰撞激波相互作用方面的贡献引人注目,其中有一项结果,是首先严格证明了恰普曼-儒格假设,该假设与激波所引起的燃烧有关. 关于激波反射理论的系统研究由他的《激波理论进展报告》开始. 冯·诺依曼也研究过气象学. 有相当一段时间,地球大气运动的流体力学方程组所提出的极为困难的问题一直吸引着他. 随着电子计算机的出现,有可能对此问题作数值研究分析. 冯·诺依曼研究出的第一个高度规模化的计算,处理的是一个二维模型,与地转近似有关. 他相信人们最终能够了解、计算并实现控制甚至改变气候. 冯·诺依曼还曾提出用聚变引爆核燃料的建议,并支持发展氢弹.

- **学术贡献四:博弈论**

冯·诺依曼不仅将自己的才能用于武器研究,还用于社会研究. 由他创建的博弈论,无疑是他在应用数学方面取得的最令人羡慕的杰出成就. 现今,博弈论主要指研究社会现象的特定数学方法，它的基本思想是分析多个主体之间的利害关系时，重视在诸如下棋、玩扑克牌等室内游戏中竞赛者之间的讨价还价、交涉、结伙、利益分配等行为方式的类似性.

博弈论的一些想法，20 世纪 20 年代初就曾有过，真正的创立还得从冯·诺依曼 1928 年关于博弈理论的论文算起. 在这篇论文中，他证明了最大最小定理，这个定理用于处理一类最基本的二人博弈问题. 如果博弈双方中的任何一方，对每种可能的策略，考虑了可能遭到的最大损失，从而选择最大损失最小的一种为最优策略，那么从统计角度来看，他就能够确保方案是最佳的. 这方面的工作大致已达到完善. 在同一篇论文中，冯·诺依曼也明确表述了 n 个游戏者之间的一般博弈.

博弈论也被用于经济学. 经济理论中的数学研究方法，大致可分为以定性研究为目标的纯粹理论和以实证的、统计的研究为目标的计量经济学. 前者称为数理经济学，正式确立于 20 世纪 40 年代之后. 无论在思想上或方法上，都明显地受到博弈论的影响.

数理经济学，过去模仿经典数学物理的技巧，所用的数学工具主要是微积分和微分方程，将经济问题当成经典力学问题处理. 显然，几十个商人参加的贸易洽谈会，用经典数学分析处理，其复杂程度远远超过太阳系行星的运动，这种方法的效果往往很难预期. 冯·诺依曼毅然放弃这种简单的机械类比，代之以新颖的博弈论观点和新的数学思想.

1944 年，冯·诺依曼和摩根斯特恩合著的《博弈论和经济行为》是这方面的奠基性著作. 其将二人博弈推广到 n 人博弈结构并将博弈论系统应用于经济领域，从而奠定了这一学科的基础和理论体系. 专著包含了对博弈论的纯粹数学形式的阐述以及对实际应用的详细说明. 有些科学家热情颂扬它可能是 "20 世纪前半期最伟大的科学贡献之一".

- **学术贡献五：计算机**

对冯·诺依曼声望有所贡献的另一个课题是电子计算机和自动化理论. 早在洛斯阿拉莫斯，冯·诺依曼就明显看到，即使对一些理论物理的研究只是为了得到定性的结果，单靠解析研究也已显得不够，必须辅之以数值计算. 进行手工计算所需花费的时间是令人难以容忍的，于是冯·诺依曼劲头十足地开始从事电子计算机和计算方法的研究.

1944 至 1945 年间，冯·诺依曼形成了现今所用的将一组数学过程转变为计算机指令语言的基本方法. 当时的电子计算机缺少灵活性、普适性，冯·诺依曼提出的关于机器中的固定的、普适线路系统，关于 "流图" "代码" 的概念为克服以上缺点做出了重大贡献.

计算机工程的发展也应大大归功于冯·诺依曼. 计算机的逻辑图式，现代计算机中存储、速度、基本指令的选取以及线路之间相互作用的设计，都深深受到冯·诺依曼思想的影响. 他不仅参与了电子管元件的计算机 ENIAC 的研制，还在普林斯顿高等研究院亲自督造了一台计算机. 稍前，冯·诺依曼还和摩尔小组一起，写出了一个全新的存储程序通用电子计算机方案 EDVAC，这份长达 101 页的报告轰动了数学界. 连偏重于理论研究的普林斯顿高等研究院也批准让冯·诺依曼建造计算机，其依据就是这份报告. 速度超过人工计算千万倍的电子计算机，不仅极大地推动数值分析的进展，还在数学分析领域促进崭新方法的不断出现. 其中，由冯·诺依曼等提出的使用随机数处理确定性数学问题的蒙特卡洛法的蓬勃发展，就是突出的实例. 在19世纪, 那种数学物理原理的精确数学表述, 在现代物理中似乎十分缺乏. 基本粒子研究中出现的纷繁复杂的结构, 令人眼花缭乱, 要想很快找到数学综合理论希望还很渺茫. 单从综合角度看, 且不提在处理某些偏微分方程时所遇到的分析困难, 要想获得精确解希望也不大. 所有这些都迫使人们去寻求能借助电子计算机来处理的新的数学模式. 冯·诺依曼为此贡献了许多天才的方法, 它们大多分载在各种实验报告中. 从求解偏微分方程的数值近似解, 到长期天气数值预报, 以至最终达到控制气候等.

在冯·诺依曼生命的最后几年, 他的思想仍甚活跃. 他综合早年对逻辑研究的成果和关于计算机的工作, 把眼界扩展到一般自动机理论. 他以特有的胆识进击最为复杂的问题: 怎样使用不可靠元件去设计可靠的自动机, 以及建造自己能再生产的自动机. 从中, 他意识到计算机和人脑机制的某些类似, 这方面的研究反映在他的系列讲演中, 再他逝世后才有人以《计算机与人脑》的名字, 出了单行本. 尽管这是未完成的著作, 但是他对人脑和计算机系统的精确分析和比较后所得到的一些定量成果, 仍不失其重要的学术价值.

- **著作与荣誉等身**

冯·诺依曼早期的著作包括《经典力学的算子方法》和《量子力学的数学基础》. 冯·诺依曼逝世后, 未完成的手稿于1958年以《计算机与人脑》为名出版. 他的主要著作收集在1961年出版的六卷《冯·诺依曼全集》中.

另外, 冯·诺依曼在20世纪40年代出版的著作《博弈论和经济行为》, 使他在经济学和决策科学领域竖起了一块丰碑. 他被经济学家公认为"博弈论之父". 当时年轻的约翰·纳什在普林斯顿求学期间开始研究发展这一领域, 并在1994年凭借对博弈论的突出贡献获得了诺贝尔经济学奖.

《程序内存》是冯·诺依曼的另一杰作. 通过对ENIAC的考察, 冯·诺依曼敏锐地抓住了它的最大弱点: 没有真正的存储器. ENIAC只有20个暂存器, 它的程序是外插型的, 指令存储在计算机的其他电路中. 这样, 解题之前必须先想好所需的全部指令, 通过手工把相应的电路联通. 这种准备工作要花几小时甚至几天时间, 而计算本身只需几分钟. 针对这个问题, 冯·诺依曼提出了程序内存的思想: 把运算程序存在机器的存储器中, 程序设计员只需要在存储器中寻找运算指令, 机器就会自行计算, 这样, 就不必每个问题都重新编程, 从而大大加快了运算进程. 这一思想标志着自动运算的实现, 标志着电子计算机的成熟, 已成为电子计算机设计的基本原则.

冯·诺依曼于1937年获美国数学会的波策奖, 1938年获得博谢纪念奖, 1947年获美国总统的功勋奖章、美国海军优秀公民服务奖, 1956年获美国总统的自由奖章和费米奖.

2.3.2 纳什

- **人物简历**

约翰·福布斯·纳什 (John Forbes Nash), 1928年6月出生于美国西弗吉尼亚州工业城布鲁菲尔德的一个中产阶级家庭. 父亲老约翰·福布斯·纳什来自得克萨斯州, 是一名电气工程师, 任职于阿巴拉契亚电力公司; 母亲玛格丽特·弗吉尼亚·马丁生于布鲁菲尔德, 结婚前是当地的一位中小学教师, 教英语和拉丁语.

纳什从小就显得内向而孤僻. 他生长在一个充满亲情温暖的家庭中, 幼年大部分时间是在母亲、外祖父母、姨妈和亲戚家的孩子们的陪伴下度过, 但比起和其他孩子结伴玩耍, 他总是偏爱一个人埋头看书或躲在一边玩自己的玩具. 小纳什虽然并没有表现出神童的特质, 但却是一个聪明、好奇的孩子, 热爱学习. 纳什的母亲和他关系亲密, 或许出于教师的职业天性, 她对纳什的教育格外关心, 早在纳什进入幼儿园前, 就开始亲自教育、辅导他. 而纳什的父亲则喜欢和孩子们分享自己在科学技术上面的兴趣, 能够耐心地回答纳什提出的各种自然和技术的问题, 并且给了他很多的科普书籍. 少年时期的纳什还特别热衷做电学和化学的实验, 也爱在其他孩子面前表演.

纳什就读于布鲁菲尔德当地的中小学, 然而在学校里, 纳什的社交障碍、特立独行、不良的学习习惯等时常受到老师诟病. 这些问题令纳什的父母忧虑, 曾经想过很多办法, 但收效甚微. 小学时期, 纳什的学习成绩并不好, 被老师认为是一个学习成绩低于智力测验水平的学生. 比如在数学上, 纳什非常规的解题方法就备受老师批评, 然而纳什的母亲对纳什充满信心, 而后来的事实也证明, 这种另辟蹊径恰恰是纳什数学才华的体现. 这种才华在纳什小学四年级时初现端倪, 而高中阶段, 他常常可以用几个简单的步骤取代老师一黑板的推导和证明. 而真正让纳什认识到数学之美的, 恐怕要数他中学时期接触到的一本由贝尔所写的数学家传略《数学精英》, 纳什成功证明了其中提到的和费马大定理有关的一个小问题, 这件事在他的自传中也有提及.

在高中的最后一年, 他接受父母的安排, 在布鲁菲尔德专科学院选修了数学, 但此时的纳什并未萌生成为数学家的念头. 后来因为获得西屋竞赛的奖学金, 在1945年6月进入卡内基梅隆大学化学工程专业学习, 后来才逐渐展示出其数学才能. 1948年, 大学三年级的纳什同时被哈佛大学、普林斯顿大学、芝加哥大学和密歇根大学录取, 而普林斯顿大学则表现得更加热情. 当普林斯顿大学的数学系主任莱夫谢茨感到纳什的犹豫时, 就立即写信敦促他选择普林斯顿, 并为其提供一份1150美元的奖学金. 由于这一笔优厚的奖学金以及与家乡较近的地理位置, 纳什选择了普林斯顿大学, 来到阿尔伯特·爱因斯坦当时生活的地方, 并曾经与他有过接触. 他在求学期间显露出对拓扑、代数几何、博弈论和逻辑学的兴趣. 1950年, 22岁的纳什完成了以非合作博弈为题的27页博士论文并毕业, 他在那篇仅仅27页的博士论文中提出了一个重要概念, 也就是后来被称为"纳什均衡"的博弈理论.

1950年夏天, 纳什开始为美国兰德公司工作. 那时的兰德公司正试图将博弈论用于冷战时期的军事和外交策略. 秋天回到普林斯顿大学后, 他并没有继续在博弈论方面的研究, 而是开始在纯数学里的拓扑流形和代数簇上做他原先在攻读博士期间曾经感兴趣的工作, 同时教些本科生的课程. 但是普林斯顿数学系没有给他教职, 不是基于他的学术水平, 而是因为他的性格因素.

1952年他24岁, 纳什开始在麻省理工学院教书. 他的教学和考试方法有悖于传统. 如果说一般人心目中的数学家是以古怪偏执傲慢为自豪资本的典型特征，那么你可以想象纳什只能是有过之而无不及. 一个有意思的现象是，数学系占据的大楼往往是校园里虽然狭小但是最高的，仿佛要加深人们对象牙塔的印象.

在研究领域里，纳什在代数簇理论、黎曼几何、抛物和椭圆型方程上取得了一些突破. 1958年他差点因为在抛物和椭圆型方程方面的工作获得菲尔兹奖，但由于他的一些结果没有来得及发表而未能如愿.

1957年，纳什与来自南美在麻省理工学院物理系读书的艾丽西亚结婚. 之后漫长的岁月证明，这也许正是纳什一生中比获得诺贝尔奖更重要的事. 就在事业爱情双双得意的时候，纳什也因为喜欢独来独往，喜欢解决折磨人的数学问题而被人们称为"孤独的天才". 他不是一个善于为人处世并受大多数人欢迎的人，他有着天才们常有的骄傲、自我中心的毛病. 他的同辈人基本认为他不可理喻，说他"孤僻，傲慢，无情，幽灵一般，古怪，沉醉于自己的隐秘世界，根本不能理解别人操心的世俗事务".

1958年，婚后的纳什好像脱胎换骨，精神失常的症状显露出来了. 他一身婴儿打扮，出现在新年晚会上. 两周之后他拿着一份《纽约时报》，垂头丧气地走进麻省理工学院的一间坐满教授的办公室，对人们宣称，他正通过手里的报纸收到一些信息，要么来自宇宙的神秘力量，要么来自某些外国政府，而只有他能够解读外星人的密码. 当一个人问他为何那么肯定是来自外星人的信息，他说，有关超自然体的感悟就如同数学中的灵思，是没有理由和先兆的.

秋天，纳什30岁，刚取得麻省理工学院的终身职位，艾丽西亚怀孕. 后来他们的儿子出生，纳什因为幻听幻觉被确诊为严重的精神分裂症，然后是接二连三的诊治、短暂的恢复和又复发. 1960年夏天，他目光呆滞，蓬头垢面，长发披肩，胡子犹如丛生的杂草，在普林斯顿的街头光着脚丫子晃晃悠悠，人们见了他都尽量躲着他. 1962年，当他被认为是理所当然的菲尔兹奖获得者时，他的精神状况又使他与奖失之交臂. 就这样，他几乎被学术界遗忘了. 20世纪80年代，有几项荣誉性奖都几乎要授予给他，最终都因为他的病状而放弃. 80年代末期，诺贝尔奖委员会开始考虑给予博弈论领域一次机会，而纳什就名列候选人名单的前茅，最后因为对博弈论的怀疑和对纳什的健康担忧而没有实现.

几年后，艾丽西亚与纳什离婚，但是她并没有放弃纳什. 离婚以后，艾丽西亚再也没有结婚，她依靠自己作为电脑程序员的微薄收入和亲友的接济，继续照料前夫和他们唯一的儿子. 她坚持纳什应该留在普林斯顿，因为如果一个人行为古怪，在别的地方会被当作疯子，而在普林斯顿这个广纳天才的地方，人们会充满爱心地想，他可能是一个天才. 艾丽西亚在纳什生病期间精心照料他30年. 1970年左右，纳什的病情逐渐稳定下来.

正当纳什本人处于梦境一般的精神状态时，他的名字开始出现在70年代和80年代的经济学课本、进化生物学论文、政治学专著和数学期刊的各领域中. 他的名字已经成为经济学或数学的一个名词，如"纳什均衡""纳什谈判解""纳什程序""德乔治－纳什结果""纳什嵌入""纳什破裂"等.

纳什的博弈理论越来越有影响力，但他本人却默默无闻. 大部分曾经运用过他的理论的年轻数学家和经济学家都根据他的论文发表日期，想当然地以为他已经去世. 即使一些人知道纳什还活着，但由于他特殊的病症和状态，他们也把纳什当成一个行将就木的废人.

20世纪80年代末期，纳什渐渐康复，从疯癫中苏醒，而他的苏醒似乎是为了迎接他生命中的一件大事：1994年，他与其他两位博弈论学家约翰·海萨尼和莱因哈德·泽尔腾共同获得了诺贝尔经济学奖. 纳什没有因为获得了诺贝尔奖就放弃他的研究. 在诺贝尔奖得主自传中，他写道："从统计学看来，没有任何一个已经66岁的数学家或科学家能通过持续的研究工作，在他或她以前的成就基础上更进一步. 但是，我仍然继续努力尝试. 由于出现了长达25年部分不真实的思维，相当于提供了某种假期，我的情况可能并不符合常规. 因此，我希望通过至1997年的研究成果或以后出现的任何新鲜想法，取得一些有价值的成果."

在2001年，经过几十年风风雨雨的艾丽西亚与约翰·纳什复婚了. 事实上，在漫长的岁月里，艾丽西亚在心灵上从来没有离开过纳什. 这个伟大的女性用一生与命运进行博弈，她终于取得了胜利. 而纳什，也在得与失的博弈中取得了均衡. 2015年5月23日，纳什在美国新泽西州遇车祸逝世，终年86岁，他82岁的夫人艾丽西亚也在车祸中去世.

- **学术贡献与荣誉**

1950年和1951年纳什的两篇关于非合作博弈论的重要论文，彻底改变了人们对竞争和市场的看法. 他构建了n人非合作博弈模型、定义了解概念并证明了均衡解的存在性，即著名的纳什均衡，从而揭示了博弈均衡与经济均衡的内在联系. 纳什的研究奠定了现代非合作博弈论的基石，后来的博弈论研究基本上都是沿着这条主线展开的.

冯·诺依曼在1928年提出的极小极大定理和纳什在20世纪50年代发表的均衡定理奠定了博弈论的整个大厦. 通过将这一理论扩展到各种合作与竞争的博弈，纳什成功地打开了将博弈论应用到经济学、政治学、社会学乃至进化生物学的大门.

纳什在博弈论领域最有名的四篇论文：

"Equilibrium Points in N-person Games", *Proceedings of the National Academy of Sciences*, 36 (36): 48–9, Nash, JF (1950).

"The Bargaining Problem", *Econometrica*, (18): 155–62, Nash, JF (1950).

"Non-cooperative Games", *Annals of Mathematics*, 54 (54): 286–95, Nash, JF (1950).

"Two-person Cooperative Games", *Econometrica*, (21): 128–40, Nash, JF (1951).

1958年，纳什因其在数学领域的优异工作被美国《财富》杂志评为新一代天才数学家中最杰出的人物.

1994年，纳什与约翰·海萨尼和莱因哈德·泽尔腾共同获得了诺贝尔经济学奖.

1999年，美国数学协会授予他斯蒂尔奖章.

2015年，因在微分几何以及偏微分方程方面的贡献，纳什获得阿贝尔奖.

- **艺术形象**

传记《美丽心灵》由西尔维雅·娜萨儿撰写，记述了纳什从事业的顶峰滑向精神失常的低谷，再神奇般逐渐恢复的生平，图书于1998年出版. 影片《美丽心灵》是一部改编自同名传记而获得奥斯卡金像奖的电影.这部影片以1994年度诺贝尔经济学奖得主之一约翰·纳什与他的妻子艾丽西亚以及普林斯顿的朋友、同事的真实感人的故事为题材，艺术地重现了这个爱心呵护天才的传奇故事.该部电影于2001年上映，并一举获得8项奥斯卡提名.

2.3.3 吴文俊

- **人物简历**

吴文俊1919年出生于上海，祖籍浙江嘉兴，我国著名数学家，中国科学院数学与系统科学研究院研究员，系统科学研究所名誉所长.吴文俊毕业于上海交通大学数学系，1949年获法国斯特拉斯堡大学博士学位；1957年当选为中国科学院学部委员（院士）；1991年当选第三世界科学院院士；2001年2月获2000年度国家最高科学技术奖.2017年5月7日，吴文俊在北京不幸去世，享年98岁.2019年9月17日，吴文俊被授予"人民科学家"国家荣誉称号；9月25日，入选"最美奋斗者"名单；12月18日，入选"中国海归70年70人"榜单.

- **学术贡献一：拓扑学**

拓扑学是现代数学的支柱之一，也是许多数学分支的基础.吴文俊从1946年开始研究拓扑学，1974年后转向中国数学史研究，30年间在拓扑学领域取得了一系列重大成果，其中最著名的是"吴示性类"与"吴示嵌类"的引入以及"吴公式"的建立.

示性类是刻画流形与纤维丛的基本不变量，1940年后开始起步研究，瑞士的斯狄费勒、美国的惠特尼、苏联的庞特里亚金和我国的陈省身等著名数学家先后从不同角度引入示性类的概念，但大都是描述性的.吴文俊将示性类概念从繁化简、从难变易，形成了系统的理论.他分析了斯狄费勒示性类、惠特尼示性类、庞特里亚金示性类和陈类之间的关系，指出陈类可以导出其他示性类，反之则不成立.他在示性类研究中还引入了新的方法和手段.在微分情形，吴文俊引出了一类示性类，被称为吴示性类.它不但是描述性的抽象概念，而且是可具体计算的.吴文俊给出了斯狄费勒示性类和惠特尼示性类可由吴示性类明确表示的公式，被称为吴第一公式，他证明了示性类之间的关系式，被称为吴第二公式.这些公式给出各种示性类之间的关系与计算方法，从而导出一系列重要应用，使示性类理论成为拓扑学中完美的一章.

拓扑的嵌入理论是研究复杂几何体在欧氏空间的实现问题.在吴文俊之前，嵌入理论只有零散的结果，吴文俊提出了吴示嵌类等一系列拓扑不变量，研究了嵌入理论的核心，并由此发展了嵌入的统一理论.后来他将关于示嵌类的成果用于电路布线问题，给出线性图平面嵌入的新判定准则，与以往的判定准则在性质上是完全不同的，是可计算的.

在拓扑学研究中，吴文俊起到了承前启后的作用，极大地推进了拓扑学的发展，引发了大量的后续研究，他的工作也已经成为拓扑学的经典结果，半个世纪以来一直发挥着重要作用，在许多数学领域中应用，成为教科书中的定理.

- **学术贡献二：人工智能**

中国传统数学强调构造性和算法化，注重解决科学实验和生产实践中提出的各类问题，往往把所得到的结论以各种原理的形式予以表述.吴文俊把中国传统数学的思想概括为机械化思想，指出它是贯穿于中国古代数学的精髓，并列举大量事实说明，中国传统数学的机械化思想为近代数学的建立和发展做出了不可磨灭的贡献. 1986年，吴文俊第二次被邀请到国际数学家大会介绍这一发现.

20世纪70年代，吴文俊曾在计算机工厂劳动，切身体会到计算机的巨大威力，敏锐地觉察到计算机的极大发展潜力. 他认为，计算机作为新的工具必将大范围地介入数学研究中，使数学家的聪明才智得到尽情发挥. 由此得出结论，中国传统数学的机械化思想与现代计算机科学是相通的. 计算机的飞速发展必将使中国传统数学的机械化思想得以发扬光大，机械化数学的发展必将为中国数学的发展做出巨大贡献. 已故程民德院士认为：吴文俊倡导数学机械化，是从数学科学发展的战略高度提出的一种构想. 数学机械化的实现，将对中国数学的振兴乃至复兴做出巨大贡献.

吴文俊身体力行，在数学机械化的征途上奋勇攀登. 在机器证明方面，他提出的用计算机证明几何定理的方法，国际上称为吴方法，遵循中国传统数学中几何代数化的思想，与通常基于逻辑的方法根本不同，首次实现了高效的几何定理自动证明，显现了无比的优越性. 他的工作被称为自动推理领域的先驱性工作，并于1997年获得"Herbrand自动推理杰出成就奖". 在授奖辞中对他的工作给了这样的介绍与评价："几何定理自动证明首先由赫伯特·格兰特于20世纪50年代开始研究. 虽然得到一些有意义的结果，但在吴方法出现之前的20年里，这一领域进展甚微." 吴文俊的工作不限于几何，他还给出了由开普勒定律推导牛顿定律、化学平衡问题与机器人问题的自动证明. 他将几何定理证明从一个不太成功的领域变为最成功的领域之一. 在非线性方程组求解的方向上，他建立的吴消元法是求解代数方程组最完整的方法之一，是数学机械化研究的核心. 20世纪80年代末，他将这一方法推广到偏微分代数方程组. 他还给出了多元多项式组的零点结构定理，这是构造性代数几何的重要标志.

吴文俊特别重视数学机械化方法的应用，明确提出"数学机械化方法的成功应用，是数学机械化研究的生命线". 他不断开拓新的应用领域，如控制论、曲面拼接问题、机构设计、化学平衡问题、平面天体运行的中心构形等，还建立了解决全局优化问题的新方法. 他的开拓性成果，激发了大量的后续性工作. 吴消元法还被用于若干高科技领域，得到一系列国际领先的成果，包括曲面造型、机器人结构的位置分析、智能计算机辅助设计、信息传输中的图像压缩等.

数学机械化研究是由中国数学家开创的研究领域，并引起国外数学家的高度重视. 吴方法传到国外后，一些著名学府和研究结构，如牛津大学、康奈尔大学等，纷纷举办研讨会介绍和学习吴方法. 核心刊物《自动推理杂志》与美国数学会的《现代数学》，破例全文转载吴文俊的两篇论文. 美国人工智能协会前主席等人主动写信给中国主管科技的领导，称赞"吴关于平面几何定理自动证明的工作是一流的. 他使中国在该领域进入国际领先地位".

- **学术贡献三：数学史**

1974年以后，吴文俊开始研究中国数学史. 作为一位有战略眼光的数学家，他一直在思索数学应该怎样发展，并终于在对中国数学史的研究中得到启发. 中国古代数学曾高度发展，直到14世纪,在许多领域都处于国际领先地位,是名副其实的数学强国.但西方学者不了解也不承认中国古代数学的光辉成就,将其排斥在数学主流之外.吴文俊的研究起到了正本清源的作用.他指出,中国传统数学注重解方程,在代数学、几何学、极限概念等方面既有丰硕的成果,又有系统的理论.

刘徽于公元263年作《九章算术注》,把原见于《周髀算经》中测日高的方法扩展为一般的测望之学"重差术",附于勾股章之后.唐代把重差术这部分与九章分离,改称为《海岛算经》,原作有注有图,但已失传.现存《海岛算经》只剩9题,其中包括刘徽给出的两个关于海岛的基本公式,但没有证明.后人多次给出公式证明并力求复原刘徽原意.吴文俊研究后来的各种补证后,认为这些论证并不符合中国古代几何学的原意,尤其是西算传入后,用西方数学中添加平行线或代数方法甚至三角函数来证明是完全错误的.针对这些证明,他明确提出数学史研究的两条基本原理:所有结论应该从侥幸留传至今的原始文献中得出来;所有结论应按照古人当时的思路去推理,也就是只能用当时已知的知识和利用当时用到的辅助工具,而应该避开古代文献中完全没有的东西.根据这两条忠于历史事实的原则,吴文俊对于《海岛算经》中的公式证明作了合理的复原,他认为重差理论来源于《周髀算经》,其证明基于相似勾股形的命题或与之等价的出入相补原理.他指出中国有自己独立的度量几何学理论,完全借助于西方欧几里得体系是很难解释得通的.吴文俊在研究包括《海岛算经》在内的刘徽著作的基础上,把刘徽常用的方法概括为"出入相补原理",这个原理的表述十分简单:一个图形不论是平面还是立体的,都可以切割成有限多块,这有限多块经过移动再组合成另一图形,则后一图形的面积或体积保持不变.这个常识性的原理在中国古算中经过巧妙运用得出许多意想不到的结果.出入相补原理的提出是吴文俊在中国数学史研究中的一项重要成果.

- **学术贡献四:博弈论**

吴文俊先生是世界著名的数学大师,他在博弈论方面最大的贡献在于,他和他的学生江嘉禾合作在有限策略型博弈基础上提出了本质均衡的概念,并给出了其重要的性质和存在性定理.这是中国数学家在博弈论领域最早的贡献,也是迄今为止最重要的贡献.本质均衡的意义不仅如此,更重要的是这个理论开创了纳什均衡精炼的先河.

纳什均衡精炼最著名的工作是1965年泽尔腾针对扩展型博弈提出了子博弈完美纳什均衡的概念.针对策略型博弈的精炼,主要是要求博弈在各类型的扰动之下,均衡还应该保持稳定.泽尔腾在1975年提出了策略在扰动下的颤抖手均衡的概念,而吴文俊先生的思想是盈利函数在扰动下的本质均衡的概念.同样是扰动保持均衡的思想,吴文俊先生比泽尔腾早了13年.1994年,泽尔腾依靠子博弈完美均衡以及颤抖手均衡的贡献获得诺贝尔经济学奖.

由于历史的原因,吴文俊先生的工作在改革开放之前没有得到应有的重视.在改革开放以后,国外众多学者引用推广了吴先生的结果,其中包括马斯金、梯若尔等诺贝尔经济学奖获得者.可以说,吴先生在博弈论领域的研究结果是世界级的成果.吴先生的学术思想后来被贵州大学的俞建教授继承发扬光大.20世纪90年代以来,俞建教授对吴文俊院士的本质均衡结果进行了一系列推广，不仅将本质均衡推广到线性赋范空间以及线性赋范空间上的广义博弈、多目标博弈和连续博弈，而且进一步研究了平衡点集本质连通区的存在性等问题. 俞建教授在本质博弈方面的系列性工作，绝大多数都反映在他的专著《博弈论与非线性分析》，受到了学术界的广泛关注.

第3章 子博弈完美均衡

本章首先梳理了有关完全信息动态博弈的树图结构、各类要素、纳什均衡、子博弈完美均衡、颤抖手均衡、行为策略均衡、信念系统与序贯均衡等知识要点，然后基于知识要点给出了案例，并分析了案例，构建了模型，推导了性质，案例数据充分给出了计算求解，并对原始案例进行了反馈分析，最后给出了几个著名博弈论专家学者的小传.

3.1 知识梳理

定义 3.1 二元组 $G=(V,E)$ 称为一个简单的、无自旋的、有限的有向图，如果满足

(1) V 是一个有限集合，其中的元素称为节点，记 $\mathrm{Diag}(V) = \{(x,x)|\ x \in V\}$；

(2) $E \subseteq V \times V \setminus \mathrm{Diag}(V)$ 为有限集合，称为边集，假设 $(x,y) \in E$，那么 x 表示有向边的起点，y 表示有向边的终点；

(3) $\forall x \neq y \in V, (x,y)$ 和 (y,x) 最多一个属于 E，即两个节点之间最多存在一条有向边.

定义 3.2 二元组 $G=(V,E)$ 为一个简单的、无自旋的、有限的有向图，假设 $e \in E$，用 s_e 表示边的起点，t_e 表示边的终点.

定义 3.3 二元组 $G=(V,E)$ 为一个简单的、无自旋的、有限的有向图，假设 $x \in V$，以 x 为起点的所有边记为

$$\mathrm{Edge}(x,\cdot) = \{e|\ e \in E, s_e = x\}.$$

定义 3.4 二元组 $G=(V,E)$ 为一个简单的、无自旋的、有限的有向图，假设 $x \in V$，以 x 为终点的所有边记为

$$\mathrm{Edge}(\cdot,x) = \{e|\ e \in E, t_e = x\}.$$

定义 3.5 二元组 $G=(V,E)$ 为一个简单的、无自旋的、有限的有向图，假设 $x,y \in V$，从 x 到 y 的一条路径是指一个点、边交叉序列

$$p: x = x_1, e_1, x_2, \cdots, x_k, e_k, x_{k+1} = y,$$

要求

$$e_i = (x_i, x_{i+1}), i = 1, \cdots, k; e_k \neq e_l, \forall k \neq l,$$

其中 k 为路径 p 的长度，记为 $k = \mathrm{Length}(p)$，用 $V(p)$ 表示路径上的所有节点，用 $E(p)$ 表示路径上所有有向边，用 s_p 表示路径的起点，用 t_p 表示路径的终点.

定义 3.6 二元组 $G=(V,E)$ 为一个简单的、无自旋的、有限的有向图，假设 $x,y \in V$，从 x 到 y 的所有路径集合记为

$$p \in \mathrm{Path}(x,y).$$

如果 $x=y$，称其中的路径为环路. 以 x 为起点的路径集合记为 $\mathrm{Path}(x,\cdot)$，以 x 为终点的路径集合记为 $\mathrm{Path}(\cdot,x)$.

定义 3.7 三元组$G = (V, E, x_0)$称为树，$x_0 \in V$称为树根，如果满足(V, E)是简单的、无自旋的、有限的有向图，并且
$$\forall x \in V \setminus \{x_0\} \Rightarrow \#\text{Path}(x_0, x) = 1,$$
此时，从x_0到点x的路径记为$p(x_0, x)$.

定义 3.8 三元组$G = (V, E, x_0)$为树，任取一个节点$x \in V$，它的直系一代表示为
$$C(x) = \{t_e | \forall e \in \text{Edge}(x, \cdot)\},$$
它的后代表示为
$$D(x) = \{t_p | \forall p \in \text{Path}(x, \cdot)\}.$$
显然$C(x) \subseteq D(x)$.

定义 3.9 三元组$G = (V, E, x_0)$为树，任取一个节点$x \in V$，子树$T(x)$定义为
$$T(x) = (V(x), E(x), x), V(x) = x \cup D(x), E(x) = \{e | s_e, t_e \in V(x)\}.$$

定义 3.10 三元组$G = (V, E, x_0)$为树，任取一个节点$x \in V$，余子树$T^c(x)$定义为
$$T^c(x) = (V^c(x), E^c(x), x_0), V^c(x) = V \setminus D(x), E^c(x) = \{e | s_e, t_e \in V^c(x)\}.$$

定义 3.11 三元组$G = (V, E, x_0)$为树，节点$x \in V$称为叶子，如果
$$C(x) = \varnothing.$$
树上的所有叶子记为Leaf.

定义 3.12 三元组$G = (V, E, x_0)$为树，在节点之间定义一个偏序关系$(V, \preceq)$，即
$$\forall x, y \in V, x \preceq y \Leftrightarrow p(x_0, x) \subseteq p(x_0, y).$$

定义 3.13 假设B是有限的非空集合，B的一个划分是指B的一些子集组成的族，即$\tau = \{A_i\}_{i \in I} \subseteq \mathcal{P}(B)$，满足
$$\#I < \infty; A_i \neq \varnothing, \forall i \in I; A_i \bigcap A_j = \varnothing, \forall i \neq j \in I; \bigcup_{i \in I} A_i = B.$$
集合B上的所有划分以及其中元素记为
$$\text{Part}(B), \tau = \{A_i\}_{i \in I} \in \text{Part}(B).$$

定义 3.14 假设B是有限的非空集合，B的一个拟划分是指B的一些子集组成的族，即$\tau = \{A_i\}_{i \in I} \subseteq \mathcal{P}(B)$，满足
$$\#I < \infty; A_i \bigcap A_j = \varnothing, \forall i \neq j \in I; \bigcup_{i \in I} A_i = B.$$
集合B上的所有拟划分以及其中元素记为
$$\text{QuasiPart}(B), \tau = \{A_i\}_{i \in I} \in \text{QuasiPart}(B).$$

定义 3.15 九元组
$$\Gamma = (N, V, E, x_0, (V_i)_{i \in N \cup 0}, (\mathcal{F}_i)_{i \in N}, (p_x)_{x \in V_0}, O, u)$$
称为有自然有复杂信息集的博弈树，如果满足

(1) N是一个有限的局中人集合；

(2) (V, E, x_0)是树；

(3) $(V_i)_{i \in N} \in \text{QuasiPart}(V \setminus \text{Leaf})$,$V_i$表示局中人$i$的决策和行动节点;

(4) $\mathcal{F}_i \in \text{Part}(V_i), \forall i \in N$是局中人$i$决策节点的一个划分,具体设$\mathcal{F}_i = (\Phi_i)_{i \in D_i}$（此处$D_i$是一个指标集）,$\mathcal{F}_i$中的任意一个子集$\Phi_i$称为信息集,不妨设$\Phi_i = (x_i^j)_{j=1}^{m_i}$必须满足
$$C(x_i^j) =: A(x_i^j) = A(x_i^k) =: C(x_i^k), \forall j, k = 1, \cdots, m_i,$$
此时,可统一记信息集Φ_i上的行动集为$A(\Phi_i) =: A(x_i^j)$,记$l_i = \#A(\Phi_i)$,自然没有信息集;

(5) $p_x \in \Delta(C(x)) = \Delta(\text{Edge}(x, \cdot)), \forall x \in V_0$是自然赋予的概率分布;

(6) O是所有可能的博弈结果集;

(7) $u: \text{Leaf} \to O$是博弈终点与结果集之间的一个映射.

定义 3.16 为了更加具体表述信息$\mathcal{F}_i$和应用的需要,有时需要具体给出各个信息集的元素
$$\mathcal{F}_i = (\Phi_i)_{i \in D_i} = (\Phi_i^j)_{j=1}^{n_i},$$
其中信息集Φ_i和Φ_i^j可以分别描述为
$$\Phi_i = (x_i^j)_{j=1}^{m_i}; \Phi_i^j = (x_{i,k}^j)_{k=1}^{m_i^j}.$$

定义 3.17 假设
$$\Gamma = (N, V, E, x_0, (V_i)_{i \in N \cup 0}, (\mathcal{F}_i)_{i \in N}, (p_x)_{x \in V_0}, O, u)$$
为有自然、复杂信息集的博弈树,$\forall x \in V \setminus \text{Leaf}$,定义局中人映射为
$$J: V \setminus \text{Leaf} \to N, \text{s.t. } J(x) = i, \forall x \in V_i, \forall i \in N \cup 0.$$

定义 3.18 假设
$$\Gamma = (N, V, E, x_0, (V_i)_{i \in N \cup 0}, (\mathcal{F}_i)_{i \in N}, (p_x)_{x \in V_0}, O, u)$$
为有自然、复杂信息集的博弈树,$\forall \Phi_i \in \mathcal{F}_i$,定义局中人在信息集$\Phi_i$上的行动集为
$$A(\Phi_i) =: A(x_i^j) =: C(x_i^j) =: \text{Edge}(x_i^j, \cdot), \forall x_i^j \in \Phi_i.$$

定义 3.19 假设
$$\Gamma = (N, V, E, x_0, (V_i)_{i \in N \cup 0}, (\mathcal{F}_i)_{i \in N}, (p_x)_{x \in V_0}, O, u)$$
为有自然、复杂信息集的博弈树,博弈过程为: (1) 如果$J(x_0) \in N$,那么局中人$J(x_0)$在信息集$\Phi_{J(x_0)}$中选择一个行动x_1;如果$J(x_0) = 0$,那么自然在$C(x_0)$上赋予一个概率分布p_{x_0}; (2) 如果$x_1 \notin \text{Leaf}$,并且$J(x_1) \in N$,那么局中人$J(x_1)$在信息集$\Phi_{J(x_1)}$中选择一个行动x_2;如果$x_1 \notin \text{Leaf}$,并且$J(x_1) = 0$,那么自然在$C(x_1)$上赋予概率分布p_{x_1};如果$J(x_0) = 0$,对于$C(x_0) \cap \text{Leaf}$中的节点,结束博弈,对于$C(x_0) \cap V_i$中的节点,局中人i继续选择行动,对于$C(x_0) \cap V_0$中的节点,自然继续赋予概率分布; (3) 如此下去,直至达到所有的叶子,此时得到一个叶子或者说结果集上的概率分布.

定义 3.20 假设
$$\Gamma = (N, V, E, x_0, (V_i)_{i \in N \cup 0}, (\mathcal{F}_i)_{i \in N}, (p_x)_{x \in V_0}, O, u)$$
为有自然、复杂信息集的博弈树,一个纯粹策略向量$s = (s_i)_{i \in N}, s_i \in S_i$和$s_0$按照如下方式唯一决定了一个博弈过程: (1) 局中人或者自然$J(x_0)$按照$s_{J(x_0)}$的安排在节点

或者信息集$\Phi_{J(x_0)}$选择一个行动$x_1 = s_{J(x_0)}(x_0)$或者p_{x_0}；(2) 如果$x_1 \notin \text{Leaf}$，局中人或者自然$J(x_1)$按照$s_{J(x_1)}$的安排在节点或者信息集$\Phi_{J(x_1)}$选择一个行动$x_2 = s_{J(x_1)}(x_1)$或者p_{x_1}；(3) 如此下去，直到局中人或者自然$J(x_l)$最后按照$s_{J(x_l)}$的安排选择了叶子，得到一个叶子或者说结果集上的概率分布.

定义 3.21 九元组
$$\Gamma = (N, V, E, x_0, (V_i)_{i \in N \cup 0}, (\mathcal{F}_i)_{i \in N}, (p_x)_{x \in V_0}, O, u)$$
是有自然、复杂信息集的博弈树，局中人i的纯粹策略为映射
$$s_i : \mathcal{F}_i \to \bigcup_{\Phi_i \in \mathcal{F}_i} A(\Phi_i), \text{s.t. } s_i(\Phi_i) \in A(\Phi_i),$$
局中人i的所有纯粹策略集合记为S_i，其本质可刻画为
$$S_i = \times_{\Phi_i \in \mathcal{F}_i} A(\Phi_i).$$
所有局中人的纯粹策略空间记为
$$S = \times_{i \in N} S_i, s = (s_i)_{i \in N}, s_i \in S_i.$$

定义 3.22 九元组
$$\Gamma = (N, V, E, x_0, (V_i)_{i \in N \cup 0}, (\mathcal{F}_i)_{i \in N}, (p_x)_{x \in V_0}, O, u)$$
是有自然、复杂信息集的博弈树，局中人i的所有的混合策略为纯粹策略上的概率分布，可以刻画为
$$\Sigma_i = \Delta(S_i) = \Delta(\times_{\Phi_i \in \mathcal{F}_i} A(\Phi_i)).$$
所有局中人的混合策略空间记为
$$\Sigma = \times_{i \in N} \Sigma_i, \sigma = (\sigma_i)_{i \in N}, \sigma_i \in \Sigma_i.$$

定义 3.23 九元组
$$\Gamma = (N, V, E, x_0, (V_i)_{i \in N \cup 0}, (\mathcal{F}_i)_{i \in N}, (p_x)_{x \in V_0}, O, u)$$
是有自然、复杂信息集的博弈树，局中人i的所有行为策略为信息集上行动概率分布的直积，定义为
$$\alpha_i : \mathcal{F}_i \to \bigcup_{\Phi_i \in \mathcal{F}_i} \Delta(A(\Phi_i)), \text{s.t. } \alpha_i(\Phi_i) \in \Delta(A(\Phi_i)).$$
局中人i的所有行为策略集合记为Ω_i，可以刻画为
$$\Omega_i = \times_{\Phi_i \in \mathcal{F}_i} \Delta(A(\Phi_i)).$$
所有局中人的行为策略空间记为
$$\Omega = \times_{i \in N} \Omega_i, \alpha = (\alpha_i)_{i \in N}, \alpha_i \in \Omega_i.$$

定义 3.24 九元组
$$\Gamma = (N, V, E, x_0, (V_i)_{i \in N \cup 0}, (\mathcal{F}_i)_{i \in N}, (p_x)_{x \in V_0}, O, u)$$
是有自然、复杂信息集的博弈树，称其为完全信息动态博弈，如果局中人的策略集合S以及盈利函数u是所有局中人的公共知识.

定义 3.25 九元组
$$\Gamma = (N, V, E, x_0, (V_i)_{i\in N\cup 0}, (\mathcal{F}_i)_{i\in N}, (p_x)_{x\in V_0}, O, u)$$
是完全信息动态博弈，称其为完全完美信息动态博弈，如果满足
$$\forall i \in N, \forall \Phi_i \in \mathcal{F}_i, \#\Phi_i = 1.$$

定义 3.26 九元组
$$\Gamma = (N, V, E, x_0, (V_i)_{i\in N\cup 0}, (\mathcal{F}_i)_{i\in N}, (p_x)_{x\in V_0}, O, u)$$
是完全信息动态博弈，称其为完全不完美信息动态博弈，如果满足
$$\exists i \in N, \exists \Phi_i \in \mathcal{F}_i, \text{s.t. } \#\Phi_i > 1.$$

定义 3.27 假设
$$\Gamma = (N, V, E, x_0, (V_i)_{i\in N\cup 0}, (\mathcal{F}_i)_{i\in N}, (p_x)_{x\in V_0}, O, u)$$
是完全信息动态博弈，令 $\mathcal{F} = \cup_i \mathcal{F}_i$ 表示其上所有的信息集，其上的一个完备信念系统是一个向量
$$\mu = (\mu_\Phi)_{\Phi \in \mathcal{F}}, \mu_\Phi \in \Delta(\Phi).$$

定义 3.28 假设
$$\Gamma = (N, V, E, x_0, (V_i)_{i\in N\cup 0}, (\mathcal{F}_i)_{i\in N}, (p_x)_{x\in V_0}, O, u)$$
是完全信息动态博弈，令 $\mathcal{F} = \cup_i \mathcal{F}_i$ 表示其上所有的信息集，假设 $\mathcal{F}' \subseteq \mathcal{F}$ 表示部分的信息集，其上的一个部分信念系统是一个向量
$$\mu = (\mu_\Phi)_{\Phi \in \mathcal{F}'}, \mu_\Phi \in \Delta(\Phi).$$

定义 3.29 假设
$$\Gamma = (N, V, E, x_0, (V_i)_{i\in N\cup 0}, (\mathcal{F}_i)_{i\in N}, (p_x)_{x\in V_0}, O, u)$$
为完全信息动态博弈，假设 $x \in V \setminus \text{Leaf}$，并且是不满足如下性质的点
$$\exists i \in N, \exists \Phi_i \in \mathcal{F}_i, \text{s.t. } \Phi_i \cap V(x) \neq \varnothing, \Phi_i \cap V^c(x) \neq \varnothing,$$
即子树 $T(x)$ 分裂某个信息集. 那么定义九元组
$$\Gamma(x) = (N, V(x), E(x), x, (V_i(x))_{i\in N\cup 0}, (\mathcal{F}_i(x))_{i\in N}, (p_y)_{y\in V_0(x)}, O, u)$$
是以 x 为根的子博弈，其中：

(1) N 是有限的局中人集合；

(2) $V(x) = x \cup D(x)$ 表示 x 和它的所有后代，$E(x) = \{e|\ s_e \in V(x), t_e \in V(x)\}$；

(3) $V_i(x) = V_i \cap V(x), V_0(x) = V_0 \cap V(x)$，是局中人 i 和自然 0 的限制下的决策点；

(4) $\mathcal{F}_i(x) = \{\Phi_i|\ \Phi_i \in \mathcal{F}_i, \Phi_i \subseteq V(x)\}$ 是包含在子树 $T(x)$ 中的信息集；

(5) $p_y \in \Delta(C(y)) = \Delta(\text{Edge}(y, \cdot)), \forall y \in V_0(x)$ 是自然赋予的概率分布；

(6) O 表示博弈的所有可能结果；

(7) $u: \text{Leaf}(x) \to O$，其中 $\text{Leaf}(x) = \text{Leaf} \cap V(x)$.

定义 3.30 假设
$$\Gamma = (N, V, E, x_0, (V_i)_{i\in N\cup 0}, (\mathcal{F}_i)_{i\in N}, (p_x)_{x\in V_0}, O, u)$$

为有自然、复杂信息集的博弈树，假设$x \in V \setminus \text{Leaf}$，并且是不满足如下性质的点
$$\exists i \in N, \exists \Phi_i \in \mathcal{F}_i, \text{s.t. } \Phi_i \cap V(x) \neq \varnothing, \Phi_i \cap V^c(x) \neq \varnothing,$$
即子树$T(x)$分裂某个信息集. 那么定义九元组
$$\Gamma^c(x) = (N, V^c(x), E^c(x), x_0, (V_i^c(x))_{i \in N \cup 0}, (\mathcal{F}_i^c(x))_{i \in N}, (p_y)_{y \in V_0^c(x)}, O, u)$$
为子博弈$\Gamma(x)$的余博弈，其中：

(1) N是有限的局中人集合；

(2) $V^c(x) = V \setminus D(x)$；$E^c(x) = \{e|\ s_e \in V^c(x), t_e \in V^c(x)\}$；

(3) $V_i^c(x) = (V_i \cap V^c(x)) \setminus \{x\}, V_0^c(x) = (V_0 \cap V(x)) \setminus \{x\}$，是局中人$i$和自然0的限制下的决策点；

(4) $\mathcal{F}_i^c(x) = \{\Phi_i |\ \Phi_i \in \mathcal{F}_i, \Phi_i \subseteq V_i^c(x)\}$是包含在余子树$T^c(x)$中的信息集；

(5) $p_y \in \Delta(C(y)) = \Delta(\text{Edge}(y, \cdot)), \forall y \in V_0^c(x)$是自然赋予的概率分布；

(6) O表示博弈的所有可能结果；

(7) $u: \text{Leaf}^c(x) \to O$，其中$\text{Leaf}^c(x) = (\text{Leaf} \cup \{x\}) \cap V^c(x)$.

定义 3.31 假设
$$\Gamma = (N, V, E, x_0, (V_i)_{i \in N \cup 0}, (\mathcal{F}_i)_{i \in N}, (p_x)_{x \in V_0}, O, u)$$
是博弈树，局中人的混合行为策略是向量
$$\alpha = (\alpha_i)_{i \in N}, \alpha_i \in \Sigma_i \text{或者} \alpha_i \in \Omega_i.$$
所有的混合行为策略集合记为
$$\Sigma\Omega = \{\alpha|\ \alpha = (\alpha_i)_{i \in N}, \alpha_i \in \Sigma_i \text{或者} \alpha_i \in \Omega_i\}.$$
假设$I \subseteq N$是一个部分的局中人集合，定义其上的混合行为策略集合为
$$\Sigma\Omega_I = \{\alpha|\ \alpha = (\alpha_i)_{i \in I}, \alpha_i \in \Sigma_i \text{或者} \alpha_i \in \Omega_i\}.$$

定义 3.32 假设
$$\Gamma = (N, V, E, x_0, (V_i)_{i \in N \cup 0}, (\mathcal{F}_i)_{i \in N}, (p_x)_{x \in V_0}, O, u)$$
是博弈树，$\alpha = (\alpha_i)_{i \in N} \in \Sigma\Omega$是一个混合行为策略，$x \in V$是一个节点，用$\rho(x, \alpha)$表示局中人执行$\alpha$策略后到达节点$x$的概率.

定义 3.33 假设
$$\Gamma = (N, V, E, x_0, (V_i)_{i \in N \cup 0}, (\mathcal{F}_i)_{i \in N}, (p_x)_{x \in V_0}, O, u)$$
是博弈树，称$\alpha_i \in \Sigma_i$和$\beta_i \in \Omega_i$是等价的，如果满足
$$\rho(x, \alpha_i, \sigma_{-i}) = \rho(x, \beta_i, \sigma_{-i}), \forall x \in V, \forall \sigma_{-i} \in \Sigma\Omega_{-i}.$$
记为$\alpha_i \approx \beta_i$.

定义 3.34 假设
$$\Gamma = (N, V, E, x_0, (V_i)_{i \in N \cup 0}, (\mathcal{F}_i)_{i \in N}, (p_x)_{x \in V_0}, O, u)$$
是博弈树.

(1) $\forall x \in V_i$，用 $\Phi_i(x)$ 表示包含点 x 的信息集；

(2) $\forall x \in V_i, \forall y \in D(x)$，用 $a_i(x \to y) \in A(\Phi_i(x))$ 表示局中人 i 的导向行动；

(3) $\forall x \in V$，用 L_i^x 表示路径 $\mathrm{Path}(x_0, x)$ 上局中人 i 的决策节点个数，即
$$V_i \cap \mathrm{Path}(x_0, x) = \{x_i^1, \cdots, x_i^{L_i^x}\}.$$

(4) 局中人 i 按照自己的行为策略 β_i 到达点 x 的概率 $\rho_i(x, \beta_i)$ 为
$$\rho_i(x, \beta_i) = \begin{cases} \prod_{l=1}^{L_i^x} \beta_i(a_i(x_i^l \to x), \Phi_i(x_i^l)), & \text{如果 } L_i^x > 0; \\ 1, & \text{如果 } L_i^x = 0. \end{cases}$$

(5) 定义 $S_i^*(x)$ 为
$$S_i^*(x) = \{s_i | \ s_i \in S_i, s_i(\Phi_i(x_i^l)) = a_i(x_i^l \to x), 1 \leqslant l \leqslant L_i^x\}.$$

(6) 局中人 i 按照自己的混合策略 σ_i 到达节点 x 的概率 $\rho_i(x, \sigma_i)$ 为
$$\rho_i(x, \sigma_i) = \begin{cases} \sum_{s_i \in S_i^*(x)} \sigma_i(s_i), & \text{如果 } S_i^*(x) \neq \varnothing; \\ 0, & \text{如果 } S_i^*(x) = \varnothing. \end{cases}$$

定义 3.35 假设
$$\Gamma = (N, V, E, x_0, (V_i)_{i \in N \cup 0}, (\mathcal{F}_i)_{i \in N}, (p_x)_{x \in V_0}, O, u)$$
是博弈树，节点 $x \in V$，局中人 i 的信息集划分为
$$\mathcal{F}_i = \mathcal{F}_i(\mathrm{Path}(x_0, x)) \biguplus \mathcal{F}_i^c(\mathrm{Path}(x_0, x)),$$
其中
$$\mathcal{F}_i(\mathrm{Path}(x_0, x)) = \{\Phi_i | \ \Phi_i \in \mathcal{F}_i, \Phi_i \cap \mathrm{Path}(x_0, x) \neq \varnothing\},$$
$$\mathcal{F}_i^c(\mathrm{Path}(x_0, x)) = \{\Phi_i | \ \Phi_i \in \mathcal{F}_i, \Phi_i \cap \mathrm{Path}(x_0, x) = \varnothing\}.$$
据此，局中人 i 的纯粹策略可以划分为
$$\times_{\Phi_i \in \mathcal{F}_i} A_i(\Phi_i) = S_i = \times_{\Phi_i \in \mathcal{F}_i(\mathrm{Path}(x_0, x))} A_i(\Phi_i) \times \times_{\Phi_i \in \mathcal{F}_i^c(\mathrm{Path}(x_0, x))} A_i(\Phi_i) = S_i^1 \times S_i^2.$$

定义 3.36 假设
$$\Gamma = (N, V, E, x_0, (V_i)_{i \in N \cup 0}, (\mathcal{F}_i)_{i \in N}, (p_x)_{x \in V_0}, O, u)$$
是博弈树，存在局中人 i 的一个信息集 Φ_i 和树上的两条路径
$$\lambda_1 = (x_0 \to x_1 \to \cdots \to x_K); \lambda_2 = (x_0 \to y_1 \to \cdots \to y_L),$$
满足
$$\Phi_i \cap \lambda_1 = \{x_k\}, \Phi_i \cap \lambda_2 = \{y_l\}, k < K, l < L.$$
称路径 λ_1 和 λ_2 在信息集上选择了相同的行动，如果
$$a_i(x_k \to x_{k+1}) = a_i(y_l \to y_{l+1}).$$

定义 3.37 假设
$$\Gamma = (N, V, E, x_0, (V_i)_{i \in N \cup 0}, (\mathcal{F}_i)_{i \in N}, (p_x)_{x \in V_0}, O, u)$$
是博弈树，称局中人 i 具有完美回忆，如果满足

(1) $\forall \Phi_i \in \mathcal{F}_i, \forall \lambda \in \mathrm{Path}(x_0, \mathrm{Leaf}), \text{s.t.} \ \#\Phi_i \cap \lambda \leqslant 1$；

(2) 两条始于根终于同一个局中人i的信息集路径以相同的序通过局中人i的相同信息集,并且路径选择相同的行动. 即

$$\forall \Phi_i \in \mathcal{F}_i, \forall x, y \in \Phi_i,$$

如果

$$\text{Path}(x_0, x) \cap V_i = \{x_i^1, \cdots, x_i^L =: x\}, \text{Path}(x_0, y) \cap V_i = \{y_i^1, \cdots, y_i^K =: y\},$$

那么

$$L = K; \Phi_i(x_i^l) = \Phi_i(y_i^l); a_i(x_i^l \to x) = a_i(y_i^l \to y), l = 1, \cdots, L.$$

如果一个博弈中的所有局中人都具有完美回忆,那么称这个博弈为具有完美回忆的博弈.

定义 3.38 假设

$$\Gamma = (N, V, E, x_0, (V_i)_{i \in N \cup 0}, (\mathcal{F}_i)_{i \in N}, (p_x)_{x \in V_0}, O, u)$$

是博弈树,如果所有局中人都具有完美回忆,那么称这个博弈为具有完美回忆的博弈.

定义 3.39 假设

$$\Gamma = (N, V, E, x_0, (V_i)_{i \in N \cup 0}, (\mathcal{F}_i)_{i \in N}, (p_x)_{x \in V_0}, O, u)$$

是完全信息动态博弈,其对应的纯粹策略完全信息静态博弈定义为

$$G_{\text{pure}, \Gamma} = (N, (S_i)_{i \in N}, (f_i)_{i \in N}).$$

其中$S_i = \times_{\Phi_i \in \mathcal{F}_i} A(\Phi_i)$,$f_i$是由$(S, V_0, (p_x)_{x \in V_0}, O, u)$决定的局中人$i$的盈利函数.

定义 3.40 假设

$$\Gamma = (N, V, E, x_0, (V_i)_{i \in N \cup 0}, (\mathcal{F}_i)_{i \in N}, (p_x)_{x \in V_0}, O, u)$$

是完全信息动态博弈,其对应的纯粹策略完全信息静态博弈为

$$G_{\text{pure}, \Gamma} = (N, (S_i)_{i \in N}, (f_i)_{i \in N}),$$

那么完全信息动态博弈Γ的纯粹策略纳什均衡定义为

$$\text{PureNashEqum}(\Gamma) = \text{NashEqum}(G_{\text{pure}, \Gamma}).$$

定义 3.41 假设

$$\Gamma = (N, V, E, x_0, (V_i)_{i \in N \cup 0}, (\mathcal{F}_i)_{i \in N}, (p_x)_{x \in V_0}, O, u)$$

是完全信息动态博弈,$x \in V \setminus \text{Leaf}$,并且$x$不分裂信息集,即

$$\forall i \in N, \forall \Phi_i \in \mathcal{F}_i, \Phi_i \subseteq V(x) \text{或者} \Phi_i \subseteq V^c(x),$$

局中人i的纯粹策略s_i在子博弈Γ_x和余子博弈Γ_x^c上的分解表示为

$$s_i = (s_i^1, s_i^2), \text{s.t. } s_i^1 = s_i|_{\mathcal{F}_i(x)}, s_i^2 = s_i|_{\mathcal{F}_i^c(x)}.$$

其中$\mathcal{F}_i(x) = V(x) \cap \mathcal{F}_i, V_i^c(x) = V(x)^c \cap \mathcal{F}_i, V(x) = x \cup D(x)$.

定义 3.42 假设

$$\Gamma = (N, V, E, x_0, (V_i)_{i \in N \cup 0}, (\mathcal{F}_i)_{i \in N}, (p_x)_{x \in V_0}, O, u)$$

是完全信息动态博弈,$x \in V \setminus \text{Leaf}$,并且$x$不分裂信息集,局中人$i$在子博弈$\Gamma_x$的纯粹策

略s_i^1和余子博弈Γ_x^c的纯粹策略s_i^2的合成表示为
$$s_i = (s_i^1, s_i^2), \text{s.t. } s_i|_{\mathcal{F}_i(x)} = s_i^1, s_i|_{\mathcal{F}_i^c(x)} = s_i^2.$$

定义 3.43 假设
$$\Gamma = (N, V, E, x_0, (V_i)_{i \in N \cup 0}, (\mathcal{F}_i)_{i \in N}, (p_x)_{x \in V_0}, O, u)$$
是完全信息动态博弈,其对应的纯粹策略完全信息静态博弈为$G_{\text{pure},\Gamma} = (N, (S_i)_{i \in N}, (f_i)_{i \in N})$,定义其对应的混合策略完全信息静态博弈为
$$G_{\text{mix},\Gamma} = (N, (\Sigma_i)_{i \in N}, (F_i)_{i \in N}),$$
其中$\Sigma_i = \Delta(S_i)$,盈利函数F_i是f_i的线性扩张.

定义 3.44 假设
$$\Gamma = (N, V, E, x_0, (V_i)_{i \in N \cup 0}, (\mathcal{F}_i)_{i \in N}, (p_x)_{x \in V_0}, O, u)$$
是完全信息动态博弈,其对应的混合策略完全信息静态博弈为$G_{\text{mix},\Gamma} = (N, (\Sigma_i)_{i \in N}, (F_i)_{i \in N})$,那么完全信息动态博弈$\Gamma$的混合策略纳什均衡定义为
$$\text{MixNashEqum}(\Gamma) = \text{NashEqum}(G_{\text{mix},\Gamma}).$$

定义 3.45 假设$\Gamma = (N, V, E, x_0, (V_i)_{i \in N}, (\mathcal{F}_i)_{i \in N}, O, u)$是无自然的完全不完美信息动态博弈,$x \in V$,并且$x$不分裂信息集,局中人$i$的混合策略$\sigma_i$在子博弈$\Gamma_x$和余子博弈$\Gamma_x^c$上的分解表示为
$$\sigma_i^1(s_i^1) = \sigma_i(s_i^1 \times S_i^2), \sigma_i^2(s_i^2) = \sigma_i(S_i^1 \times s_i^2).$$
即σ_i^1是σ_i在S_i^1上的边缘分布,σ_i^2是σ_i在S_i^2上的边缘分布.

定义 3.46 假设$\Gamma = (N, V, E, x_0, (V_i)_{i \in N}, (\mathcal{F}_i)_{i \in N}, O, u)$是无自然的完全不完美信息动态博弈,$x \in V$,并且$x$不分裂信息集,局中人$i$在子博弈$\Gamma_x$的混合策略$\sigma_i^1$和余子博弈$\Gamma_x^c$的混合策略$\sigma_i^2$的合成表示为
$$\sigma_i = \sigma_i^1 \otimes \sigma_i^2, \text{s.t. } \sigma_i(s_i) = \sigma_i(s_i^1, s_i^2) = \sigma_i^1(s_i^1)\sigma_i^2(s_i^2).$$

定义 3.47 假设
$$\Gamma = (N, V, E, x_0, (V_i)_{i \in N \cup 0}, (\mathcal{F}_i)_{i \in N}, (p_x)_{x \in V_0}, O, u)$$
是完全信息动态博弈,其对应的纯粹策略完全信息静态博弈为
$$G_{\text{pure},\Gamma} = (N, (S_i)_{i \in N}, (f_i)_{i \in N}).$$
定义其对应的行为策略完全信息静态博弈为
$$G_{\text{behave},\Gamma} = (N, (\Omega_i)_{i \in N}, (F_i)_{i \in N}),$$
其中$\Omega_i = \times_{\Phi_i \in \mathcal{F}_i} \Delta(A(\Phi_i))$,盈利函数$F_i$是$f_i$的线性扩张.

定义 3.48 假设
$$\Gamma = (N, V, E, x_0, (V_i)_{i \in N \cup 0}, (\mathcal{F}_i)_{i \in N}, (p_x)_{x \in V_0}, O, u)$$
是完全信息动态博弈,其对应的行为策略完全信息静态博弈为
$$G_{\text{behave},\Gamma} = (N, (\Omega_i)_{i \in N}, (F_i)_{i \in N}).$$

完全信息动态博弈Γ的行为策略纳什均衡定义为
$$\text{BehaveNashEqum}(\Gamma) = \text{NashEqum}(G_{\text{behave},\Gamma}).$$

定义 3.49 假设$\Gamma = (N, V, E, x_0, (V_i)_{i \in N}, (\mathcal{F}_i)_{i \in N}, O, u)$是无自然的完全不完美信息动态博弈，$x \in V$，并且$x$不分裂信息集，局中人$i$的行为策略$\alpha_i$在子博弈$\Gamma_x$和余子博弈$\Gamma_x^c$上的分解表示为
$$\alpha_i = (\alpha_i^1, \alpha_i^2), \text{s.t.} \ \alpha_i^1 \in \times_{\Phi_i \in \mathcal{F}_i(x)} \Delta(A(\Phi_i)), \alpha_i^2 \in \times_{\Phi_i \in \mathcal{F}_i^c(x)} \Delta(A(\Phi_i)).$$

定义 3.50 假设$\Gamma = (N, V, E, x_0, (V_i)_{i \in N}, (\mathcal{F}_i)_{i \in N}, O, u)$是无自然的完全不完美信息动态博弈，$x \in V$，并且$x$不分裂信息集，局中人$i$在子博弈$\Gamma_x$的行为策略$\alpha_i^1$和余子博弈$\Gamma_x^c$的行为策略$\alpha_i^2$的合成表示为
$$\alpha_i = (\alpha_i^1, \alpha_i^2).$$

定义 3.51 假设
$$\Gamma = (N, V, E, x_0, (V_i)_{i \in N \cup 0}, (\mathcal{F}_i)_{i \in N}, (p_x)_{x \in V_0}, O, u)$$
为完全信息动态博弈，$x \in V \setminus \text{Leaf}$，并且$x$不分裂信息集，
$$\Gamma(x) = (N, V(x), E(x), x, (V_i(x))_{i \in N \cup 0}, (\mathcal{F}_i(x))_{i \in N}, (p_y)_{y \in V_0(x)}, O, u)$$
为子博弈. 任意局中人i的纯粹策略s_i在子博弈Γ_x和余子博弈Γ_x^c上的分解表示为
$$s_i = (s_i^1, s_i^2), \text{s.t.} \ s_i^1 = s_i|_{\mathcal{F}_i(x)}, s_i^2 = s_i|_{\mathcal{F}_i^c(x)}.$$
如果$s^* \in S$并且满足对于任意一个子博弈$\Gamma(x)$都有
$$s^{*1} \in \text{PureNashEqum}(\Gamma(x)),$$
则称s^*是纯粹策略子博弈完美均衡. 博弈Γ的所有纯粹策略子博弈完美均衡记为
$$\text{PureSubPerfEqum}(\Gamma).$$

定义 3.52 假设
$$\Gamma = (N, V, E, x_0, (V_i)_{i \in N \cup 0}, (\mathcal{F}_i)_{i \in N}, (p_x)_{x \in V_0}, O, u)$$
为完全信息动态博弈，$x \in V \setminus \text{Leaf}$，并且$x$不分裂信息集，
$$\Gamma(x) = (N, V(x), E(x), x, (V_i(x))_{i \in N \cup 0}, (\mathcal{F}_i(x))_{i \in N}, (p_y)_{y \in V_0(x)}, O, u)$$
为子博弈. 任意局中人i的混合策略σ_i在子博弈Γ_x和余子博弈Γ_x^c上的分解表示为
$$\sigma_i^1(s_i^1) = \sigma_i(s_i^1 \times S_i^2), \sigma_i^2(s_i^2) = \sigma_i(S_i^1 \times s_i^2).$$
如果$\sigma^* \in \Sigma$，并且对于任意一个子博弈$\Gamma(x)$都有
$$\sigma^{*1} \in \text{MixNashEqum}(\Gamma(x)),$$
那么称σ^*为混合策略子博弈完美均衡. 博弈Γ的所有混合策略子博弈完美均衡记为
$$\text{MixSubPerfEqum}(\Gamma).$$

定义 3.53 假设
$$\Gamma = (N, V, E, x_0, (V_i)_{i \in N \cup 0}, (\mathcal{F}_i)_{i \in N}, (p_x)_{x \in V_0}, O, u)$$
为完全信息动态博弈.

(1) 局中人i的混合策略$\sigma_i \in \Sigma_i$称为完备的,记为$\sigma_i > 0$,如果满足
$$\sigma_i(s_i) > 0, \forall s_i \in S_i.$$

(2) 局中人的混合策略向量$\sigma \in \Sigma$称为完备的,记为$\sigma > 0$,如果满足
$$\sigma(s) > 0, \forall s \in S.$$

定义 3.54 假设
$$\Gamma = (N, V, E, x_0, (V_i)_{i \in N \cup 0}, (\mathcal{F}_i)_{i \in N}, (p_x)_{x \in V_0}, O, u)$$
为完全信息动态博弈,$x \in V \setminus \text{Leaf}$,并且$x$不分裂信息集,
$$\Gamma(x) = (N, V(x), E(x), x, (V_i(x))_{i \in N \cup 0}, (\mathcal{F}_i(x))_{i \in N}, (p_y)_{y \in V_0(x)}, O, u)$$
为子博弈. 任意局中人i的行为策略α_i在子博弈Γ_x和余子博弈Γ_x^c上的分解表示为
$$\alpha_i = (\alpha_i^1, \alpha_i^2), \text{s.t.} \ \alpha_i^1 \in \times_{\Phi_i \in \mathcal{F}_i(x)} \Delta(A(\Phi_i)), \alpha_i^2 \in \times_{\Phi_i \in \mathcal{F}_i^c(x)} \Delta(A(\Phi_i)).$$
如果$\alpha^* \in \Omega$,并且对于任意一个子博弈$\Gamma(x)$都有
$$\alpha^{*1} \in \text{BehaveNashEqum}(\Gamma(x)),$$
则称α^*是行为策略子博弈完美均衡. 博弈Γ的所有行为策略子博弈完美均衡记为
$$\text{BehaveSubPerfEqum}(\Gamma).$$

定义 3.55 假设
$$\Gamma = (N, V, E, x_0, (V_i)_{i \in N \cup 0}, (\mathcal{F}_i)_{i \in N}, (p_x)_{x \in V_0}, O, u)$$
为完全信息动态博弈.

(1) 局中人i的行为策略$\alpha_i \in \Omega_i$称为完备的,记为$\alpha_i > 0$,如果满足
$$\alpha_i(\Phi_i, a_i) > 0, \forall \Phi_i \in \mathcal{F}_i, \forall a_i \in \Phi_i.$$

(2) 局中人的行为策略向量$\alpha \in \Omega$称为完备的,记为$\alpha > 0$,如果满足
$$\alpha_i(\Phi_i, a_i) > 0, \forall i \in N, \forall \Phi_i \in \mathcal{F}_i, \forall a_i \in \Phi_i.$$

定义 3.56 假设
$$\Gamma = (N, V, E, x_0, (V_i)_{i \in N \cup 0}, (\mathcal{F}_i)_{i \in N}, (p_x)_{x \in V_0}, O, u)$$
为完全信息动态博弈,对应的纯粹策略、混合策略完全信息静态博弈分别为
$$G_{\text{pure},\Gamma} = (N, (S_i)_{i \in N}, (f_i)_{i \in N}), G_{\text{mix},\Gamma} = (N, (\Sigma_i)_{i \in N}, (F_i)_{i \in N}).$$
局中人i的一个混合摄动向量定义为
$$\epsilon_i = (\epsilon_i(s_i))_{s_i \in S_i}, \text{s.t.} \ \epsilon_i > 0, \sum_{s_i \in S_i} \epsilon_i(s_i) \leqslant 1.$$
局中人i的所有混合摄动向量集合记为$MixPert_i(\Gamma)$,所有局中人的混合摄动向量集合记为$MixPert(\Gamma) = \times_{i \in N} MixPert_i(\Gamma)$,其中的一个元素记为$\epsilon = (\epsilon_i)_{i \in N}$.

定义 3.57 假设
$$\Gamma = (N, V, E, x_0, (V_i)_{i \in N \cup 0}, (\mathcal{F}_i)_{i \in N}, (p_x)_{x \in V_0}, O, u)$$
为完全信息动态博弈,对应的纯粹策略、混合策略完全信息静态博弈分别为
$$G_{\text{pure},\Gamma} = (N, (S_i)_{i \in N}, (f_i)_{i \in N}), G_{\text{mix},\Gamma} = (N, (\Sigma_i)_{i \in N}, (F_i)_{i \in N}).$$

局中人i的一个ϵ_i混合策略集合定义为
$$\Sigma_{i,\epsilon_i} = \{\sigma_i | \sigma_i \in \Sigma_i, \sigma_i(s_i) \geqslant \epsilon_i(s_i), \forall s_i \in S_i\}.$$
取定$\epsilon = (\epsilon_i)_{i\in N} \in MixPert(\Gamma)$，所有局中人的$\epsilon$混合策略集合记为$\Sigma_\epsilon = \times_{i \in N}\Sigma_{i,\epsilon_i}$。

定义 3.58 假设
$$\Gamma = (N, V, E, x_0, (V_i)_{i \in N \cup 0}, (\mathcal{F}_i)_{i \in N}, (p_x)_{x \in V_0}, O, u)$$
为完全信息动态博弈，对应的纯粹策略、混合策略完全信息静态博弈分别为
$$G_{\text{pure},\Gamma} = (N, (S_i)_{i \in N}, (f_i)_{i \in N}), G_{\text{mix},\Gamma} = (N, (\Sigma_i)_{i \in N}, (F_i)_{i \in N}).$$
取定摄动向量$\epsilon \in MixPert(\Gamma)$，定义$\epsilon$混合博弈为
$$G_{\text{mix},\Gamma,\epsilon} = (N, (\Sigma_{i,\epsilon_i})_{i \in N}, (F_i)_{i \in N}).$$
规定$G_{\text{mix},\Gamma,0} = G_{\text{mix},\Gamma}$。

定义 3.59 假设
$$\Gamma = (N, V, E, x_0, (V_i)_{i \in N \cup 0}, (\mathcal{F}_i)_{i \in N}, (p_x)_{x \in V_0}, O, u)$$
为完全信息动态博弈，对应的纯粹策略、混合策略完全信息静态博弈分别为
$$G_{\text{pure},\Gamma} = (N, (S_i)_{i \in N}, (f_i)_{i \in N}), G_{\text{mix},\Gamma} = (N, (\Sigma_i)_{i \in N}, (F_i)_{i \in N}).$$
取定$\epsilon = (\epsilon_i)_{i\in N} \in MixPert(\Gamma)$，定义
$$M_i(\epsilon_i) = \max_{a_i \in A_i}\epsilon_i(a_i); m_i(\epsilon_i) = \min_{a_i \in A_i}\epsilon_i(a_i); M(\epsilon) = \max_{i \in N}M_i(\epsilon_i); m(\epsilon) = \min_{i \in N}m_i(\epsilon_i),$$
显然$M(\epsilon) \leqslant 1, m(\epsilon) > 0$。

定义 3.60 假设
$$\Gamma = (N, V, E, x_0, (V_i)_{i \in N \cup 0}, (\mathcal{F}_i)_{i \in N}, (p_x)_{x \in V_0}, O, u)$$
为完全信息动态博弈，对应的纯粹策略、混合策略完全信息静态博弈分别为
$$G_{\text{pure},\Gamma} = (N, (S_i)_{i \in N}, (f_i)_{i \in N}), G_{\text{mix},\Gamma} = (N, (\Sigma_i)_{i \in N}, (F_i)_{i \in N}).$$
$\sigma \in \Sigma$称为博弈G的混合策略颤抖手均衡(Mixed Strategy Trembling Hands Equilibrium)，如果满足
$$\exists (\epsilon^k)_{k \in \mathbf{N}} \subseteq Pert, \lim_{k \to \infty}M(\epsilon^k) = 0, \exists \sigma^k \in \text{NashEqum}(G_{\text{mix},\Gamma,\epsilon^k}), \text{s.t.} \ \sigma^k \to \sigma.$$
博弈Γ的所有混合策略颤抖手均衡记为$MixTremHandEqum(\Gamma)$。

定义 3.61 假设
$$\Gamma = (N, V, E, x_0, (V_i)_{i \in N \cup 0}, (\mathcal{F}_i)_{i \in N}, (p_x)_{x \in V_0}, O, u)$$
为完全信息动态博弈，对应的行为策略完全信息静态博弈分别为
$$G_{\text{Behave},\Gamma} = (N, (\Omega_i)_{i \in N}, (F_i)_{i \in N}), \Omega_i = \times_{\Phi_i \in \mathcal{F}_i}\Delta(A(\Phi_i)), \forall i \in N.$$
局中人i的一个行为摄动向量定义为
$$\epsilon_i = (\epsilon_i(\Phi_i, a_i))_{\Phi_i \in \mathcal{F}_i, a_i \in A(\Phi_i)}, \text{s.t.} \ \epsilon_i > 0, \sum_{a_i \in A(\Phi_i)}\epsilon_i(\Phi_i, a_i) \leqslant 1, \forall \Phi_i \in \mathcal{F}_i.$$
局中人i的所有行为摄动向量集合记为$BehavePert_i(\Gamma)$，所有局中人的行为摄动向量集合记为$BehavePert(\Gamma) = \times_{i \in N}BehavePert_i(\Gamma)$，其中的一个元素记为$\epsilon = (\epsilon_i)_{i \in N}$。

定义 3.62 假设
$$\Gamma = (N, V, E, x_0, (V_i)_{i \in N \cup 0}, (\mathcal{F}_i)_{i \in N}, (p_x)_{x \in V_0}, O, u)$$
为完全信息动态博弈，对应的行为策略完全信息静态博弈分别为
$$G_{\text{Behave}, \Gamma} = (N, (\Omega_i)_{i \in N}, (F_i)_{i \in N}), \Omega_i = \times_{\Phi_i \in \mathcal{F}_i} \Delta(A(\Phi_i)), \forall i \in N.$$
局中人i的一个ϵ_i行为策略集合定义为
$$\Omega_{i, \epsilon_i} = \{\alpha_i | \alpha_i \in \Omega_i, \alpha_i(\Phi_i, a_i) \geqslant \epsilon_i(\Phi_i, a_i), \forall \Phi_i \in \mathcal{F}_i, \forall a_i \in A(\Phi_i)\}.$$
取定$\epsilon = (\epsilon_i)_{i \in N} \in BehavePert(\Gamma)$，所有局中人的$\epsilon$行为策略集合记为$\Omega_\epsilon = \times_{i \in N} \Omega_{i, \epsilon_i}$.

定义 3.63 假设
$$\Gamma = (N, V, E, x_0, (V_i)_{i \in N \cup 0}, (\mathcal{F}_i)_{i \in N}, (p_x)_{x \in V_0}, O, u)$$
为完全信息动态博弈，对应的行为策略完全信息静态博弈分别为
$$G_{\text{Behave}, \Gamma} = (N, (\Omega_i)_{i \in N}, (F_i)_{i \in N}), \Omega_i = \times_{\Phi_i \in \mathcal{F}_i} \Delta(A(\Phi_i)), \forall i \in N.$$
取定行为摄动向量$\epsilon \in BehavePert(\Gamma)$，定义$\epsilon$行为博弈为
$$G_{\text{Behave}, \Gamma, \epsilon} = (N, (\Omega_{i, \epsilon_i})_{i \in N}, (F_i)_{i \in N}).$$
规定$G_{\text{Behave}, \Gamma, 0} = G_{\text{Behave}, \Gamma}$.

定义 3.64 假设
$$\Gamma = (N, V, E, x_0, (V_i)_{i \in N \cup 0}, (\mathcal{F}_i)_{i \in N}, (p_x)_{x \in V_0}, O, u)$$
为完全信息动态博弈，对应的行为策略完全信息静态博弈分别为
$$G_{\text{Behave}, \Gamma} = (N, (\Omega_i)_{i \in N}, (F_i)_{i \in N}), \Omega_i = \times_{\Phi_i \in \mathcal{F}_i} \Delta(A(\Phi_i)), \forall i \in N.$$
取定$\epsilon = (\epsilon_i)_{i \in N} \in BehavePert(\Gamma)$，定义
$$M_i(\epsilon_i) = \max_{\Phi_i \in \mathcal{F}_i, a_i \in A(\Phi_i)\}} \epsilon_i(\Phi_i, a_i); M(\epsilon) = \max_{i \in N} M_i(\epsilon_i);$$
$$m_i(\epsilon_i) = \min_{\Phi_i \in \mathcal{F}_i, a_i \in A(\Phi_i)\}} \epsilon_i(\Phi_i, a_i); m(\epsilon) = \min_{i \in N} m_i(\epsilon_i).$$
显然$M(\epsilon) \leqslant 1, m(\epsilon) > 0$.

定义 3.65 假设
$$\Gamma = (N, V, E, x_0, (V_i)_{i \in N \cup 0}, (\mathcal{F}_i)_{i \in N}, (p_x)_{x \in V_0}, O, u)$$
为完全信息动态博弈，对应的行为策略完全信息静态博弈分别为
$$G_{\text{Behave}, \Gamma} = (N, (\Omega_i)_{i \in N}, (F_i)_{i \in N}), \Omega_i = \times_{\Phi_i \in \mathcal{F}_i} \Delta(A(\Phi_i)), \forall i \in N.$$
$\alpha \in \Sigma$称为博弈G的行为策略颤抖手均衡(Behaved Strategy Trembling Hands Equilibrium)，如果满足
$$\exists (\epsilon^k)_{k \in \mathbf{N}} \subseteq BehavePert(\Gamma), \lim_{k \to \infty} M(\epsilon^k) = 0, \exists \alpha^k \in \text{NashEqum}(G_{\text{behave}, \Gamma, \epsilon^k}), \text{s.t.} \alpha^k \to \alpha.$$
博弈Γ的所有行为策略颤抖手均衡记为$BehaveTremHandEqum(\Gamma)$.

定义 3.66 假设
$$\Gamma = (N, V, E, x_0, (V_i)_{i \in N \cup 0}, (\mathcal{F}_i)_{i \in N}, (p_x)_{x \in V_0}, O, u)$$

是完全信息动态博弈，具有完美回忆，令 $\mathcal{F} = \cup_i \mathcal{F}_i$ 表示其上所有的信息集，其上的一个完备信念系统是一个向量

$$\mu = (\mu_\Phi)_{\Phi \in \mathcal{F}}, \mu_\Phi \in \Delta(\Phi).$$

定义 3.67 假设

$$\Gamma = (N, V, E, x_0, (V_i)_{i \in N \cup 0}, (\mathcal{F}_i)_{i \in N}, (p_x)_{x \in V_0}, O, u)$$

是完全信息动态博弈，具有完美回忆，令 $\mathcal{F} = \cup_i \mathcal{F}_i$ 表示其上所有的信息集，假设 $\mathcal{F}' \subseteq \mathcal{F}$ 表示部分的信息集，其上的一个部分信念系统是一个向量

$$\mu = (\mu_\Phi)_{\Phi \in \mathcal{F}'}, \mu_\Phi \in \Delta(\Phi).$$

定义 3.68 假设

$$\Gamma = (N, V, E, x_0, (V_i)_{i \in N \cup 0}, (\mathcal{F}_i)_{i \in N}, (p_x)_{x \in V_0}, O, u)$$

是完全信息动态博弈，具有完美回忆，令 $\mathcal{F} = \cup_i \mathcal{F}_i$ 表示其上所有的信息集，取定行为策略 $\alpha \in \Omega$，定义

$$\rho(\alpha, \Phi) = \sum_{x \in \Phi} \rho(\alpha, x)$$

为策略 α 到达信息集 Φ 的可达概率.

定义 3.69 假设

$$\Gamma = (N, V, E, x_0, (V_i)_{i \in N \cup 0}, (\mathcal{F}_i)_{i \in N}, (p_x)_{x \in V_0}, O, u)$$

是完全信息动态博弈，具有完美回忆，令 $\mathcal{F} = \cup_i \mathcal{F}_i$ 表示其上所有的信息集，取定行为策略 $\alpha \in \Omega$，定义

$$\mathcal{F}_\alpha = \{\Phi | \Phi \in \mathcal{F}, \rho(\alpha, \Phi) > 0\}$$

为策略 α 决定的正概率可达信息集族.

定义 3.70 假设

$$\Gamma = (N, V, E, x_0, (V_i)_{i \in N \cup 0}, (\mathcal{F}_i)_{i \in N}, (p_x)_{x \in V_0}, O, u)$$

是完全信息动态博弈，具有完美回忆，令 $\mathcal{F} = \cup_i \mathcal{F}_i$ 表示其上所有的信息集，取定行为策略 $\alpha \in \Omega$，定义

$$P_\alpha(\cdot|\Phi) : \Phi \to \mathbf{R}^1, \text{s.t.} P_\alpha(x|\Phi) = \frac{\rho(\alpha, x)}{\rho(\alpha, \Phi)}, \forall \Phi \in \mathcal{F}_\alpha, \forall x \in \Phi.$$

定义 3.71 假设

$$\Gamma = (N, V, E, x_0, (V_i)_{i \in N \cup 0}, (\mathcal{F}_i)_{i \in N}, (p_x)_{x \in V_0}, O, u)$$

是完全信息动态博弈，具有完美回忆，对应的行为策略完全信息静态博弈为

$$G_{\text{Behave},\Gamma} = (N, (\Omega_i)_{i \in N}, (F_i)_{i \in N}), \Omega_i = \times_{\Phi_i \in \mathcal{F}_i} \Delta(A(\Phi_i)), \forall i \in N.$$

取定行为策略 $\alpha \in \Omega$，用 $F_j(\alpha|x), j \in N$ 表示局中人 j 在行为策略 α 下从节点 x 开始获得的期望收益. 取定一个信息集 $\Phi \in \mathcal{F}$，取定该信息集上的一个信念 $\mu \in \Delta(\Phi)$，记信念 μ 和策略 α 下的

局中人j在信息集Φ上的收益为
$$F_j(\alpha|\Phi,\mu) = \sum_{x\in\Phi}\mu(x)F_j(\alpha|x).$$

定义 3.72 假设
$$\Gamma = (N,V,E,x_0,(V_i)_{i\in N\cup 0},(\mathcal{F}_i)_{i\in N},(p_x)_{x\in V_0},O,u)$$
是完全信息动态博弈，具有完美回忆，对应的行为策略完全信息静态博弈为
$$G_{\text{Behave},\Gamma} = (N,(\Omega_i)_{i\in N},(F_i)_{i\in N}),\Omega_i = \times_{\Phi_i\in\mathcal{F}_i}\Delta(A(\Phi_i)),\forall i\in N.$$
取定行为策略$\alpha\in\Omega$，部分信念系统$\mu\in PartBeliSys(\mathcal{F}')$，局中人$i\in N$,$\Phi_i\in\mathcal{F}'\cap\mathcal{F}_i$，称行为策略向量$\alpha$在$\Phi_i$上相对于信念$\mu$是理性的，如果满足
$$F_i(\alpha|\Phi,\mu) \geqslant F_i((\beta_i,\alpha_{-i})|\Phi,\mu),\forall \beta_i\in\Omega_i.$$

定义 3.73 假设
$$\Gamma = (N,V,E,x_0,(V_i)_{i\in N\cup 0},(\mathcal{F}_i)_{i\in N},(p_x)_{x\in V_0},O,u)$$
是完全信息动态博弈，具有完美回忆，对应的行为策略完全信息静态博弈为
$$G_{\text{Behave},\Gamma} = (N,(\Omega_i)_{i\in N},(F_i)_{i\in N}),\Omega_i = \times_{\Phi_i\in\mathcal{F}_i}\Delta(A(\Phi_i)),\forall i\in N.$$
取定行为策略$\alpha\in\Omega$，部分信念系统$\mu\in PartBeliSys(\mathcal{F}')$，称$(\alpha,\mu)$是序列理性的，如果满足
$$F_i(\alpha|\Phi,\mu) \geqslant F_i((\beta_i,\alpha_{-i})|\Phi,\mu),\forall i\in N,\forall\Phi_i\in\mathcal{F}'\cap\mathcal{F}_i,\forall\beta_i\in\Omega_i.$$

定义 3.74 假设
$$\Gamma = (N,V,E,x_0,(V_i)_{i\in N\cup 0},(\mathcal{F}_i)_{i\in N},(p_x)_{x\in V_0},O,u)$$
是完全信息动态博弈，具有完美回忆，对应的行为策略完全信息静态博弈为
$$G_{\text{Behave},\Gamma} = (N,(\Omega_i)_{i\in N},(F_i)_{i\in N}),\Omega_i = \times_{\Phi_i\in\mathcal{F}_i}\Delta(A(\Phi_i)),\forall i\in N.$$
二元对(α,μ)称为评估，如果
$$\alpha\in\Omega,\mu\in CompBeliSys.$$

定义 3.75 假设
$$\Gamma = (N,V,E,x_0,(V_i)_{i\in N\cup 0},(\mathcal{F}_i)_{i\in N},(p_x)_{x\in V_0},O,u)$$
是完全信息动态博弈，具有完美回忆，对应的行为策略完全信息静态博弈为
$$G_{\text{Behave},\Gamma} = (N,(\Omega_i)_{i\in N},(F_i)_{i\in N}),\Omega_i = \times_{\Phi_i\in\mathcal{F}_i}\Delta(A(\Phi_i)),\forall i\in N.$$
评估(α,μ)称为一致的，如果满足
$$\exists\{\alpha^k\}_{k=1}^{+\infty}\subseteq\Omega,\alpha^k>0,\forall k;$$
$$\lim_{k\to+\infty}\alpha^k = \alpha;$$
$$\lim_{k\to+\infty}\mu_{\alpha^k}(\Phi) = \mu(\Phi),\forall\Phi\in\mathcal{F}.$$

定义 3.76 假设
$$\Gamma = (N,V,E,x_0,(V_i)_{i\in N\cup 0},(\mathcal{F}_i)_{i\in N},(p_x)_{x\in V_0},O,u)$$

是完全信息动态博弈, 具有完美回忆, 对应的行为策略完全信息静态博弈为
$$G_{\text{Behave},\Gamma} = (N, (\Omega_i)_{i \in N}, (F_i)_{i \in N}), \Omega_i = \times_{\Phi_i \in \mathcal{F}_i} \Delta(A(\Phi_i)), \forall i \in N.$$
一对评估(α, μ)称为是序贯均衡的, 如果(α, μ)是一致的和序贯理性的. 博弈Γ的所有序贯均衡记为BehaveSequEqum(Γ).

3.2 案例分析

3.2.1 三回合讨价还价博弈

假设甲、乙两人就如何分享10 000元现金进行谈判, 并且定下规则: 首先由甲提出一个分割比例, 对甲提出的比例乙可以接受也可以拒绝; 如果乙拒绝甲的方案, 则他应提出另一个方案, 让甲选择接受与否, 如此反复. 在这个循环中, 只要任何一方接受对方的方案, 博弈就结束, 而如果方案被拒绝, 则被拒绝的方案与以后的讨价还价不再有关系. 由于讨价还价的谈判和利息损失等, 双方的得益都要打一折扣δ ($0 < \delta < 1$), 称δ为"消耗系数". 假设只有三个回合, 乙在第三回合必须接受甲的方案.

第一回合, 甲的方案是自己得S_1, 乙得到$10\,000 - S_1$, 乙可以选择接受或不接受. 如果乙接受, 则谈判结束; 如果乙不接受, 则进入下一回合.

第二回合, 乙的方案是甲得S_2, 自己得$10\,000 - S_2$, 由甲选择是否接受, 接受则双方得益分别为δS_2和$\delta(10\,000 - S_2)$, 谈判结束; 如果甲不接受, 则进入下一回合.

第三回合, 甲提出自己得S, 乙得$10\,000 - S$, 这时乙必须接受, 双方实际得益分别为$\delta^2 S$和$\delta^2 (10\,000 - S)$.

注意: 一方面, 第三回合甲提出的分割比例$S, 10\,000 - S$, 乙必须接受, 并且这一点博弈两方都知道; 另一方面, 该博弈每多进行一个回合, 总得益就会下降一个比例, 因此, 谈判拖得越长对双方都可能越不利.

先分析博弈的第三回合. 在第三回合, 因为甲提出自己得S的方案乙必须接受, 所以通常甲会选择$S = 10\,000$, 也就是自己独得这笔钱. 不过, 为了容纳更多的可能性, 也为了得到的结论在分析讨论无限回合讨价还价博弈时利用方便, 这里暂先不认定$S = 10\,000$. 当博弈进行到第三回合时, 可知双方的得益分别为$\delta^2 S$和$\delta^2(10\,000 - S)$.

现在退回到第二回合乙的选择. 乙知道一旦博弈进入第三回合, 甲将提出分S的方案, 那么实际上自己将得$\delta^2(10\,000 - S)$, 甲得$\delta^2 S$. 如果乙已经拒绝了第一回合甲的方案, 此时他该怎样出价才能使自己的得益最大化呢? 如果他提出的分S_2的方案使甲选择接受的得益小于第三回合的得益, 那么该方案肯定会被甲拒绝, 肯定要进入第三回合, 自己会得到$\delta^2(10\,000 - S)$; 如果自己提出得S_2的方案既能让甲接受(意味着甲的得益不小于第三回合得益), 又能使自己的得益比第三回合的得益大, 那么这样的S_2就是最符合乙的利益的. 假设任一博弈方只要得益不小于下一回合自己出价时的得益, 就愿意接受对方的出价, 那么乙在第二回合能让甲接受的, 也是可能使自己得最大利益的S_2, 应满足使甲的得益$\delta S_2 = \delta^2 S$, 即$S_2 = \delta S$. 此时乙的得益为$\delta(10\,000 - \delta S) = 10\,000\delta - \delta^2 S$. 因为$0 < \delta < 1$, 所以该得益与

进行到第三回合的得益 $\delta^2(10\,000 - S)$ 相比要大一些,这是乙可能得到的最大得益.

最后再回到第一回合甲的选择. 甲一开始就知道第三回合自己的得益是 $\delta^2 S$, 也知道乙会在第二回合提出 $S_2 = \delta S$, 因此进入第二回合后自己的得益也是 $\delta^2 S$, 而乙则会满足于得到 $10\,000\delta - \delta^2 S$. 因此, 如果甲在第一回合就给乙 $10\,000\delta - \delta^2 S$, 而同时自己也能得到比 $\delta^2 S$ 更大的利益, 那当然是更理想的方案. 实现这一目标, 只要令 S_1 满足 $10\,000 - S_1 = 10\,000\delta - \delta^2 S$, 即 $S_1 = 10\,000 - 10\,000\delta + \delta^2 S$. 因为此时乙的得益与到第二回合的得益相同, 还是 $10\,000\delta - \delta^2 S$, 而甲的得益为 $10\,000 - 10\,000\delta + \delta^2 S$, 相比进行到第二、第三回合的得益 $\delta^2 S$ 更大(根据 $\delta < 1$). 因此这个博弈, 在第三回合甲会提出得 S 的方案, 而且对方必须接受的情况下, 甲第一回合提出 $S_1 = 10\,000 - 10\,000\delta + \delta^2 S$, 乙方接受, 甲、乙双方得益分别为 $10\,000 - 10\,000\delta + \delta^2 S$ 和 $10\,000\delta - \delta^2 S$, 是这个博弈的子博弈完美纳什均衡解.

注意在本博弈中, 得出上述结论的前提是甲在第三回合提出的得 S 的方案必须是双方都预先知道的. 如果因为甲在第三回合的方案乙必须接受, 所以甲提出 $S = 10\,000$, 那么博弈的解就是甲在第一回合提出的 $S_1 = 10\,000(1 - \delta + \delta^2)$, 此时乙接受, 双方的得益分别为 $10\,000(1 - \delta + \delta^2), 10\,000(\delta - \delta^2)$. 在这种情况下, 双方获得利益的比例取决于 $\delta - \delta^2$ 的大小, $\delta - \delta^2$ 越大, 甲的比例越小, 乙的比例越大. 当 $\delta = 0.5$ 时, $\delta - \delta^2$ 有最大值 0.25; 当 $0.5 < \delta < 1$ 时, δ 越大, $\delta - \delta^2$ 越小, 甲的得益越大, 乙的得益越小; 当 $0 < \delta < 0.5$ 时, δ 越大, $\delta - \delta^2$ 越大, 甲的得益越小, 乙的得益越大. 这种结果反映了在此博弈中, 乙以讨价还价的筹码就是可以跟甲拖时间. 因为虽然最终甲可以争得全部得益, 但拖延时间是会给甲造成损失的, 拖延时间对甲造成的损失越大, 甲愿意分给乙以求早日结束讨价还价的得益就越大. 只有当甲完全不怕旷日持久的谈判($\delta = 1$), 或者乙的争夺是毁灭性的 ($\delta = 0$), 居于有利地位的甲方才不需要花钱买太平, 可保证自己的全部得益.

3.2.2 开金矿博弈

甲要开采一价值 4 万元的金矿, 缺 1 万元的资金, 向乙借 1 万元, 许诺采到金子后与乙平分. 乙是否借钱给甲呢?

乙最需要关心的就是甲采到金子后是否会履行诺言跟自己平分, 因为万一甲采到金子后不但不跟乙平分, 还赖账或卷款潜逃, 则乙连自己的本钱都收不回来. 关键的是要判断许诺是否可信. 要想使甲的许诺成为可信的, 加上第三阶段, 即让乙在甲违约时采用法律手段打官司, 乙的利益受到法律保护, 则甲的许诺是可信的.

如果乙在第一阶段选择了借, 动态博弈进行到第二阶段甲做选择. 这时甲选择是否分成, 然后轮到乙做选择是否打官司. 这本身构成了一个两阶段的动态博弈, 是原博弈的一个子博弈. 当甲选择不分, 博弈进行到乙选择打官司还是不打的第三阶段, 是子博弈的子博弈, 称后面子博弈是原博弈的二级子博弈.

应用逆推归纳法分析, 在最后的子博弈中, 乙在"打官司"和"不打"中选择"打官司"（因为1 > 0）；这时甲在分与不分中选择分（因为2 > 1）；第一阶段乙的选择是借.

以上用逆推归纳法导出的动态博弈的结果是由各阶段行为参与人的一种行为依次构成的，在开金矿博弈中结果为（借，分），是由乙在第一阶段的借和甲在第二阶段的分构成. 当然该博弈本来应该有三个阶段，但当甲在第二阶段选择分时第三阶段就没有必要进行下去了，因此结果中只有两个阶段的行为. 需要注意的是乙的第三阶段虽然没有进行，但是它是保证第二阶段甲选择分的关键，所以乙的战略中必须包含这个选择.

3.2.3 海盗分宝石

有这样一个分配故事：5个海盗抢到了100颗宝石，他们决定对这100颗价值一样的宝石进行分配. 分配规则是：（1）抽签确定分配的顺序；（2）由抽到1号签的海盗提出分配方案，然后5人（包括提出方案的1号）进行表决，当且仅当半数和超过半数的人同意时，按照他的提案进行分配，否则将被扔入大海；（3）如果1号被扔到大海，再由2号提出分配方案，然后剩余4人进行表决，当且仅当半数及超过半数的人同意时，按照他的提案进行分配，否则将被扔入大海；（4）依此类推.

假设每个海盗都绝顶聪明，都能够进行充分计算而做出策略选择. 问题是：抽到1号的海盗提出怎样的分配方案才能够既不使自己被扔到海里，又能使自己得到最多的宝石？

假设海盗已经确定的顺序为（1，2，3，4，5），1号提出的方案要使其余4个人中至少2个人同意才能获得通过，因此，1号要分析，他要使2个人同意的条件是，他给这两个人的宝石要多于假如1号被抛进大海后其他人给他们的分配，即这2个人如果不同意他的方案，得到的宝石更少. 同时，1号为了自己的利益，他要笼络的两个人是处于劣势的人，即在其他情况下，得到珠宝最少的两个人. 那么来分析1号是怎样提出分配方案的.

根据规则，假设前3个人均被抛下海，只留下4号和5号，4号提出（100，0）的方案，表决时4号同意，5号无法改变表决结果，所以，在只有4号和5号时，分配方案是（0，0，0，100，0）. 这个分配结果是任何理性人均能够预测到的.

当只有3、4、5号时，如果3号提出（99，0，1）的方案，表决时，3号和5号必定同意. 因为5号知道，若不同意，将3号抛下海后，他将一无所得. 3号知道5号所作的分析，所以他提出这样的方案，3号自己当然是同意的. 因此，此时分配方案是（0，0，99，0，1）. 这个结果也是理性能够预测到的.

然后再往前推. 当有2、3、4、5号时，2号预测到若他被抛下海后，分配方案将是（0，0，99，0，1）. 因此，2号提出的最好分配方案是（98，0，0，2），即给自己留98颗，给5号2颗. 5号会想，若我不同意，将2号抛下海后我得到的将是1颗宝石，因此，我应当同意2号给我2颗的分配. 此时，2号和5号同意该方案，尽管3号和4号不同意，但2号笼络了5号. 此时分配方案为（0，98，0，0，2）.

再来看1号的最优方案. 1号被淘汰，则3号和4号一颗也得不到，这是所有海盗均能够预测到的. 所以1号方案是给3号和4号各1颗，即方案为（98，0，1，1，0）. 对该方案进行表决时，3号、4号和1号均同意，这个方案获得通过.

因此，最终的分配方案为（98, 0, 1, 1, 0），1号海盗获得了98颗！

在这个分配案例中，假定了海盗是理性的，他们每人均有很强的分析能力，能同样做出上述各种分析. 若不如此，海盗们会不满意上述的分配方案而大打出手.

海盗分宝石的规则貌似公平，抽签决定分配顺序似乎表明每个海盗的机会相等，提出的分配方案通过表决来进行，看起来也挺民主. 而分配结果则出人意料，最多的为98颗，最少的为0颗！

3.2.4 二寡头斯塔克伯格模型

市场中有两个寡头通过产量决策进行先后竞争. 假设厂商一的产量是q_1，需要的总成本是$C_1(q_1) = \alpha_1 q_1 + \gamma_1$，其中$\alpha_1$是厂商一的边际成本，$\gamma_1$是厂商一的固定成本；同样，假设厂商二的产量是$q_2$，需要的总成本是$C_2(q_2) = \alpha_2 q_2 + \gamma_2$，其中$\alpha_2$是厂商二的边际成本，$\gamma_2$是厂商二的固定成本.

此时市场上的产品总数为$Q = q_1 + q_2$，单个商品的市场价格遵循以下规律：
$$P = A - Q = A - (q_1 + q_2).$$
其中A是一个外生参数.

厂商一先行动，选择自身产量. 厂商二观察到厂商一选择的产量后，再决策自己的产量. 厂商一通常被称为领先者，厂商二被称为跟随者. 根据逆向归纳法，首先考虑厂商二如何选择自己的产量. 作为领先者，厂商一在决定自己的产量时会考虑自己的决策产量对厂商二的影响.

厂商一的决策模型为
$$\pi_1(q_1) = (A - q_1 - \alpha_1)q_1 - \gamma_1.$$

因此厂商一的最佳产量为
$$q_1^* = \frac{A - \alpha_1}{2},$$

厂商一自认为的最佳盈利为
$$\pi_1(q_1^*) = \left(\frac{A - \alpha_1}{2}\right)^2 - \gamma_1.$$

在厂商一的决策基础上，厂商二的决策模型为
$$\pi_2(q_2) = (A - q_1^* - \alpha_2 - q_2)q_2 - \gamma_2.$$

因此厂商二的最佳产量为
$$q_2^* = \frac{A - q_1^* - \alpha_2}{2} = \frac{A - 2\alpha_2 + \alpha_1}{4},$$

厂商二对应的最佳盈利为
$$\pi_2(q_2^*) = \left(\frac{A - 2\alpha_2 + \alpha_1}{4}\right)^2 - \gamma_2.$$

此时的价格为
$$p^* = A - q_1^* - q_2^* = A - \frac{A-\alpha_1}{2} - \frac{A-2\alpha_2+\alpha_1}{4} = \frac{A+2\alpha_2+\alpha_1}{4}.$$
厂商一能够获得的真正盈利为
$$\pi_1(q_1^*, q_2^*) = \left(\frac{A+2\alpha_2-3\alpha_1}{4}\right)\left(\frac{A-\alpha_1}{2}\right) - \gamma_1.$$

在古诺寡头博弈中，市场需求函数和厂商成本函数与斯塔克伯格博弈均相同. 二者的主要区别是：在古诺寡头博弈中，两家厂商同时进行决策，是一个完全信息静态博弈；在斯塔克伯格寡头博弈中，厂商一先行动，厂商二后行动，是一个完全信息动态博弈.

双寡头古诺模型的均衡产量是
$$q_1^* = \frac{A-2\alpha_1+\alpha_2}{3}; q_2^* = \frac{A-2\alpha_2+\alpha_1}{3}.$$
但是双寡头斯塔克伯格模型的均衡产量是
$$q_1^* = \frac{A-\alpha_1}{2}, q_2^* = \frac{A-2\alpha_2+\alpha_1}{4}.$$

3.2.5 在重复中学习

囚徒困境是博弈论中最重要的案例之一. 案例分析表明，各方为了自己的私利行事，可能导致对各方都最不利的结局. 价格大战、广告大战、优惠大战等，都是和囚徒困境性质一样的个体私利导向整体损失的博弈.

迄今讨论过的博弈基本上都是一次博弈，分析博弈形势，讨论可能的结果. 但是如果这个博弈重复进行，情况就会有很大变化，结局可能不同. 就拿囚徒困境来说，一次博弈中，不管对方怎样，"我"把对方供出来总是对自己有利的，所以双方都选择把对方供出来这个优势策略. 可是，对方刑满释放以后怎么样，那是一个必须考虑的问题.

博弈是否重复，结果的确可能很不一样. 但是值得注意的是，就囚徒困境而言，博弈论证明了，如果囚徒困境同样重复十次或一百次，那么只要局中人还是理性人，博弈的结果还是一样：双方都把对方供出来.

为什么会这样？先从最后一次博弈讲起. 还记得价格大战吗，它在本质上与囚徒困境是一样的，但是得益都是正数，看起来比较自然，所以这里选择价格大战的案例.

两个企业垄断了市场，如果都实行高价，各得利润5亿元；如果你高我低，我得6你得1；如果都实行低价，双方利润都是3亿元. 如果只是一次博弈，双方都实行低价是唯一的纳什均衡. 博弈矩阵为
$$\begin{pmatrix} \text{策略} & \text{高价} & \text{低价} \\ \text{高价} & (5,5) & (1,6) \\ \text{低价} & (6,1) & (3,3) \end{pmatrix}.$$
经过划线法，计算得到
$$\begin{pmatrix} \text{策略} & \text{高价} & \text{低价} \\ \text{高价} & (5,\underline{5}) & (1,\underline{6}) \\ \text{低价} & (\underline{6},1) & (\underline{3},\underline{3}) \end{pmatrix}.$$
现在讨论重复博弈十次. 既然是最后一次博弈，没有"后效"，不必为将来打算，各人都只追求这次博弈的利益，于是为了自己的利益都要实行低价，抢夺市场份额. 结果和一次博弈

一样.

现在考虑第九次即倒数第二次博弈. 局中人已经清楚, 最后一次博弈对方肯定要实行低价, "我"现在对他如何施好心（收缩产量维持高价）也不会在下一次得到好报. 既然这样, 作为理性人的"我", 现在没有理由对他好心而损害自己利益. 双方都这样想, 于是第九次博弈的结果, 也和一次博弈一样, 只追求当时的私利.

接着考虑第八次: 因为反正第九次、第十次不会有好报, 所以第八次也只为自己私利, 结果还是一样, 都实行价格大战. 这样第七次、第六次……倒着推回去, 就可以知道: 只要囚徒困境的重复次数是预先确定的, 那么在理性人假设之下, 重复博弈的结果一定还是各人在每次博弈中只追求当时的私利. 上述这种倒推论证, 是博弈论的重要方法.

但是, 如果囚徒困境是无限次重复下去, 结果就很不一样. 这时候, 的确有办法影响对手的行为. 最有效的办法是实行"以眼还眼, 以牙还牙"策略. 仍以两个企业垄断市场的价格策略为例: 一开始, "我"好心收缩产量力图维持高价以便双方都得到较高的利润; 如果你这次也这么"好心", 下次我继续"好心", 如果你这次以"坏心"对我的"好心", 下次我也不客气, 将同样采取"坏心"策略.

每年5亿元的利润, 毕竟比每年3亿元具有更大的吸引力. 所以, 采用这样的战略可以形成非契约的默契, 使双方都从非契约合作中得益.

3.2.6 分蛋糕博弈

无论是日常生活中, 还是在商界, 或是国际政坛上, 有关各方经常需要讨价还价或者谈判一个总收益应该怎样分配, 这个总收益通常被称为"蛋糕". 于是, 就要考虑如何分"蛋糕"的问题.

大多数人基于"社会常识"或者说是善良的心理, 预期一场谈判的结果应该是妥协, 兼顾各方的利益. 如果是两方分一个蛋糕, 他们所期望的是对半分的方案, 因为一半对一半看起来最公平. 怎样实现人们心目中这种公平的分配呢? 最可能实现的公平分配方案是, 让一方把蛋糕切成两份, 再让另一方先挑选. 在这种制度设置之下, 因为如果切得不公平, 得益的必定是先挑选的一方, 所以负责切蛋糕的一方就有非常强烈的激励, 要把蛋糕切得公平.

实际上, 实施这个方案还有一点需要考虑到, 就是切蛋糕的一方技术不老到, 不小心切得的两份不一样大的概率很大, 从而不切蛋糕的一方得到较大份的机会很大. 基于如此考虑, 谁都不愿意做切蛋糕的一方. 不过, 这种因为切蛋糕的技术不老到而可能被对方占的便宜分量相对很小, 所以虽然双方都希望对方切、自己先挑, 但是真正僵持的时间也不会太长, 因为僵持时间的损失很快就会比坚持不切而挑可能得到的好处大. 也就是说, 僵持的结果会得不偿失. 另外, 既然我切蛋糕的技术可能不那么老到, 很难说他挑蛋糕的技术就一定非常老到. 这样说来, 就不会僵持太久.

关于讨价还价, 需要认识它的两个普遍特征: 首先, 必须知道谁向谁提出了什么条件; 其次, 还要知道假如各方不能达成一个协定, 将会导致什么后果. 本质来讲, 就是要知道这个博弈的规则是什么.

讨价还价的过程是一个谈判的过程. 不同的谈判按照不同的规则进行. 例如, 在大多数零售店里, 卖方会标出价钱, 买方的唯一选择就是要么接受这个价格, 要么到别的店里碰运气. 这是一个简单的"接受或者拒绝 (放弃)"的规则. 而在工资谈判的例子中, 首先工会提出一个价码, 接着公司决定是不是接受. 假如公司不接受, 可以提出一个反建议, 或者等待工会调整自己要求的价码. 双方相继行动的次序, 有时是由法律或者习俗决定, 有时这一次序本身也会具有策略意义. 下面依迪克西特和奈尔伯夫的《策略思维》来探讨讨价还价问题, 在这个问题里, 双方轮流提出条件.

谈判中一个重要考量在于"时间就是金钱", 可惜它常常被忽略. 假如谈判越拉越长, 分割的"蛋糕"就会开始缩水. 不过, 这时各方仍然可能不愿意妥协, 暗自希望只要谈成一个对自己更加有利的结果, 其好处将超过谈判的代价. 按照同样的思路, 假如不能达成工资协定就会引发罢工, 那么公司将会失去利润, 工人将会失去工作, 也是两败俱伤. 同样, 假如各国陷入一轮旷日持久的贸易自由化谈判, 他们就会在争吵收益分配的时候赔上贸易自由化带来的好处. 这些例子的共同启示在于, 参与谈判的所有各方应该都愿意尽快达成一项协议.

在现实生活中, 收益缩水的方式非常复杂, 不同情况有不同的速度. 不过可以用一种非常简单的方法充分阐明时间的重要性, 这就是设想每等到提出一个新的建议或者反建议, 蛋糕就会缩小一定比例. 或者设想讨价还价如何分割的是一个冰激凌蛋糕, 孩子们在一边争吵怎么分配, 蛋糕却在慢慢融化.

首先, 假设整个过程总共只有一步. 桌子上放了一个冰激凌蛋糕, 小娟向小明提出一个分配方案. 假如小明同意, 他们就会按照成立的契约分享这个蛋糕; 假如小明不同意, 蛋糕将完全融化, 谁也得不到.

现在, 小娟处于一个有利的地位: 她使小明面临有所收获和一无所获的选择. 即便她提出自己独吞整个蛋糕, 只让小明在她吃完之后舔一舔切蛋糕的餐刀, 小明的选择也只能是接受只舔一舔, 否则他什么也得不到. 在这样的游戏规则之下, 理性人的假设让小明处于非常尴尬的位置.

在此借用分蛋糕的例子, 是为了强调, 有时候一个博弈可以有无穷多个纳什均衡. 为方便起见, 假设蛋糕的总量是1, 那么小娟要1/2、小明要1/2固然是纳什均衡, 小娟要3/4、小明要1/4也是纳什均衡, 甚至小娟要19/20、小明只要1/20也是纳什均衡.

为确定起见, 明确规则是双方各自提出要求的份额, 如果合起来不超过1, 双方就得到自己要求的份额; 如果双方的要求合起来超过1, 两人就什么也得不到. 用数学形式化为

$$f_1(x,y) = \begin{cases} x, & \text{如果}\, x,y \geqslant 0, x+y \leqslant 1; \\ 0, & \text{如果}\, x,y \geqslant 0, x+y > 1. \end{cases}$$

和

$$f_2(x,y) = \begin{cases} y, & \text{如果}\, x,y \geqslant 0, x+y \leqslant 1; \\ 0, & \text{如果}\, x,y \geqslant 0, x+y > 1. \end{cases}$$

通过最优反应法计算可以得到这个博弈有无穷多个纳什均衡, 最"严酷"的, 莫过于小

娟要1小明只能要0也是纳什均衡,反过来也是一样.

可以把分蛋糕博弈用动态博弈的思路进行考虑.

以上所说的小娟要19/20、小明只要1/20,甚至小娟要100%、小明什么都得不到(0)也是纳什均衡,这是一方面;但是另一方面,小明当然可以因为感到这么分配太不公平而生气,拒绝接受这一条件.这看起来是非理性的,但是如果他着眼长远,希望建立或者保持自己作为一个不好对付的讨价还价者的形象,从而为日后的讨价还价奠定基础,就变得理性了,因为将来的讨价还价可能是跟小娟进行,也可能是跟其他孩子进行,他们将同样得知今天自己的所作所为.在实际操作当中,小娟同样需要考虑到这些问题,要向小明放出刚好足够的诱饵,比如留给他一小片蛋糕,引诱他上钩.但是为了使阐述过程简洁,暂不考虑这些复杂问题,在一步博弈中假设小娟可以拿走她所要求的100%份额.实际上,甚至还可以忘记留给小明舔的餐刀,假定由于小娟有能力提出"接受或者放弃"的条件,她可以得到整个蛋糕.

不过,一旦出现需要第二轮谈判的情况,局势就会变化,大大偏向小明.假设桌子上同样放了一个冰激凌蛋糕,但是两轮谈判过后,整个蛋糕就会完全融化.博弈规则是:第一轮由小娟提出条件,小明可以接受,从而游戏结束,小明也可以不接受,则游戏进入第二轮;第二轮由小明提出条件,小娟可以接受,从而游戏结束,小娟也可以不接受,于是蛋糕完全融化,游戏同样结束.这里要注意,假如在第一轮小明拒绝接受小娟提出的条件,他随后可以提出一个反建议,不过到那时候,桌子上只剩下半个蛋糕了.假如在第二轮小娟拒绝接受小明的反建议,剩下的半个蛋糕也会融化,双方都将一无所获.

面对这种两轮博弈,小娟必须向前展望她最初提出的条件会有什么后果.她知道,如果她提出的条件太苛刻,小明可以拒绝她的条件,从而在第二轮占据有利地位,反过来就剩下的半个蛋糕提出"接受或者放弃"的分配方案,逼迫小娟就范.这实际上意味着小明已经将那半个蛋糕握在自己手里.可见,如果小娟不能阻止这一幕发生,即如果不能阻止博弈进入第二轮,她必将一无所获.一旦看清这一点,她会从一开始就提出与小明平分这个蛋糕,也就是说,这个方案刚好足够引诱对方接受而又为自己保有一半收益.这样,他们马上达成一致,形成约定,平分这个蛋糕.

"分蛋糕"的讨价还价说到这里,多轮谈判博弈的基本推理已经非常清楚,从而可以将所讨论的问题向复杂的情况推广.面对分蛋糕的多轮博弈,主要考量的是要么加速谈判进程,要么延缓蛋糕融化速度.但是这种推广不能把实质的东西舍弃掉.分蛋糕的多轮博弈,最实质性的一点是,随着谈判各方每提出一个新的建议和反建议,蛋糕都在融化.比如三轮谈判博弈,蛋糕从1个变成2/3个,再变成1/3个,直到0,最后什么也没有剩下.这时第三轮由小娟提出最后一个建议,而蛋糕已经缩小到只有1/3,她将可以全部拥有.小明知道这一点,所以在第二轮由自己提条件时许诺分给她1/3,这时蛋糕还剩下2/3.这么一来,小明可以得到的最好结果就是1/3个蛋糕,即剩下的2/3的一半.小娟知道这一点,于是在一开始就许诺分给小明1/3,这刚好足够引诱小明接受,从而小娟自己得到蛋糕的2/3.

若是每次缩水1/4的四轮讨价还价博弈,最后一轮将是小明提出条件,得到这个时候桌子上剩下的1/4个蛋糕. 因此, 小娟必须在倒数第二轮提出分给小明1/4个蛋糕, 当时桌子上还剩下半个蛋糕. 而在此前的一轮, 小明可以让小娟接受分给她1/4个蛋糕的条件, 这时还剩3/4个蛋糕. 一路这么向前展望下去, 可以知道讨价还价一开始, 小娟就应该提出分给小明半个蛋糕, 自己得到另一半.

若是五轮博弈, 小娟一开始可以提出分给小明2/5个蛋糕, 自己得到3/5. 如此继续考虑下去, 如果等到步骤数达到101, 小娟可以借助先提出条件的优势得到51/101个蛋糕, 而小明得到50/101.

在这个典型的谈判过程里, 蛋糕缓慢缩小, 在全部消失之前有足够时间让局中人提出许多建议和反建议. 这表明, 通常情况下, 在一个漫长的多轮讨价还价过程里, 谁第一个提出条件并不重要. 随着博弈次数的增多, "妥协"的趋于一半对一半的解决方案看来还是难以避免, 除非谈判长时间陷入僵持状态, "胜方"大概什么也得不到, "败方"自然也不会更好. 不错, 最后一个提出条件的人可以得到剩下的全部成果. 不过, 真要等到整个谈判过程结束, 大概也没剩下多少值得赢取的东西了. 得到"全部", 而"全部"的意思是什么也没有, 就是"赢得战役而输掉战争"的生动例子.

从以上分蛋糕的过程可以看出重要的一点: 虽然分析中考虑过许多可能的建议和反建议, 理性结果的关键之处却是小娟提出的第一个条件应该能够被对方接受, 而谈判过程的后期阶段只有思维意义, 实际上从来不会发生. 不过, 假如第一轮不能达成一致, 这些步骤将不得不走下去, 在第一轮行动的小娟盘算怎样提出一个刚好足够引诱对方接受的条件时, 这个事实非常重要.

本案例推理的启示之一是: 上述动态博弈的所谓"向前展望、倒后推理"的原理, 可能在整个博弈过程开始之前已经确定了博弈的最后结果. 启示之二是: 如果讨价还价的过程真像上面阐述的那样, 企业应该不会出现罢工. 当然, 罢工的可能性是会影响最终达成的协议的, 不过公司方面(或者工会方面)应该把握第一个提出条件的机会, 提出一个刚好足以引诱对方接受的条件.

但是在现实社会里, 罢工还是常常发生, 谈判还是常常破裂. 从理论上讲, 只有两个原因: 一是现实生活中存在其他一些更微妙或者更复杂的因素; 二是讨价还价双方的行为并不能用理性人的模式来概括. 这两个原因实际上是相关的, 正是因为现实生活比模型假设复杂和微妙得多, 人们并不是彻底的理性人.

3.2.7 战机空战

- **问题的背景**

本节主要利用非合作博弈模型即二人零和博弈的模型与理论研究战术空战博弈问题, 该模型的计算更适合于较大规模的空战.

二战时期, 空战的主要形式是大编队空中格斗和大规模集中轰炸, 并与炮兵和雷达兵种进行广泛的协同作战, 空军合同战术得到了普遍的发展. 世界上最大规模的空战是发生在二战时期的不列颠空战.

随着科技的发展, 战争形态从机械化战争转变到信息化战争, 空战的模式也随之发生了变化, 即由平台作战过渡到体系作战. 所以在未来的空战中, 人们将不会看到两架飞机或者多架飞机在空中近距离格斗. 因此, 第四代以后的战机, 设计者并不追求过高的机动性能. 由平台作战过渡到体系作战, 一个主要变化就是, 以前飞行员通过目视或者单纯依靠自身的机载雷达发现目标, 过渡到通过体系中的传感器如预警机或者地面雷达组成的预警网去发现目标, 所以发现敌机的距离会远很多. 再加上空空导弹射程不断增加, 为未来大规模超视距空战奠定了基础.

现代战场环境日益复杂, 战斗任务也具有多重性与复杂性, 可以断言依靠单架飞机几乎无法完成指定的作战任务, 因此多架战机的智能化协同对抗成为未来空战的必然趋势. 主要体现在多机分群、多机空战协同对抗态势评估、多机协同任务分配、多机协同编队、机载导弹制导与控制系统.

可见研究大规模空战战术博弈问题依然具有实际意义. 本节在构建空战模型的过程中, 以统计思想和非合作博弈理论为基础, 忽略单个作战单位的作战性能和单个人员的战术选择, 旨在为战术空中博弈提供最优策略.

- **问题的描述**

红蓝两军的空战用双方都可以多次行动的博弈描述. 在建立有关模型之前, 先简述有关问题. 空军可以执行各种任务, 但一般分为以下三类: 空袭, 即针对敌方的战斗目标如机场、要塞、桥梁、重要企业等进行轰炸; 空防, 即阻止对方机群进行空袭; 地面支援, 简称地支, 主要为配合己方地面部队的军事行动而进行的战斗任务. 红、蓝两支空军都应考虑上述三项任务.

不妨假设在交战开始时刻蓝方拥有 p 架作战飞机, 红方拥有 q 架作战飞机. 先分析第一次空战的情形, 设在第一次交战中蓝方派遣 x 架飞机对红方进行空袭, 而用 u 架飞机执行防空任务, 剩下的 $p-x-u$ 架飞机用于对地面部队的支援; 类似地, 红方的兵力分配为: y 架用于空袭、w 架用于空防, $q-y-w$ 架用于地面支援. 当然在第一次交战时双方对于飞机执行任务的分配都是极重要的机密, 不会使对方知晓, 但可以假设双方初始拥有的飞机数 p 和 q 却是双方了解的.

由于红方以 w 架用于空防, 每架飞机作战时都可能使敌机毁伤, 设毁伤系数为 c, 故蓝方飞机进行空袭时将损失 cw 架, 能突破红方防线到达目标上空的只有 $x-cw$ 架, 如果 $cw > x$, 那么蓝方不可能突破红方的空防区, 故蓝方能突破红方空防区的飞机架数为 $\max(0, x-cw)$. 当蓝方确有飞机抵达红方阵地(例如红方机场)上空并进行轰炸时, 对红方(在机场上)的飞机毁伤数为 $b\max(0, x-cw)$, 这里 b 是每架蓝方飞机对红方飞机的毁伤系数, 设 b, c 均为常数.

如果在第一次交战期间红方又增加了 s 架(即有 s 架已修复, 可重新作战)飞机, 且红方在作战时使用了 q 架, 其在交战中可能还有 aq 架飞机生存, 则此时共有 $aq+s$ 架飞机在蓝方飞

机的攻击之下仍存在危险. 于是推知红方剩下的飞机数为
$$\max(0, aq + s - b\max(0, x - cw))$$
用类似的方法可知在第一次交战后蓝方剩下的飞机数为
$$\max(0, dp + r - e\max(0, y - fu))$$
其中的 d, r, e, f 与 a, s, b, c 的含义相仿.

如果在此次战役中双方空军的军事活动与目的是加强对地面部队的支援，那么应该对比双方对地面支援的空中力量. 以蓝方为准，其应该计算双方地面支援力量之差，即
$$(p - x - u) - (q - y - w).$$
当然在一次战役中，双方可能多次交战（例如 N 次），地面支援力量的比较也是多次的，所以把历次上述力量之差相加，写成
$$M = \sum [(p - x - u) - (q - y - w)],$$
并把它作为盈利函数.

为了明确起见，以上涉及的各种参数说明如下:

a: 红方战机的生存系数，它是一个比例系数.

s: 红方战机修复数量，可用于重新作战.

e: 红方战机的空袭毁伤系数，就是在空袭轰炸中，平均意义上一架红方战机可以炸毁几架蓝方战机，单位为"蓝方战机/红方战机".

c: 红方战机的防空毁伤系数，就是在防空作战中，平均意义上一架红方战机可以击毁几架蓝方战机，单位为"蓝方战机/红方战机".

d: 蓝方战机的生存系数，它是一个比例系数.

r: 蓝方战机修复数量，可用于重新作战.

b: 蓝方战机的空袭毁伤系数，就是在空袭轰炸中，平均意义上一架蓝方战机可以炸毁几架红方战机，单位为"红方战机/蓝方战机".

f: 蓝方战机的防空毁伤系数，就是在防空作战中，平均意义上一架蓝方战机可以击毁几架红方战机，单位为"红方战机/蓝方战机".

- **空袭与地支二任务模型**

设双方空军在交战中主要有两项任务：空袭与地面支援（这里略去空防）. 即假设 c 及 f 均为零. 于是在经过第一次交战之后双方剩下的飞机数分别为
$$\begin{cases} p_1 = \max(0, dp - ey + r), \\ q_1 = \max(0, aq - bx + s). \end{cases}$$
而盈利函数变成了
$$M = \sum [(p - x) - (q - y)].$$

由于每次交战时关于飞机执行任务时的力量分配是在前一次交战的结果基础上进行的，但为方便采取如下记号：若在整个战役中双方空中交战共 n 次，便用 n 来标记此博弈，即设交

战时初始飞机架数分别为p_n与q_n，并设双方用于空袭的飞机数分别为x_n, y_n，且
$$x_n \leqslant p_n, y_n \leqslant q_n.$$
在进行了这样一次交战之后，便剩下$n-1$次交战，所以
$$\begin{cases} p_{n-1} = \max(0, dp_n - ey_n + r_n), \\ q_{n-1} = \max(0, aq_n - bx_n + s_n), \end{cases}$$
这里p_{n-1}, q_{n-1}分别为红蓝两方在具有$n-1$次交战初期所拥有的飞机架数. 依此类推，故在整个具有N次空中交战的战役中，盈利函数（以蓝方为准）为
$$M = \sum_{n=1}^{N} [(p_n - x_n) - (q_n - y_n)].$$

- **二任务模型的求解**

用$v_k(p_k, q_k)$表示具有k次交战时的博弈纳什均衡值，p_k, q_k分别为蓝、红军在交战开始时刻所拥有的飞机架数. 这里假设在剩下的$n-1$次交战中双方均采取优策略时博弈有值的前提下，在第一次采取合适的x_n, y_n的分配，所以具有n次交战的博弈盈利函数为
$$M_n(x_n, y_n) = (p_n - x_n) - (q_n - y_n) + v_{n-1}(p_{n-1}, q_{n-1}).$$

下面讨论担负两项任务时双方的优策略. 显然在进行一个具有n次交战的博弈解算时，先要进行一个具有$n-1$次交战博弈的解算，依此类推，所以先讨论只有1次交战的博弈，求其优策略，在此基础上由
$$M_n(x_n, y_n) = (p_n - x_n) - (q_n - y_n) + v_{n-1}(p_{n-1}, q_{n-1}).$$

讨论具有2次交战的博弈，这样顺次讨论，可达具有n次交战的博弈的解.

设$v_0(p_0, q_0) = 0$，于是由
$$M_n(x_n, y_n) = (p_n - x_n) - (q_n - y_n) + v_{n-1}(p_{n-1}, q_{n-1}).$$
具有1次交战的博弈支付为
$$M_1(x_1, y_1) = (p_1 - x_1) - (q_1 - y_1) = p_1 - x_1 - q_1 + y_1.$$
显然，当
$$x_1 = x_1^* = 0$$
及
$$y_1 = y_1^* = 0$$
时，博弈$M_1(x_1, y_1)$取最优值，即蓝、红两方都不进行空袭而把所有的飞机都用于地面支援. 所用飞机分别为p_1, q_1架，因而在具有1次交战的博弈中，博弈值为
$$v_1(p_1, q_1) = p_1 - q_1.$$
在此基础上再讨论具有2次交战的博弈，此时由
$$M_n(x_n, y_n) = (p_n - x_n) - (q_n - y_n) + v_{n-1}(p_{n-1}, q_{n-1})$$
可得
$$M_2(x_2, y_2)$$

$$= (p_2 - x_2) - (q_2 - y_2) + v_1(p_1, q_1)$$
$$= p_2 - x_2 - q_2 + y_2 + p_1 - q_1.$$

而由

$$\begin{cases} p_{n-1} = \max(0, dp_n - ey_n + r_n), \\ q_{n-1} = \max(0, aq_n - bx_n + s_n) \end{cases}$$

代入 $M_2(x_2, y_2)$ 中可得如下讨论:

当 $x_2 \geqslant \dfrac{aq_2 + s_2}{b}, y_2 \geqslant \dfrac{dp_2 + r_2}{e}$ 时, 可得
$$M_2(x_2, y_2) = p_2 - q_2 - x_2 + y_2;$$

当 $x_2 \geqslant \dfrac{aq_2 + s_2}{b}, y_2 \leqslant \dfrac{dp_2 + r_2}{e}$ 时, 可得
$$M_2(x_2, y_2) = (1+d)p_2 - q_2 - x_2 + y_2(1-e) + r_2;$$

当 $x_2 \leqslant \dfrac{aq_2 + s_2}{b}, y_2 \leqslant \dfrac{dp_2 + r_2}{e}$ 时, 可得
$$M_2(x_2, y_2) = (1+d)p_2 - (1+a)q_2 - (1-b)x_2 + (1-e)y_2 + r_2 - s_2;$$

当 $x_2 \leqslant \dfrac{aq_2 + s_2}{b}, y_2 \geqslant \dfrac{dp_2 + r_2}{e}$ 时, 可得
$$M_2(x_2, y_2) = p_2 - (1+a)q_2 - (1-b)x_2 + y_2 - s_2.$$

以此 $M_2(x_2, y_2)$ 为盈利函数的博弈值应依赖于参数 a, b, d, e. 先设 $b > 1, e > 1$, 可求得
$$x_2^* = \frac{aq_2 + s_2}{b}; y_2^* = \frac{dp_2 + r_2}{e}.$$

而博弈值 v_2 为
$$v_2 = (1 + \frac{d}{e})p_2 - (1 + \frac{a}{b})q_1 + \frac{r_2}{e} - \frac{s_2}{b}.$$

若 $b < 1, e < 1$, 则纳什均衡策略为
$$x_2^* = 0, y_2^* = 0,$$

此时的博弈值为
$$v_2 = (1+d)p_2 - (1+a)q_2 + r_2 - s_2.$$

在计算了 $n = 1, n = 2$ 的情况后, 可计算 $n = 3$ 的情况, 此时
$$M_3(x_3, y_3) = p_3 - x_3 - q_3 + y_3 + v_2(p_2, q_2).$$

并用

$$\begin{cases} p_{n-1} = \max(0, dp_n - ey_n + r_n), \\ q_{n-1} = \max(0, aq_n - bx_n + s_n) \end{cases}$$

来表示 p_2, q_2, 代入 $M_3(x_3, y_3)$ 中求解纳什均衡策略以及博弈值.

按以上描述过程, 如果红方有足够的力量使用
$$y_n = \frac{dp_n + r_n}{e}$$

进行空袭便能消灭蓝方的力量, 那么任何超过这个力量的力量分配便是 "浪费", 所以红方应取:
$$y_n = \min(q_n, \frac{dp_n + r_n}{e}).$$

类似地，关于蓝方有
$$x_n = \min(p_n, \frac{aq_n + s_n}{b}).$$
这种分配方式记为 A.

若蓝方用于空袭的力量为 $x_n = 0$，而把全部力量集中使用于地面支援，这种战术分配方式记作 G，同样，即对于红方的类似行动 $y_n = 0$，也记作 G.

A 与 G 是两种特殊情况，如果既非 A 又非 G 而是两种行动均有，则记作 (A,G).

最优策略显然依赖于毁伤参数，先设 $a+b \geqslant 1$ 及 $d+e \geqslant 1$，于是便可转而讨论双方需要在战役一开始使用一系列的 A 种分配战术，而在战役将结束时使用一系列 G 种分配战术，而由 A 转向 G 的转折点一般来说红、蓝两方是不同的，这种转折点确切的估计应依赖于毁伤参数的大小，它们可用下面方法确定. 设 h 是使不等式
$$\frac{1}{e} - \frac{1-d^h}{1-d} > 0$$
成立的最大整数，设 g 是使不等式
$$\frac{1}{b} - \frac{1-a^g}{1-a} \geqslant 0$$
成立的最大整数，整数 h 和 g 可确定在哪一次交战中进行由 A 到 G 的转换.

- **空袭、空防与地支三任务模型**

下面再来讨论担负三项任务时的兵力战术分配. 此时双方都考虑同时执行三项作战任务，即空袭、空防与地面支援. 为简单设计，设红、蓝两方具有相同的攻防潜力，即每架飞机若用于防空便可以阻止一架敌机达到目标上空，对我方地面飞机进行攻击，即 $c = f = 1$. 再假设每架进行攻击的飞机，若能突破空防，可毁伤停在机场上的一架敌机，即 $b = e = 1$. 而由于故障失事、偶然事故以及防空火网的射击损失现均忽略不计，故设 $a = e = 1$. 最后假设没有修复后重新参战的飞机，即 $r = s = 0$，于是在交战结束时双方存留的飞机分别是：
$$\begin{cases} p_1 = \max(0, p - \max(0, y-u)), \\ q_1 = \max(0, q - \max(0, x-w)). \end{cases}$$

当讨论三任务模型时的最优策略时，便会发现它与两项任务的问题在以下两个方面是不同的：首先，最优战术依赖于双方的相对强弱；其次，最优的行动需要一方采用混合策略. 虽然寻找最优战术的方法与两项任务问题的方法相仿，但却更加复杂.

与两项任务类似，用双方相对强弱以及剩下的打击次数进行解释. 在进行描述时，不妨设一方例如蓝方是更强的一方，即 $p \geqslant q$，但这并不意味着在开头为强者而在余下的诸阶段总是强者. 当然，如果局中人原来是强者，而每次又都使用优策略，那么它在整个对策过程中将会保持为强者.

在一次战役中，双方可能多次交战（例如 N 次），地面支援力量的比较也是多次的，所以把历次上述力量之差相加，写成
$$M = \sum [(p-x-u) - (q-y-w)].$$
并把它作为支付或者盈利函数.

由于每次交战时关于飞机执行任务时的力量分配是在前一次交战的结果基础上进行的，

但为方便采取如下记号：若在整个战役中双方空中交战共n次，便用n来标记此博弈，也即设交战时初始飞机架数分别为p_n与q_n，并设红方用于空袭、防空的飞机数量分别为x_n, u_n，蓝方用于空袭、防空的飞机数量分别为y_n, w_n，在进行了这样一次交战之后，便剩下$n-1$次交战，所以

$$\begin{cases} p_{n-1} = \max(0, p_n - y_n - w_n), \\ q_{n-1} = \max(0, q_n - x_n - u_n). \end{cases}$$

这里p_{n-1}, q_{n-1}分别为红蓝两方在具有$n-1$次交战初期所拥有的飞机架数. 依此类推，故在整个具有N次空中交战的战役中，盈利函数（以蓝方为准）为：

$$M = \sum_{n=1}^{N}[(p_n - x_n - u_n) - (q_n - y_n - w_n)].$$

- **三任务模型的求解**

用$v_k(p_k, q_k)$表示具有k次交战时的博弈纳什均衡值，p_k, q_k分别为蓝、红军在交战开始时刻所拥有的飞机架数. 这里假设在剩下的$n-1$次交战中双方均采取优策略时博弈有值的前提下，在第一次采取合适的x_n, y_n的分配，所以具有n次交战的博弈盈利函数为

$$M_n(x_n, u_n, y_n, w_n) = (p_n - x_n - u_n) - (q_n - y_n - w_n) + v_{n-1}(p_{n-1}, q_{n-1}).$$

下面讨论担负两项任务时双方的优策略，显然在进行一个具有n次交战的博弈解算时，先要进行一个具有$n-1$次交战博弈的解算，依此类推，所以先讨论只有1次交战的博弈，求其优策略，在此基础上由

$$M_n(x_n, u_n, y_n, w_n) = (p_n - x_n - u_n) - (q_n - y_n - w_n) + v_{n-1}(p_{n-1}, q_{n-1}).$$

讨论2次交战模型的解，这样依次求解，可以求出n次交战的模型的解.

设$v_0(p_0, q_0) = 0$，具有1次交战的博弈支付为

$$M_1(x_1, u_1, y_1, w_1) = (p_1 - x_1 - u_1) - (q_1 - y_1 - w_1).$$

易得到

$$x_1^* = u_1^* = y_1^* = w_1^* = 0$$

时取最优值，因此在1次交战的博弈中，博弈值为

$$v_1(p_1, q_1) = p_1 - q_1.$$

- **三任务模型的讨论**

战役结束时的地面支援. 战役结束时，总有一连串的地面支援，即接近战役结束时，红、蓝双方都把力量集中于地面支援的战斗. 在此结束阶段，双方并不考虑其力量的大小，而总是采取相似的优战术. 若设$c = f = b = e = 1$，则这个结束时期可由最后两次交战组成.

假设蓝方为强的一方，把他的力量加以划分，除去双方有十分相接近的态势外，双方在整个战役时期都有不同的最优策略. 在早期的任何一次交战中，强者蓝方有一个纯策略，即存在蓝方关于他的三项任务之最优力量分配，在这方面有一个关于蓝方力量与红方力量对比的比值临界值（大约为2.7），它可由以下的方式在最初阶段确定蓝方的力量分配：若力量比值小于上述临界值，那么在早期的交战中的最优分配，强方的力量由执行两项任务的力量组

成,即空袭与空防而略去地面支援.力量分配的大小依赖于双方的相对力量的强弱与在战役中尚需进行空中交战的次数,然而如果蓝、红两方力量之比大于此临界值,则蓝方可按固定方式把其力量分配于三项任务:空袭、空防与地面支援.在每次战斗中,飞机数目的分配仍然依赖于剩下的双方交战次数.

红方作为较弱的一方,将采取混合战术策略并集中他自己的力量.弱者在战斗时不可能使用一个策略,他必须在未结束战役时的各个态势中使用欺骗与恐吓手段,而且在战斗时并不存在执行单一任务的最佳战术,他必须使用混合策略,并以较高支付作为"赌注".如果他并不太弱,即若力量对比值小于临界值,那么他将把自己的力量集中起来,或用于空袭,或用于空防,但哪种任务最为有效却需做出决断.但若红方相当弱(力量比值大于临界值),则他将其全部空军力量用随机的方式投入三项任务之一,换言之若其力量与对手相比相当弱,他将在早期寻求机会使作战更有效,他应做出正确决断,以随机方式选取实际上相对频繁的任务.

混合并分配力量.在每次交战中,红方(即弱者)必须对蓝方的分配(在同一作战任务中)做出决断,当红方相当弱时,他必须在三项任务中做出决断.然而若红方只是适度的弱,他可以在空袭或空防两项任务中做出决断,并且蓝方也应把自己的力量在这相同的两项任务中做出分配.

在战役期间蓝方的空防将逐步减少.由上可预见战役中的态势,蓝方可将其力量在诸作战任务中分配,而实际分配方式是依赖于红、蓝双方的力量大小,以及在战役中剩下的战斗次数.然而随着战役的推进,蓝方用于空防的力量比例将减少,而用于空袭的力量将增加,同时红方攻击蓝方的机会也会减少,但红方进行空防的机会将增多.

在相对较长战役的早期阶段,强方的空防是针对弱方集中力量的攻击行动,在此时期蓝方可派遣一支飞机架数与红方的整个力量相接近的力量用于空防,因为用这样大小的力量防御是最有效的.

3.2.8 军备竞赛模型

理查森军备竞赛模型是一种研究军备竞赛的描述性模型,由政治学家理查森在20世纪60年代提出.这个模型没有一个最大化行为假设,因而不是标准的博弈模型.但它描述了两国军备规模的相互影响,其反应方程与连续变量的博弈模型性质相同.它由两个微分方程构成,用以描述两个国家中每一个国家武器存量变化的比率.

假定只有两个国家,即国家1和国家2,如此就可避免分析诸如联盟、多国军备竞赛这样更复杂的关系.而且从经验看,军备竞赛中大多可观察的互动实际上是在两个国家、两个联盟之间.再假定只有一种同质武器,理查森模型可以扩展到更复杂的几种武器的情况,因为将核武器或者传统武器综合进一个军事能力的全面测度是有可能的.

国家1有w_1的武器,国家2有w_2的武器.如果$w_1(t)$是时间t的武器存量,那么$\dfrac{\mathrm{d}w_1(t)}{\mathrm{d}t}$就是国家1在时间$t$上的武器存量变化率.这种变化可认为是三个独立因素影响的总和:第一个因素是防务项，在防务项中，武器数量的上升受其对手武器存量w_2的正相关影响，表示保卫自己或抵抗对手的需要；第二个因素是疲劳项，在疲劳项中，武器数量的上升受自己的武器存量的负相关影响，表示军备竞赛的经济负担；第三个因素是委屈项，表示所有其他影响军备竞赛的因素，无论是历史的、制度的、文明的或者其他的. 在理查森模型中，这些项都是独立的、附加的以及线性的，由此可得两个联立微分方程

$$\frac{dw_1(t)}{dt} = a_1 w_2 - a_2 w_1 + a_3;$$
$$\frac{dw_2(t)}{dt} = b_1 w_1 - b_2 w_2 + b_3.$$

其中$a_1, a_2 > 0$. 方程表明，国家1的武器存量变化率是常数a_1, a_2, a_3, 以及两个国家武器存量的一个函数. 因为两个国家是敌对的，所以和a_1, b_1是正数. 因为维持武器减少了获得新武器的能力，所以第二项是负数，委屈项a_3和b_3可能为正也可以为负.

在一个动态过程的均衡点上，武器存量没有变化，令$\frac{dw_1(t)}{dt} = 0$, $\frac{dw_2(t)}{dt} = 0$, 得到如下反应函数：

国家1的武器存量为

$$w_1 = \frac{a_1 w_2 + a_3}{a_2}.$$

国家2的武器存量为

$$w_2 = \frac{b_1 w_1 + b_3}{b_2}.$$

如果委屈项是正的，并且有稳定性条件$a_2 b_2 - a_1 b_1 > 0$, 那么就存在一个均衡点. 稳定条件保证了反应方程交叉并且最后均衡是稳定的，即每个国家有一个均衡的武器存量. 国家1在均衡点的武器存量为

$$w_1 = \frac{a_3 b_2 + a_1 b_3}{a_2 b_2 - a_1 b_1}.$$

同时，w_2也存在一个均衡方程. 如果两方的存量都超过均衡点，那么疲劳项将抵消防务项，使得双方存量减少达到均衡水平. 相反，如果双方存量低于均衡水平，防务项将抵消其他条件，以增加两国的武器存量. 在w_1太大而w_2太小时，国家1的疲劳项力量和国家2的防务项力量将减少1，而增加2从而恢复均衡.

理查森军种竞赛模型毕竟不是规范的博弈模型，下面探讨用博弈方法分析军事竞赛问题. 把新的模型称为改进的理查森军事竞赛模型.

为了运用博弈方法分析军事竞赛的纳什均衡，首先设各国依存于某种武器存量（或依存于某一潜在对手的军备数量）的福利函数为

$$\pi_1 = (a - w_1)(w_1 - \alpha w_2), a > w_1, 0 < \alpha < 1;$$
$$\pi_2 = (b - w_2)(w_2 - \beta w_1), b > w_2, 0 < \beta < 1.$$

式中，$a - w_1 > 0$表示国家1全部资源用于该种军备竞赛后的剩余资源，对该国来说，剩余资源越多越好，$w_1 - \alpha w_2$表示该国武器超出潜在对手用于对付本国的武器(αw_2)后的优势，对该国来说，优势越大越好. 该式表明国家1的福利函数与剩余资源及军备优势成正比. 对国

家2同样如此. 该组函数是连续可微的, 并且是凹函数. 对式π_1和π_2分别求导后得

$$\frac{\mathrm{d}\pi_1}{\mathrm{d}w_1} = a - 2w_1 + \alpha w_2;$$

$$\frac{\mathrm{d}\pi_2}{\mathrm{d}w_2} = b - 2w_2 + \beta w_1.$$

由此得到各方效用最大化的一阶条件为

$$w_1 = \frac{a + \alpha w_2}{2};$$

$$w_2 = \frac{b + \beta w_1}{2}.$$

求解此反应方程组得

$$w_1^* = \frac{2a + \alpha b}{4 - \alpha\beta};$$

$$w_2^* = \frac{2b + \beta a}{4 - \alpha\beta}.$$

该结果表明: 国家1针对某一战略对手的最优军备规模, 一是取决于本国的经济资源量, 二是取决于潜在对手的资源及其军事资源中用于针对国家1的比例, 这个比例代表了潜在对手对国家1的敌意或威胁程度. 对国家2军备规模的分析同样如此. 该结果是双方策略互动的均衡结果, 因为超过了这一规模, 军事优势将被占用资源的负效用抵消; 低于这一规模, 则占用资源的负效用被消除军事劣势的战略需求抵消.

3.2.9 兰彻斯特方程

人们对于战争和作战的认识与研究, 也许从中国古代的孙子就开始了, 从那以来到20世纪初, 人们一直把战争和作战的问题当作一种计谋或权术来研究, 并称之为战争艺术. 那时论述战争的著作, 虽然也提到了诸如运筹学方法的数学物理方法的应用, 但主要还是把战争当作一种社会现象, 用历史和逻辑的方法加以研究和推断.

20世纪初, 有四位学者提出了公式化的作战理论. 他们研究战斗中毁伤过程的出发点虽然不尽相同, 得出的作战毁伤理论却惊人的一致, 这就是现在成为奥西普夫–兰彻斯特方程的作战毁伤理论.

古语云: 运筹于帷幄之中, 决胜于千里之外. "运筹帷幄"就是对军事对抗局势的预先的智力推演. 古代军事首领常常用小石块或其他标记把自己和敌人的军队布置在地面上或粗糙原始的地图上, 用符号表示军队的运动, 然后针对敌人可能的对抗行动把战术轮廓画出来, 以此来推断战事的进程并考虑其结果. 这种辅助军事首领进行智力推演的活动程序, 成为设计战术的最初模型.

在人类认识客观世界的过程中, 由于种种限制, 许多现象人们很难用直接观察的方式进行研究, 或者, 即使能直接观察, 但由于这些现象不常发生或难以复现, 因而也不容易抓住研究的机会. 对于这些不能或难于直接进行观察与研究的事物, 人们早已应用模拟方法先构造一个与该事物相似的模型, 然后通过模型来间接地研究这个事物. 这种间接认识事物的方式极大地增强了人们认识客观事物的能力. 美国科学家贝塔郎菲曾指出, 每一门科学在广泛的含义

上都可以看作是建立模型.

从历史上看,军事人员早就应用模拟方法研究军事了.指挥员根据所拥有的情报资料,凭借自己的经验和观察力,在参谋人员帮助下,利用沙盘、地图,通过简单计算,设想双方行动的可能方案,制定出可以获胜的战斗计划,这就是作战模拟.然而,传统的作战模拟难以在短时间内周密考虑各种因素对现代作战的影响、预测比较不同作战方案的结果.这种要求只有在把军事运筹学理论与电子计算机技术紧密结合,应用于作战模拟后,才有可能达到.

现代作战模拟应用的模型,主要有实物模型、类比模型和符号模型三种基本形式.符号模型又分为数学模型和文字模型.数学模型是通过一组数学关系、逻辑规则和数据描述战斗中军事对象的相互关系和演变过程;军事运筹学中,作为基本实验手段的作战模拟主要应用数学模型.与其他类型模型相比,数学模型能给出明确的定量结果,可在计算机上简单实现.并在有限时间内,在不同原始数据和初始条件下,研究大量方案.当然,数学模型不能像物理模型那样形象地反映客观现象.利用数学模型进行模拟的前提是相距甚远的各类现象在某些方面由于自然规律的统一性而互相联系,以及描述这些现象的数学方程具有一致性.在这些数学模型中,当属兰彻斯特(Lanchester)方程最为经典.

兰彻斯特是英国著名的汽车工程师、流体力学家和运筹学家.他是第一个对战斗过程中对抗双方的力量关系进行系统的数学分析的科学家.他分析了在什么环境下一支数量居于劣势的军队能击败一支数量居于优势的军队;能否给予兵力或火力集中的效应一个数学测度;如果能的话,是否可以建立包含这一测度的数学方程,以描述和预测战斗过程的发展趋势.他用简明而优美的兰彻斯特方程回答了这些问题.但其意义还不止于此.后来投身运筹学和作战模拟研究的科学家,从兰彻斯特方程引出了更多的结论.20世纪50年代末,这一理论又被应用于经济贸易领域,成为一个非常有用的商品市场策略方面的风险决策工具.

兰彻斯特研究分析了历史上的战争,发现原始时代的防御方法与近代战争的防御方法有重要差别.在冷兵器时代,战斗的主要形式是士兵与士兵面对面的格斗,他们用剑和盾挡开对方剑和战斧的攻击,防御行动是直接的.一般情况下,一个士兵会发现自己是在与对方的一个士兵对阵.如果假设每个士兵的战斗力相等,其他条件也相等,那么在平均的意义上,作为组成整个战斗的许多格斗,将按一种方式进行.即使一个部落首领在特定的战场上集中比敌人数量多两倍的士兵来对付敌人,但在给定时刻,双方实际挥动手中武器进行战斗的士兵数量是大体相当的,双方被杀伤的士兵数量也大体相当.这就是说,一方的指挥员不可能通过任何形式的战略计划或战术机动,把多于对方数量的更多的兵力投入实际战斗.

例如,在一次对阵战中,一支1 000人的蓝军能对付得了一支1 000人的红军,或者问蓝军能否集中全部兵力先对付红军中的500人,在歼灭他们之后再转过来对付红军的另一半,这样的问题是没有多大意义的.因为如果红军坚守阵地至最后,那么,在第一场格斗中,歼灭了头一半红军的蓝军也将损失一半兵力,在第二场格斗战中,双方以同等兵力开始战斗,即500人对抗500人.

在近代战争中,很多因素都改变了.这时是用步枪火力抵抗步兵火力的攻击,用大炮防御大炮.防御行动不是直接的,本质上是集中合作,一方通过以合作方式首先杀伤敌人来阻止敌人对己方的攻击.因此,在使用远射程火器的近代战争中,集中优势兵力会带来直接的好处,而数量居于劣势的一方军队处于远远比自己可以回击的火力更强的攻击之下,其火力的发挥受到限制.兰彻斯特抓住了这种差别,提出了著名的集中原则:在其他因素相同的情况下,兵较强的一方将引起对方较大的毁伤.

因此,在近代战争条件下,战略的一个最大问题是"集中",即集中交战一方的所有手段与一个单独的目的或目标."集中"并不仅仅是战略原则,也在战术行动中起着重要作用.兰彻斯特用数学方法分析了近代战争中集中原则的重要性,并找出在对抗过程中可以支配的一些因素.需要指出的是,在上面的分析中,兰彻斯特是以极端的形式来对原始战争方式与近代战争方式进行比较的.实际上,在原始条件下集中兵力还是会有些效果的,只是这不是研究的主要因素.例如,胜利者的任何数量优势,无疑在交战开始时能给对方施加极大的心理影响;在敌人被打败,兵逃散时能得到有利的结果.弓、箭以及石头在一定程度上也具有火器的一些特性,因为它们也能集中一定的数量攻击少数方.

兰彻斯特战斗理论主要内容是基于古代冷兵器战斗和近代运用枪炮进行战斗的不同特点,在一些简化假设的前提下,建立的一系列描述交战过程中双方兵力变化数量关系的微分方程组(一般简称兰彻斯特方程),以及由此得到关于兵力运用的一些原则.兰彻斯特战斗模型被公认为现代战争理论的经典基础,得到人们普遍重视.

但兰彻斯特方程是在高技术武器系统出现前的时代提出的,它所基于的假设条件是:(1)双方兵力互相暴露,瞄准目标不成问题;(2)双方兵力都可完全利用他们的数量优势;(3)只考虑可量化的因素,忽略不可量化的因素,如心理素质等.

兰彻斯特方程讨论的是较理想的情况,而现代实战却是千变万化的,所以要利用兰彻斯特方程来描述现代战争的动态特性,必须结合现代战争出现的许多新特点,对传统兰彻斯特方程进行补充和扩展.二战后,许多专家学者根据现代战争的实际情况,从不同角度对兰彻斯特方程进行了改进和扩展.其中包括多兵种多武器协调作战的战斗模型、斯赖伯模型和Moose模型.

兰彻斯特的战斗数学理论关注的主要是集中兵力打赢战斗.他曾阐述过:

古时候,兵器和兵器直接对打,防御的动作是积极而直接的,剑和盾遮挡刺来之剑或劈来之斧.在现代条件下,防御则是枪对枪,炮对炮.用现代武器所进行的防御是间接的.简单地讲,你要不被敌人杀死,就要首先杀死敌人,而且,战斗实际上是集体进行的.……过去,不可能通过战略计划和战术机动把数量不等的人员运到实际战线上,通常是一个人对一个人.即使是一个将军在战场上任何特定的地方集中了两倍于敌人的兵力,但是,只要战线没有被突破,在任何特定时刻,双方实际使用武器去作战的人数仍然是大致相同的.

于是,就会出现这样一种形势,即假定战斗是一对一的,胜兵继续打败兵.单兵战斗的结局,取决于交战双方的武艺,而且每一方都有着对另一方的有效平均消耗率.不存在一方集中相当大的兵力去对付另一方的相当小的兵力这样一种情况,即只要集中兵力的原则无效,战线就仍然不能被突破.

兰彻斯特曾这样说过:"在使用现代远射程武器的条件下, 集中数量上占优势的火炮, 就会以主动进攻的战斗形式造成直接优势, 使数量上占劣势的部队处于猛烈炮火压制之下, 而不能还击. 这种差别的重要意义比随意假定的意义还要大, 因为这是整个问题的核心, 所以要进行详细研究."

兰彻斯特的确是对这个问题进行了非常详细的研究.

兰彻斯特表示, 就现代战争而言, 按平均数计算, 每一个人在特定时间内都会有效地命中一定数量的目标, 因此, 在单位时间内消灭敌人的数目就与己方人数成正比, 反之亦然. 这就是"平方"定律的含义.

这里描述的作战是双方直接瞄准射击的作战. 假设一方兵力的消耗率取决于某一时刻对方参加战斗的人数和武器数, 这样的假设更符合"现代"战争集中兵力的原则. 先做如下假设:

α: 蓝军单兵单位时间内消灭的红军数量, 可以认定为蓝军的单兵作战效率.

β: 红军单兵单位时间内消灭的蓝军数量, 可以认定为红军的单兵作战效率.

B_0: 蓝军的初始兵力.

$B(t)$: t时刻蓝军的兵力.

R_0: 红军的初始兵力.

$R(t)$: t时刻红军的兵力.

蓝军的数量在减少, 所以

$$B(t + \Delta t) \leqslant B(t).$$

并且根据兰切斯特假设, 可知蓝军减少的数量就为被红军消灭的数量, 即

$$B(t + \Delta t) - B(t) = -\Delta t \beta R(t).$$

变换形式可得

$$\frac{B(t + \Delta t) - B(t)}{\Delta t} = -\beta R(t).$$

取极限即为微分方程

$$\frac{\mathrm{d}B(t)}{\mathrm{d}t} = -\beta R(t).$$

对于红军的数量变化同理可得

$$\frac{\mathrm{d}R(t)}{\mathrm{d}t} = -\alpha B(t).$$

至此, 可以建立以下常微分方程组模型:

红军的数量变化: $\dfrac{\mathrm{d}R(t)}{\mathrm{d}t} = -\alpha B(t).$

蓝军的数量变化: $\dfrac{\mathrm{d}B(t)}{\mathrm{d}t} = -\beta R(t).$

红军的初始数量: $R(t)|_{t=0} = R_0.$

蓝军的初始数量: $B(t)|_{t=0} = B_0.$

经过简单变换可得
$$\frac{\mathrm{d}R(t)}{\mathrm{d}B(t)} = \frac{\alpha B(t)}{\beta R(t)}, R(0) = R_0, B(0) = B_0.$$
将其转化为
$$\beta R(t)\mathrm{d}R(t) = \alpha B(t)\mathrm{d}B(t), R(0) = R_0, B(0) = B_0,$$
积分得到
$$\beta(R_0^2 - R(t)^2) = \alpha(B_0^2 - B(t)^2).$$
这就是兰彻斯特平方律方程,也是兰彻斯特方程谱系中最重要的方程.

3.2.10 兰彻斯特方程谱系

本节介绍兰彻斯特方程的不同形式,包括兰彻斯特平方律、第一线性律、第二线性律、混合律、威斯和彼得森对数律、一般形式,以及多种武器交战的兰彻斯特方程.

兰彻斯特方程平方律:

红军的数量变化: $\dfrac{\mathrm{d}R(t)}{\mathrm{d}t} = -\alpha B(t).$

蓝军的数量变化: $\dfrac{\mathrm{d}B(t)}{\mathrm{d}t} = -\beta R(t).$

红军的初始数量: $R(t)|_{t=0} = R_0.$

蓝军的初始数量: $B(t)|_{t=0} = B_0.$

上式描述直瞄作战实力消耗,该式假定热兵器作战中双方可以获知射击效果,从而可转移火力向未遭到打击的敌方单位射击.

兰彻斯特方程第一线性律:

红军的数量变化: $\dfrac{\mathrm{d}R(t)}{\mathrm{d}t} = -\alpha.$

蓝军的数量变化: $\dfrac{\mathrm{d}B(t)}{\mathrm{d}t} = -\beta.$

红军的初始数量: $R(t)|_{t=0} = R_0.$

蓝军的初始数量: $B(t)|_{t=0} = B_0.$

上式描述一对一的冷兵器格斗且双方的伤亡交换比不变时作战兵力变化.

兰彻斯特方程第二线性律:

红军的数量变化: $\dfrac{\mathrm{d}R(t)}{\mathrm{d}t} = -\alpha B(t)R(t).$

蓝军的数量变化: $\dfrac{\mathrm{d}B(t)}{\mathrm{d}t} = -\beta R(t)B(t).$

红军的初始数量: $R(t)|_{t=0} = R_0.$

蓝军的初始数量: $B(t)|_{t=0} = B_0.$

上式描述概瞄作战兵力变化,假定发射后不能获得目标是否被毁的情报,不进行火力的转移,各方向着敌方驻兵区域进行盲目或概瞄射击,此式暗含双方兵力配置比较密集的假定.

兰彻斯特方程混合律：

$$\text{红军的数量变化：} \frac{\mathrm{d}R(t)}{\mathrm{d}t} = -\alpha B(t)R(r).$$

$$\text{蓝军的数量变化：} \frac{\mathrm{d}B(t)}{\mathrm{d}t} = -\beta R(t).$$

$$\text{红军的初始数量：} R(t)|_{t=0} = R_0.$$

$$\text{蓝军的初始数量：} B(t)|_{t=0} = B_0.$$

上式称为梯曲曼游击战模型或混合律模型，描述一方直瞄而另一方概瞄时兵力变化。游击队的损失可以第二线性律描述，而正规军的损失可用平方律描述。当一方进行瞄准射击，另一方主要用炮火向对方区域进行盲目射击时的兵力变化接近此式。

兰彻斯特方程威斯和彼得森对数律：

$$\text{红军的数量变化：} \frac{\mathrm{d}R(t)}{\mathrm{d}t} = -\alpha R(t)\log B(t).$$

$$\text{蓝军的数量变化：} \frac{\mathrm{d}B(t)}{\mathrm{d}t} = -\beta B(t)\log R(t).$$

$$\text{红军的初始数量：} R(t)|_{t=0} = R_0.$$

$$\text{蓝军的初始数量：} B(t)|_{t=0} = B_0.$$

威斯和彼得森研究战史资料时发现，对于大规模作战，一方兵力消耗对对方的兵力依赖程度较小，而与己方兵力的相关性很大，用平方律或第二线性律模拟都不理想，从而提出对数定律，这反映了现实作战中兵力配置不理想的情况。可能兵力较多的一方较不重视战术，因而平方律失灵。

兰彻斯特方程一般形式：

$$\text{红军的数量变化：} \frac{\mathrm{d}R(t)}{\mathrm{d}t} = -\alpha R^c(t)B^d(t).$$

$$\text{蓝军的数量变化：} \frac{\mathrm{d}B(t)}{\mathrm{d}t} = -\beta R^e(t)B^f(t).$$

$$\text{红军的初始数量：} R(t)|_{t=0} = R_0.$$

$$\text{蓝军的初始数量：} B(t)|_{t=0} = B_0.$$

上式是一般形式，c,d,e,f 介于 $[0,1]$ 之间。当 $c=d=e=f=0$ 时，一般形式成为第一线性律；当 $c=f=0, e=d=1$ 时，一般形式成为平方律；当 $c=d=e=f=1$ 时，一般形式成为第二线性律；当 $c=d=e=1, f=0$ 时，一般形式成为混合律。一般来说，平方律是基本形式，但在不同作战环境中有多种变形。

多种武器交战的兰彻斯特方程：

$$\frac{\mathrm{d}x_i}{\mathrm{d}t} = a_i - \sum_{j=1}^{m_2} p_{ij}y_j\psi_j, 1 \leqslant i \leqslant m_1;$$

$$\frac{\mathrm{d}y_j}{\mathrm{d}t} = b_j - \sum_{i=1}^{m_1} q_{ji}x_i\phi_i, 1 \leqslant j \leqslant m_2;$$

$$x_i(t_0) = \alpha_i, 1 \leqslant i \leqslant m_1;$$

$$y_j(t_0) = \beta_j, 1 \leqslant j \leqslant m_2.$$

为了区分精确制导武器作战与传统热兵器作战的不同，考虑兰彻斯特平方律的假定. 兰彻斯特假定：每一方的每个战斗单位具有一个平均发射率的（常数的）泊松射击流；各方的每个战斗单位可以向对方任何战斗单位进行瞄准射击，一次瞄准射击至多击毁一个战斗单位，被击毁的战斗单位不再参战；发射后可立即获得有关目标是否被击毁的情报，击毁目标后可瞬时转移射击目标；武器飞达的时间很短，与战斗总的持续时间相比可以忽略不计；任何时候每一方的战斗力与战斗单位留存数的平均值（或数学期望值）成比例而不是与一个随机的实际幸存数成比例.

精确制导武器的发展使军事对抗规律有新变化：一是武器的射击精度极大提高；二是射击距离延伸，弹药飞达的时间不能忽略不计；三是平方律分析射击消耗规律时假定各方的弹药是充足的，除非战斗单位被消灭，否则可持续射击. 但在信息化装备发展的初级阶段，可能某一方或双方的精确制导弹药不充足.

3.2.11 多兵种协同对抗

随着军事技术和战争理论的迅猛发展，战争的形态已经发生了重大变革，战场上的冲突不再是以往简单的单兵种间对抗，而是诸军兵种的联合作战，直接产生对抗的很可能是不同军兵种，不同兵种间的协同和对抗往往产生完全不同的作战效果. 在现代战争中，对编队目标进行攻击时，应根据敌方各个作战集群的战术技术性能确定出对己方的威胁程度，预测出己方各类兵种对敌不同兵种的打击效果，并据此进行合理的兵力分配. 如何分配才能使得作战效果最佳呢？传统的方法没有考虑到对抗双方实时的毁伤情况，是静态的分配过程，有一定的不合理性. 这就需要引入动态甚至微分博弈模型.

微分博弈的研究始于20世纪50年代. R.艾萨克斯在1965年对完全对抗的二人零和博弈问题的研究，奠定了微分博弈理论的基础. 微分博弈已应用于军事、公安、工业控制、航天航空、环境保护、海洋捕捞、经济管理和市场竞争等方面. 微分博弈起源于军事问题，最初是因制导系统拦截飞行器的引入、人造卫星的发射、航天技术中有关机动追击等国防和军事问题的需要而产生的. 因此，军事领域中的微分博弈研究一直是微分博弈发展的动力和热点，特别在当今世界，高科技手段在军事中的广泛应用，使得军事领域中的微分博弈问题研究显得尤为重要.

假设红蓝两军，以交战开始时刻作为初始时刻，红方有m_1种兵种，在t时刻第i种兵种数量为$x_i(t), 1 \leqslant i \leqslant m_1$；蓝方有$m_2$种兵种，在$t$时刻第$j$种兵种数量为$y_j(t), 1 \leqslant j \leqslant m_2$. 红方第$i$种武器初始数量为$\alpha_i, 1 \leqslant i \leqslant m_1$，蓝方第$j$种武器初始数量为$\beta_j, 1 \leqslant j \leqslant m_2$；$a_i, b_j$分别表示双方第$i, j$种武器的增援数量.

再设蓝方第j种兵种在交战时对红方第i种兵种的毁伤系数为p_{ij}，蓝方用第j种兵种对红方第i种兵种进行攻击时为其全部第j种兵种的比例为ψ_j；类似地，红对蓝可分别对应设定为q_{ji}, ϕ_i，其中$0 \leqslant \psi_j, \phi_i \leqslant 1$.

兰彻斯特方程是描述交战过程中双方兵力变化关系的微分方程组，根据上述假设，可建立交战过程中双方武器毁伤的兰彻斯特方程如下：

$$\frac{dx_i}{dt} = a_i - \sum_{j=1}^{m_2} p_{ij} y_j \psi_j, 1 \leqslant i \leqslant m_1;$$

$$\frac{dy_j}{dt} = b_j - \sum_{i=1}^{m_1} q_{ji} x_i \phi_i, 1 \leqslant j \leqslant m_2;$$

$$x_i(t_0) = \alpha_i, 1 \leqslant i \leqslant m_1;$$

$$y_j(t_0) = \beta_j, 1 \leqslant j \leqslant m_2.$$

设交战时期为$[t_0, T]$，交战的效益以最大程度杀伤敌人和尽可能保存自己为目标，交战完毕，计算彼此毁伤时，若以蓝方为准，可给出支付为：

$$\mathcal{F}(\psi, \phi) = \int_{t_0}^{T} \left[\sum_j r_j (1-\psi_j) y_j - \sum_i s_i (1-\phi_i) x_i \right] dt.$$

其中

$$\psi = (\psi_j)_{1 \leqslant j \leqslant m_2}, \phi = (\phi_i)_{1 \leqslant i \leqslant m_1},$$

分别是蓝、红两方的控制变量；r_j为蓝方未参战的第j种武器的生存概率，s_i为红方未参战的第i种武器的生存概率，r_j, s_i均为正常数. 上述微分方程组及"支付"就构成一个微分博弈问题，蓝方欲$\max \mathcal{F}(\psi, \phi)$，而红方却希望$\min \mathcal{F}(\psi, \phi)$.

同经典博弈论一样，微分博弈也是研究局中人的最稳妥的策略，即在最坏的情况下争取最好的结局. 对红方来说，如果他采取某个策略ϕ，则最坏的情况就是蓝方采取针对性的策略ψ，使$\mathcal{F}(\psi, \phi)$达到最大，记为$\max_\psi \mathcal{F}(\psi, \phi)$，这样，最坏情况下的最好结果就是使其最小，记为

$$\min_\phi \max_\psi \mathcal{F}(\psi, \phi).$$

只要红方采取正确的策略，所得结果就不会比这结果更差；同样，对于蓝方来说，最坏情况下的最好结果是

$$\max_\psi \min_\phi \mathcal{F}(\psi, \phi).$$

因此定义

$$V_1 = \max_\psi \min_\phi \mathcal{F}(\psi, \phi); V_2 = \min_\phi \max_\psi \mathcal{F}(\psi, \phi).$$

V_1, V_2可以相等，也可以不相等，在两者相等时，就称为两人微分对策的值函数，记为

$$V =: V_1 = V_2 = \max_\psi \min_\phi \mathcal{F}(\psi, \phi) = \min_\phi \max_\psi \mathcal{F}(\psi, \phi).$$

值对局中人双方有着共同的最坏情况下的最好结果. 因此，如果存在，就称能给出该函数的策略ψ^*, ϕ^*分别为红方和蓝方的最优策略. 如果

$$\mathcal{F}(\psi, \phi^*) \leqslant \mathcal{F}(\psi^*, \phi^*) \leqslant \mathcal{F}(\psi^*, \phi)$$

对一切满足约束条件的ψ和ϕ成立，则值称为两人微分博弈的鞍点，这时，称$\mathcal{F}(\psi^*, \phi^*)$为这

一博弈的值.

3.2.12 纳尔逊秘诀

本节以兰彻斯特对纳尔逊"秘密备忘录"（该备忘录是1805年10月21日纳尔逊率领英国海军与法国、西班牙联合舰队作战前制定的）中纳尔逊战术方案的分析为例来说明其计算方法.

1805年10月，纳尔逊率领英国舰队与法国、西班牙联合舰队大战. 战前，纳尔逊制定了详尽的战术方案，预计参与战斗的舰艇数：英国舰队40艘，联合舰队46艘，双方战舰平均战斗力相当.

预计联合舰队战斗队形：一字横列.

英国舰队战斗队形：两个主纵列与一个小纵列.

各自的任务是：

主纵列1的任务：由纳尔逊中将指挥，在中心处将联合舰队切断，并攻击联合舰队的中间部分.

主纵列2的任务：由柯林伍德中将指挥，从联合舰队后半部再切断，分割歼灭后部12艘. 随后向右实施攻击.

小纵列的任务：8艘舰艇，在中心部分附近攻击其先头部分的3、4艘舰只，并缠住先头舰只，阻击阻滞其援助受攻击的中部和尾部的任何行动.

纳尔逊正确地估算到：联合舰队大型帆船军舰调整队形，以及先头舰队调转船头支援中部及尾部遭到进攻的船只需要相当长的时间，加上小纵队的阻击，就更难及时救援. 他知道双方战舰的战斗能力无大差别，秘诀在于战术的正确运用特别是负责分割的主纵列1的顽强战斗. 在特拉法加海战中，其旗舰处于战斗的核心，遭受两个方向的激烈攻击，纳尔逊最后战死，但保证了战斗的胜利.

因双方战斗单位战斗力相同，所以分析时抽象了 α, β 系数的影响，都令为1.

英国舰队实力为 $40^2 = 1\,600$，联合舰队实力为 $46^2 = 2\,116$. 如果英国舰队采用过时的一字单行阵列，英国舰队被全歼后，联合舰队仍将剩余：$\sqrt{2\,116 - 1\,600} = \sqrt{516} \approx 23(艘)$.

将联合舰队拦腰切断（$23 + 23 = 46$）是将联合舰队分割为两段时使其实力减弱的最小分割法. 此时联合舰队战斗实力降为 $23^2 + 23^2 = 1\,058$，这里实际上是一个优化问题，即

$$\min x^2 + y^2$$
$$\text{s.t.} \ \ x + y = 46,$$
$$x, y \geqslant 0.$$

若采用其他分割方法，如分割为 $(22, 24)$，则其实力为 $22^2 + 24^2 = 1\,060 \geqslant 1\,058$. 而英国舰队的战斗实力为 $(16 + 16)^2 + 8^2 = 1\,088$，略占优势，优势值为30.

当英国舰队两个主纵列共32艘舰只攻击联合舰队后一半23艘舰只时，按平方律，英国舰队实力为 $32^2 = 1\,064$，联合舰队实力为 $23^2 = 529$. 实力之比接近 $2:1$. 在联合舰队后部遭全歼

后，英国舰队主纵列还可保留 $\sqrt{1064-529}=\sqrt{535}\approx 23$ 艘，加上8艘小纵列中残余舰只，可与联合舰队前半部23艘剩下的舰只对阵.

这个作战方案即使在最坏的情况下胜率也比较大，一般结果只是获胜大小程度上的区别. 而实际出现的结果应属最好的，甚至是出乎意料的大胜.

实际结果是，纳尔逊率领的英国地中海舰队由27艘战舰组成，而法国、西班牙联合舰队共有33艘战舰. 双方的战舰比"纳尔逊秘诀"中预想的都要少一些. 但预案中的战术没有变化. 当时联合舰队采用了常规的一字横列以利炮火展开，而纳尔逊的战术是分为两个纵列，前卫上风舰队12艘由纳尔逊亲自指挥，将联合舰队拦腰切为两段. 后卫下风舰队15艘，集中攻击其两段之一. 作战结果是：联合舰队8艘舰只遭重创后沉没，12艘战舰被捕，13艘逃走，伤亡7000余人；英国舰队多艘被击伤但无一沉没，伤亡1700人.

分析这个战例，发现英国舰队发挥了超常作战能力. 27:33的作战舰只比率使英国不能通过分割战术形成较大的优势. 例如，设英国海军的上风舰队与下风舰队分割包围了联合舰队17艘舰只，并设上风舰队12艘中有6艘参与围歼作战，有6艘负责拦截与阻击. 这样英国舰队共有 $15+6=21$ 艘战舰与包围的17艘战舰交战，第一阶段作战结束时剩余舰只为 $\sqrt{21^2-17^2}\approx 12$ (艘)，而负责阻击的6艘在第一阶段作战结束时理论上可能被消灭而联合舰队下风舰队剩余舰只为 $\sqrt{16^2-6^2}\approx 15$ (艘)，这样第二阶段作战时，英国舰队不占优势. 情况可能是：当时的战舰都是帆船，机动不便，所以联合舰队的下风舰队因机动不便不能迅速围歼负责阻击的英国战舰. 理论上，负责阻击的部队应设法降低战斗强度，尽可能以空间换时间，在完成任务的同时减少己方的消耗. 而负责围歼的作战部队应增加战斗强度，以减少阻援部队孤军苦战的时间.

3.2.13 硫磺岛战役

硫磺岛位于小笠原群岛南部，是该群岛的第二大岛，北距东京1200余千米（650海里），南距塞班岛1100余千米（630海里），东南距马里亚纳群岛500余千米（290海里）. 岛长约8000米，宽约4000米，形状酷似火腿，面积约20平方千米.

由于硫磺岛正处在东京与塞班岛之间，是连接美马里亚纳基地和东京的唯一战略中继站，战略地位非常重要. 日军在岛上的中部高地和元山地区各建有一个机场，分别叫作千岛机场和元山机场，也叫一号机场和二号机场，并在二号机场以北建造第三个机场. 岛上日军不仅可以向东京提供早期预警，而且可以起飞战斗机进行拦截，甚至还可出动飞机攻击美军在塞班岛等地的机场，大大降低了美军对日本本土战略轰炸的作用. 硫磺岛对美军而言，简直是如鲠在喉. 如果美军占领硫磺岛，那所有的不利都转化为有利，从硫磺岛起飞B-29航程减少一半，载弹量则可增加一倍. 美军战斗机如从硫磺岛起飞，可以为B-29提供全程伴随护航，甚至连B-24这样的中型轰炸机也能从硫磺岛起飞空袭日本本土；更重要的是，硫磺岛还可作为B-29的备降机场，供受伤的B-29紧急降落或加油. 因此，硫磺岛成为日、美必争之地.

1944年10月初，太平洋舰队司令部的参谋人员就将进攻硫磺岛的计划制定出来，参加作战的地面部队为第5两栖军,下辖海军陆战队第3、4、5师,共约6万人,由霍兰·史密斯中将指挥;登陆编队和支援编队由凯利·特纳中将指挥;米切尔中将指挥的第58特混编队负责海空掩护;所有参战登陆舰艇约500艘,军舰约400艘,飞机约2 000架,由第五舰队司令斯普鲁恩斯上将统一指挥.

1944年,马里亚纳群岛失守后,硫磺岛的重要性日趋明显,日军开始大力加强其防御力量.5月,将硫磺岛的陆军部队整编为第109师团,由粟林中道中将任师团长,并在岛上配备了120毫米、155毫米岸炮,100毫米高射炮和双联装25毫米高射炮;7月,海军第27航空战队也调至岛上.截至1945年2月,日军在岛上陆军约1.5万人,海军约7 000人,共约2.3万人,飞机30余架,由粟林统一指挥.日军的海空军主力在菲律宾战役中遭到了毁灭性的打击,已无力为硫磺岛提供海空支援,硫磺岛的抗登陆作战是在几乎没有海空支援的情况下进行.粟林曾担任过天皇警卫部队的指挥官,他意识到面对美军绝对海空优势,滩头作战难以奏效,主张凭借折钵山和元山山地的有利地形,依托坚固的工事,实施纵深防御.但海军守备部队仍坚持歼敌于滩头,最后粟林做出了折中的方案,以纵深防御为主,滩头防御为辅,海军守备部队沿海滩构筑永备发射点和坚固支撑点进行防御;陆军主力则集中在折钵山和元山地区,实施纵深防御.粟林决心将硫磺岛建成坚固的要塞,以折钵山为核心阵地,以两个机场为主要防御地带,在适宜登陆的东西海滩则是以永备发射点和坚固支撑点为骨干的防御阵地,日军的防御工事多以地下坑道阵地为主,混凝土工事与天然岩洞有机结合,并有交通壕相互连接.炮兵阵地也大都建成半地下式,尽管牺牲了射界,却大大提高了在猛烈轰击下的生存能力.火炮和通信网络都受到良好保护,折钵山几乎被掏空,筑有的坑道就九层之多.针对美军的作战特点,粟林在海滩纵深埋设了大量地雷、机枪、迫击炮、反坦克炮构成绵密火力网,所有武器的配置与射击目标都进行过精确计算,既能隐蔽自己,又能最大限度杀伤敌军.唯一不足的是,原计划元山地区将修筑的坑道工事有28千米长,由于时间不够,当美军发动进攻时只完成了约70%,而且折钵山与元山之间也没有坑道连接.粟林一改日军在战争初期的硬打死拼战术,规定了近距射击、分兵机动防御、诱伏等战术,还严禁自杀冲锋,号召每一个士兵至少要杀死十个美军.粟林的苦心经营,确实给美军造成了巨大的困难,使硫磺岛之战成为太平洋上最残酷、艰巨的登陆战役.

从1944年8月10日起,驻扎在塞班岛的美军航空兵就开始对小笠原群岛进行空袭,重点是硫磺岛的机场和为硫磺岛进行物资补给的中转地父岛的港口设施.从8月至10月,共进行过48次轰炸,投弹约4 000吨,但收效甚微.在一场大规模的轰炸准备之后,美军于1945年2月19日开始登陆作战.1945年2月19日所进行的战斗是紧张的(实际上,长达一个月之久的整个战斗始终如此),双方伤亡惨重.日军要求不惜一切代价守住这个岛.3月16日,美军宣布这个岛为安全区,3月26日战斗结束,5月中旬对躲藏在地洞里的日军战斗人员的清扫工作基本结束.

在战斗期间,美军得到了支援,而日军没有,假设A、J分别表示美军和日军的兵力,β表示美军的单兵作战效能,α表示日军的单兵作战效能,用$p(t)$表示美军获得的兵力补

充速度. 建立兰切斯特方程为

$$\frac{\mathrm{d}A}{\mathrm{d}t} = -\alpha J + p(t),$$
$$\frac{\mathrm{d}J}{\mathrm{d}t} = -\beta A,$$
$$A(0) = A_0,$$
$$J(0) = J_0.$$

再微分一次, 可得美军、日军兵力数量变化的二次微分方程:

$$\frac{\mathrm{d}^2 J}{\mathrm{d}t^2} = \alpha\beta J - \beta p(t);$$
$$J(0) = J_0, J'(0) = -\beta A_0;$$
$$\frac{\mathrm{d}^2 A}{\mathrm{d}t^2} = \alpha\beta A + \beta p'(t);$$
$$A(0) = A_0, A'(0) = -\alpha J_0.$$

求解上面的两个常微分方程, 可以得到

$$J(t) = J_0 \mathrm{ch}(\sqrt{\alpha\beta}t) - \sqrt{\frac{\beta}{\alpha}} A_0 \mathrm{sh}(\sqrt{\alpha\beta}t) - \sqrt{\frac{\beta}{\alpha}} \int_0^t \mathrm{sh}(\sqrt{\alpha\beta}(t-s))p(s)\mathrm{d}s,$$

$$A(t) = A_0 \mathrm{ch}(\sqrt{\alpha\beta}t) - \sqrt{\frac{\alpha}{\beta}} J_0 \mathrm{sh}(\sqrt{\alpha\beta}t) + \int_0^t \mathrm{ch}(\sqrt{\alpha\beta}(t-s))p(s)\mathrm{d}s.$$

美军增援函数$p(t)$的构成为

$$p(t) = 54\,000, 0 \leqslant t < 1;$$
$$p(t) = 0, 1 \leqslant t < 2;$$
$$p(t) = 6\,000, 2 \leqslant t < 3;$$
$$p(t) = 0, 3 \leqslant t < 5;$$
$$p(t) = 13\,000, 5 \leqslant t < 6;$$
$$p(t) = 0, 6 \leqslant t < 36.$$

时间单位: 天.

根据美军的伤亡人数表和增援函数$p(t)$, 可以计算出美军每天的实际人数$A_{\mathrm{act}}(t)$, 然后对下面的式子进行积分:

$$\frac{\mathrm{d}J}{\mathrm{d}t} = -\beta A, J(0) = J_0,$$

可得

$$J(36) - J(0) = -\beta \int_0^{36} A_{\mathrm{act}}(t)\mathrm{d}t = -\beta \sum_{t=1}^{36} A_{\mathrm{act}}(t),$$

因此
$$\beta = -\frac{J(36)-J(0)}{\sum_{t=1}^{36} A_{\text{act}}(t)} = \frac{21\,500-0}{2\,037\,000} \approx 0.010\,6.$$

现在需要对 α 进行估计, 利用 β 值, 可求出实际值 $J_{\text{act}}(t)$ 的一个近似值 $J_{\text{app}}(t)$:
$$J_{\text{app}}(t) = J_0 - 0.010\,6 \sum_{k=1}^{t} A_{\text{act}}(k), t = 0, 1, \cdots, 36.$$

实际战斗在第36天结束, 但是从第28天到第36天交战只是零零星星地进行, 因此, 为求出 α, 令 $t=28$, 代入
$$\begin{aligned}A(t) &= A_0 - \alpha \int_0^t J_{\text{app}}(s)\mathrm{d}s + \int_0^t p(s)\mathrm{d}s \\ &= A_0 - \alpha \sum_{k=1}^{t} J_{\text{app}}(k) + \sum_{k=1}^{t} p(k).\end{aligned}$$

可得
$$\alpha = \frac{\sum_{k=1}^{28} p(k) + A_0 - A(28)}{\sum_{k=1}^{28} J_{\text{app}}(k)},$$

代入数据
$$A_0 = 0, A(28) = 52\,735, \sum_{k=1}^{28} p(k) = 73\,000, \sum_{k=1}^{28} J_{\text{app}}(k) = 372\,500,$$

算得
$$\alpha = 0.054\,4.$$

虽然 α 和 β 的计算方法很粗糙, 但是数值吻合得很好.

美军付出的巨大代价很快就得到回报, 当美军登陆后, 工兵部队就上岛抢修扩建机场, 至4月20日, 上岛的工兵部队已有7\,600人, 将一号机场跑道扩建为3\,000米, 二号机场跑道扩建为2\,100米, 不仅进驻了战斗机部队, 还成为美军B-29轰炸机的应急备降机场.

美军战斗机部队进驻硫磺岛后, 其作战半径就覆盖了日本本土, 能有效掩护轰炸机对日本本土的战略轰炸, 并将轰炸效果提高了一倍以上. 至战争结束, 累计2.4万架次受伤或耗尽燃料的B-29在硫磺岛上应急备降场紧急降落, 从而挽救了这些飞机上2.7万名空勤人员.

硫磺岛不仅让美军获得了轰炸日本本土的重要基地, 还打开了直接攻击日本本土的通道. 美军在硫磺岛的惨重伤亡, 也使美军的高层意识到如果进攻日本本土, 一定会遇到比在硫磺岛更顽强的抵抗, 美军的伤亡将会更惨重. 因此, 日后美国对日本使用原子弹, 很大程度上是出于担心在日本本土登陆将会遭到硫磺岛那样的巨大伤亡.

3.2.14 先后发制

军事学常常涉及先发优势与后发优势的问题. 这里所讲的后发优势是从信息意义上讲的, 而先发优势往往从实际意义上讲的.

回顾孩童时代所玩的"剪刀、石头、布"游戏, 这是一个只存在混合策略的博弈游戏. 博弈的混合策略纳什均衡是(1/3, 1/3, 1/3), 博弈的规则是必须同时出拳("石头"). 聪明一

些的小朋友出拳略晚一些，以从对方的手形上判断他出什么. 如果对手也聪明，会示假隐真，明明要出"剪刀"，却做出要出"拳头"的手形，诱使对方出"布". 因为这里存在着后发优势. 下面的博弈就是一个类似于抓钱博弈的突围博弈，存在着后发优势.

$$\begin{pmatrix} 策略 & L & H \\ U & (1,-1) & (-1,1) \\ R & (-1,1) & (1,-1) \end{pmatrix}.$$

如果甲出U，则乙出H；如果甲出R，则乙出L，总之是甲吃亏. 乙先出则同样也会吃亏. 在游戏中，为了公平博弈，必须规定甲乙同时出招. 但在军事博弈中，没有规定必须谁先出招，聪明的局中人总是让对方先出. 毛泽东在《中国革命战争的战略问题》中讲到战略退却时说："谁人不知，两个拳师放对，聪明的拳师往往退让一步，而蠢人则其势汹汹，辟头就使出全副本领，结果却往往被退让者打倒.《水浒传》的洪教头，在柴进家中要打林冲，连唤几个'来''来''来'，结果是退让的林冲看出洪教头的破绽，一脚踢翻了洪教头."毛泽东接着引用曹刿论战的例子，讲后发制人便于敌疲我打的道理，但这第二个例子不是信息意义上的好处，而是实际意义上的好处.

当然，要有条件的理解后发制人的利弊. 在作战博弈中，后发制人虽然得到信息意义上的利益，但有时丧失实际意义上的利益. 比如敌方先发攻击，我方虽然知道敌人如何攻击，但实际上已经受到了损失.

从信息意义上讲，有时率先行动更有利. 比如下面的性别战博弈和前文所讲的猎鹿博弈中，在信息意义上先行动是有利的.

$$\begin{pmatrix} 策略 & L & H \\ U & (3,2) & (0,0) \\ R & (0,0) & (2,3) \end{pmatrix}.$$

性别战博弈中，先行者得到3而不是2；猎鹿博弈中，先运动者可以发出合作的信息，增加对方的信任使帕累托利益增加，即一个人率先选择合作，另一个人观察到他的行动后，也会选择合作. 这两个博弈例子都是非严格竞争博弈.

那么，严格竞争博弈中，后发制人在信息意义上都是好的吗？一般是这样的，但前提是先行动者发出的是真实行动信息，而不是假信息. 如果是假信息，对后行动者来讲就不一定是好的. 在零和博弈中，如果先行动者只能发出真实的信息，后行动者存在着信息意义上的后发优势.

一般地，在信息化战争中，动态博弈通常存在着实际利益上的先发制人的优势. 如下面的博弈所示，在第一阶段攻击中，如果双方同时发动攻击，双方都受到损失，而如果单方首先发动突然袭击，后行动方存在单方受损的情况.

$$\begin{pmatrix} 策略 & 先发 & 后发 \\ 先发 & (-2,-2) & (0,-3) \\ 后发 & (-3,0) & (-2,-2) \end{pmatrix}.$$

这是一个严格竞争的非零和博弈，甲、乙同时先发和同时后发结果是一样的，都会同时受到对方的打击，因此损失各为-2，但甲先发对甲有利，乙先发对乙有利. 因此，从作战角度讲，甲、乙都会力争先发. 因此（先发，先发）是一个纳什均衡. 但从近几场局部战争来看，往往是有战略优势的一方有选择权，因为弱方不愿冒挑起战争的风险. 这样，有战略优势的一方可能取得首战的战役优势.

这对谋略上有什么启发呢？就是如果不考虑信息问题，也不考虑国际舆论等问题，信息化作战中一般要力争先发制人，但前提是必须具有战略优势. 当然这里就存在一个矛盾：如果你想先发制人打击敌人而敌人知道这个信息，而且敌人也不考虑其他因素，那么他可能力争先发优势，率先对你进行攻击. 因此，为争取先发制人的优势，在谋略上，"打不喊打"是一个选择. 当然也有特殊现象，如美国海湾战争前的表现，因为战略上非对称，不怕伊拉克先发制人的打击，为争取舆论，美国首先发出最后通牒，要求伊拉克撤军；威胁失效便发起先发制人的打击，伊军就只有被动挨打. 伊拉克即使先发起地面攻击，也不能改变战争结局. 因此，像海湾战争、伊拉克战争、科索沃战争，都是"先喊后打"，但这都是基于绝对的战略优势，对方没有先发制人的手段. 对比一下，古巴导弹危机和两次柏林危机期间，双方都示强，但都不想真打起来.

3.2.15 军事谋略的博弈分析

军事谋略属于动态博弈的范畴，是建立在预见性或理性预期的基础上.

比如"围魏救赵"，其注为：共敌不如分敌，敌阳不如敌阴. 意为攻打集中的敌人，不如设法分散它而后再打；先打击气势旺盛的敌人，不如后打击气势旺盛的敌人. 其按语说：治兵如治水；锐者避其锋，如导疏；弱者塞其虚，如筑堰. 故当齐救赵时，孙子谓田忌曰："夫解杂乱纠纷者不控拳，救斗者不搏击，批亢捣虚，形格势禁，则自为解耳." 围魏救赵，在谋略分类属攻敌必救（棋语称为抽将）.

该计源自孙膑为田忌献计围魏救赵的典故：魏国包围了赵国首都，齐国派田忌率兵救援. 如果直接赴赵，齐兵疲惫，取胜的期望为 $p \leqslant 1$. 齐兵以攻魏间接救赵，迫使魏兵回援. 魏面临两难：不回援其国都濒危，国家濒亡，回援则以劳对逸. 两害相权取其轻，也只好回兵救援. 解放战争时期我军攻城打援，也属于攻敌必救的计谋. 蒋介石多次失策后曾问计于白崇禧，白献计说要判断我军真正目的，真攻城则救援，假攻城则不救. 但蒋军实际上无法以此计得逞. 我军往往是你来救我打援，你不救我攻城，使蒋军进退失措.

属于动态博弈的计谋还有"调虎离山""以逸待劳""釜底抽薪""上屋抽梯"等. 动态博弈最精彩的计谋是连环计. 连环计源自赤壁之战. "连环计者，其结在使敌自累，而后图之. 盖一计累敌，一计攻敌，两计扣用，以摧强势也". 三十六计第三计引用的"子贡救鲁"的故事也属于连环计，且属于多主体动态博弈的连环计，大意如下：春秋末期，齐简公兴兵伐鲁，鲁国形势危急. 孔子的弟子子贡分析形势，认为可借吴国兵力挫败齐国军队. 于是子贡游说齐相田常. 子贡以"忧在外者攻其弱，忧在内者攻其强"的道理，劝他莫让异己在攻鲁中获得成功从而扩大势力，而应攻打吴国，借强国之手铲除异己. 田常心动，但因齐国已作好攻鲁的部署转攻吴怕师出无名. 子贡说："这事好办. 我马上去劝说吴国救鲁伐齐，这不是就有了攻吴的理由了吗？"田常高兴地同意了. 子贡赶到吴国，对吴王夫差说："如果齐国攻下鲁国,势力强大,必将伐吴.大王不如先下手为强,联鲁攻齐,吴国不就可抗衡强晋,成就霸业了吗?"子贡马不停蹄,又说服越国,派兵随吴伐齐,解决了吴王的后顾之忧.子贡游说三国达到预期目标后,又想到吴国战胜齐国之后,定会要挟鲁国,鲁国不能真正解危.于是他偷偷跑到晋国,向晋定公陈述利害关系:吴国伐鲁成功,必定转而攻晋,争霸中原.劝晋国加紧备战,以防吴国进犯.公元前484年,吴王夫差率十万精兵攻打齐国,鲁国立即派兵助战.夫差大获全胜之后,立即移师攻打晋国.晋国因早有准备,击退吴军.子贡充分利用齐、吴、越、晋四国的矛盾,借吴国之力击败齐国;借晋国之"刀",灭吴国的威风.鲁国损失微小,却能从危难中得以解脱.

"连环计"本计注为"将多兵众,不可以敌,使其自累,以杀其势.在师中吉,承天宠也".后句语出《易经》,是说将帅巧妙地运用此计,克敌制胜,就如同有上天护佑一样.本计强调使敌人自累,使敌人战线拉长,兵力分散,为我军集中兵力各个击破创造有利条件.案例中引用了庞统连环计和宋代将领毕再遇的故事.可以扩展其含义:只要有连续的几招,能连续调动敌人,使敌进退失据而就范,就可称为连环计,例如赤壁之战的连环计可以这样理解,首先庞统献连环计为火攻创造条件,随后黄盖以苦肉计为假投降创造条件,周瑜使反间计使曹操认为黄盖投降是真,最后借助东风,将黄盖的降船放置火药,火烧曹船而胜之.这连续的几招总体上可称为连环计.

3.2.16 作战模拟

库恩定理指出:完美信息的有限动态博弈都有一个纳什均衡.这里所谓有限,主要指博弈树的节点是有限的,不是一个无限生长的博弈树.完美信息是指"历史清楚"的博弈,即参与人知道博弈开始到现在参与人都采取过哪些行动.完美信息的动态博弈,都可以采取逆向推理的方法得到一个精炼纳什均衡.

根据零和博弈的求解和编程原理,动态博弈的人工智能软件列出博弈树后,按照奇数节点求先行动者的最大化、偶数节点求后行动者的最大化(或求先行者的最小化)的思路求解.完美信息的动态博弈,可以采取上述逆向推理方法得到一个精炼纳什均衡,求出博弈的最优路径.编制此类软件的难点不是如何求解,而是如何快速求解.

一个博弈树从根到最远的节点所包括的阶段数目叫作博弈的长度.例如棋类软件,如果一直计算到决出胜负,博弈树很长.特别是计算机围棋,若从第一招计算到终局,地球物质都变成量子计算机也无法计算如此大的博弈树.象棋博弈计算量小一些,但也无法计算到终局.这就要求考虑博弈的长度,编程人员只能设计有限节点的博弈程序.因此首先要考虑计算几个节点,以及最后一个节点怎样赋值的问题.

一是规定截止局.在开局,只能考虑若干博弈阶段.在中局,则只考虑与当前局势相关的那部分博弈树,其树根不再对应于开局,这时博弈树变小,但往往也不能计算到终局,只能考虑到"截止局".截止局必须是能够确切地计算其节点值的棋局.当然,终局能计算节点值,而其他截止局的约定也必须能计算节点值.比如,下步要吃对方的子或造成对方危局的棋局，因为下一步棋会使局势发生很大的变化，而无法确定节点的值. 人工智能理论把这样的局称为活局，需要继续向下算. 而把下一步不会导致双方力量发生显著变化的局称为"僵局"或死局，我们可以计算到僵局为截止局.

二是赋值. 规定了截止局后，需要计算它们的值. 一般用赋值函数计算节点的值. 赋值系统也称为"专家系统". 可以设想：到截止局后，由专家来评估优劣并给出定量估值. 估值函数考虑的主要因素有：（1）力量. 反映实力单位（棋子）的数量与质量. 在军事博弈软件中，由专家系统对不同的作战单位赋值. （2）活力. 表示作战单位的活力或活动范围. 活力越大赋值越高. 在棋类软件中规定凡能走的活动范围，或规定不会被对方吃掉的活动范围为活力. 在军事软件中，活力表现为机动力，由专家系统赋值. （3）对关键区的控制. 如象棋中能控制对方将帅活动区则加分. 在军事软件中，具有军事地理优势则加分. （4）特别棋局. 如果出现特定棋局，根据定式，可加一定的分数以肯定其优势. 对以上因素分别乘一定的权数再加总. 对棋终局的胜局给以最高节点值. 军事棋局也可类似赋值.

三是纵向最大最小法. 假设轮到主方走棋，以当前的棋局作为博弈树的树根，分析可能的走法，每一种可能的走步为一个后继节点，查看是不是截止局，若不是则继续扩展，逐步扩展为一个博弈树. 然后根据"专家系统"或"估值函数"计算所有截止点的值，再应用最大最小法，由下向上标注各节点的值，标注时对于主方走的"或节点"取其最大值，对于非主方走的"与节点"取其最小值. 最后返回到树根部，主方选择走有最大值的一步. 为了节约存储器的空间，不需要将全部节点存入存储器，只存入那些计算相关节点值有用的节点，一旦用过，就可以取消，减少计算量.

四是 $\alpha-\beta$ 截枝法与启发式搜索. 以上是编制动态博弈程序的一般方法，尽管有了 $\alpha-\beta$ 截枝法的简化，组合爆炸仍然存在，故需进一步研究提高效率的方法. 一个没有下棋经验而又十分认真的人，每走一步需要建造一棵庞大的博弈树；而一个下棋能手，他的经验可以使其通过某些特定的棋局判断双方的利弊，他走每一步需要建立的博弈树要小得多. 棋艺不高而十分认真的棋手的树式搜索方法称为穷尽式搜索，而一个博弈能手的搜索方法称为启发式搜索. 启发式搜索的核心是对特定棋局的判断能力.

3.2.17 三方博弈的启示

涉及多个参与方的战略博弈中有个三人对决模型，它是二战时冯·诺依曼应美国军方要求设计的，体现多人博弈的战略思维. 这个博弈模型说明多方博弈中弱者可以韬光养晦.

先回顾这个模型例子：史密斯、约翰、彼得约定进行一场决斗. 其中史密斯枪法最差，击中对方的概率为30%，约翰枪法次之，击中对方的概率为80%，彼得斯枪法最好，击中对方的概率为100%. 开枪的顺序依次为史密斯、约翰、彼得. 如果第一轮没有人死亡，则开始第二轮，顺序仍然不变. 首先开枪的史密斯应如何选择？更全面的问题是：这三个人轮到其开枪时应如何选择.

把决斗的次序分为第一轮和第二轮，每一轮为三个阶段，第一阶段史密斯开枪，第二阶段约翰开枪，第三阶段彼得开枪. 首先开枪的史密斯如何选择，在动态博弈分析中要求从最后的子博弈开始. 这个博弈到底进行几个阶段是不清楚的，因为不知道有几轮决斗，决斗的结果取决于概率. 从第一轮的第三阶段分析，如果彼得活着，他的枪法准确，100%能击中对手，因此他开枪后只剩下一人与他对决，他选择对谁开枪呢？应对枪法较准的约翰开枪，因为留下史密斯，他在第二轮不被击中的概率为0.7，若留下约翰，他在第二轮不被击中的概率为0.2.

确定第三人彼得必向约翰开枪，那么第二个人约翰该向谁开枪呢？约翰考虑：如果他向史密斯开枪，并且打中了，则第三个人彼得必向他开枪并将他击毙；如果不能打中史密斯，第三阶段彼得仍会将他击毙. 总之，如果选择向史密斯开枪，约翰的生存概率是0；如果向彼得开枪，则约翰有0.8的概率击毙彼得，击毙彼得后，剩下史密斯会向他开枪，但史密斯的枪法较差，他不被击中的概率还有0.7. 根据推理，约翰必向彼得开枪，则彼得在第一轮决斗后生存概率为0.2.

前面已分析出第三个人彼得向约翰开枪，随后逆推到第二个人约翰必向彼得开枪，第一个人史密斯如何选择呢？如果他向彼得开枪并且击中，则他被随后向他开枪的约翰击中的概率为0.8，生存概率仅为0.2；如果他向约翰开枪并且击中，则他被随后开枪的彼得击中的概率为1，生存概率为0. 初看起来，他向神枪手彼得开枪比向约翰开枪要好.

但假定他向天开枪又如何？如果他向天开枪，则随后约翰肯定向彼得开枪. 因此，如果他向天开枪，第一轮史密斯的生存概率为1，比起次优决策"向彼得开枪"的生存概率0.8还要高. 因此史密斯应选择向天开枪.

这样第一轮对决下来，枪法最好的彼得的生存概率为0.2，枪法次好的约翰的生存概率为0.8，而枪法最差的史密斯生存概率为1. 当然他要选择对天放枪，否则他的生存概率降为0.8. 这里面蕴含了策略问题. 中国有"鹬蚌相争，渔翁得利"，"两虎相斗，必有一伤"，以及"韬光养晦"等成语故事. 以上模型的启示有助于与这些古代谋略相印证.

尽管有时弱者因为其弱而免受攻击，但不要以为弱者就比较有利，比如第一轮博弈尽管弱者幸免于被攻击，但第二轮博弈中却因实力不强而处于不利地位. 现实中，要克服只重谋略忽视实力的倾向. "韬光养晦"也不是在任何时候都是上策.

为了证明不是弱者生存概率最高，接着分析第二轮决斗. 第一轮肯定有两个人幸存下来，或史密斯和约翰，或史密斯和彼得. 假定第一轮史密斯和约翰幸存又轮到史密斯开枪，然后幸存的约翰向史密斯开枪. 第二轮结束后，约翰幸存的总概率为$0.8 \times 0.7 = 0.56$（约翰第一次击中彼得的概率×第二次不被史密斯击中的概率），第二轮结束史密斯被击中的概率为$0.7 \times 0.8 = 0.56$，幸存的概率为$1 - 0.56 = 0.44$. 由于两人都不是百发百中，所以还可能有第三轮.

如果第一轮结束时，是史密斯与彼得幸存，彼得在第二轮幸存的概率0.7，在两轮幸存的总概率是$0.2 \times 0.7 = 0.14$（其中0.2是约翰打不中的概率，0.7是史密斯打不中的概率），而史密斯幸存的概率是0.3，也即他首先击中彼得的概率.

综合下来，史密斯在第二轮结束后，幸存总概率是$0.8 \times 0.44 + 0.2 \times 0.3 = 0.352 + 0.06 = 0.412$.

因此，第二轮结束后，史密斯的生存概率为0.412，约翰的生存概率为0.56，彼得的生存概率为0.14.

由上可知，在上述假定下，第二轮由于只剩两人，就没有策略问题而只有技术因素和概率因素了. 史密斯的命运不再由于枪法最差而受益，这时他会后悔为什么不早练好枪法.

该博弈假设的弱者先开枪的规则在现实中不存在，因此，现实中一般不是最强者生存概率最低，往往是弱者生存概率低. 该博弈模型论证了韬光养晦策略在何时才能适用，但不能论证任何情况下韬光养晦都是对的，也不能证明弱者靠韬光养晦一定就能生存.

3.2.18 六子棋博弈

在五子棋的基础上，台湾交通大学的学者于2005年提出了六子棋，并泛化出一系列k子棋，k子棋博弈是动态的、二人的、完备信息的、非合作的博弈问题. 形式化描述为$connect(n, k, p, q)$.

五子棋

$$connect(n = 15, k = 5, p = 1, q = 1)$$

的两个主流版本Renju和Go−Moku分别于1995年和2001年被弱解决，两种规则下皆为"先手（黑）方必胜".

六子棋比五子棋复杂得多，形式化为

$$connect(n = 19, k = 6, p = 2, q = 1).$$

六子棋无禁手，一般采用19×19的棋盘.

六子棋有如下显著特点：（1）平均分枝因子大. 普通的博弈树搜索的深度太浅，在一定程度上抑制了搜索的作用；（2）开局、中局、残局的策略差异不显著；（3）一次走两颗子的规则，导致六子棋的状态空间、博弈树空间复杂度与围棋相近；（4）存在广泛适用的判定胜负的特定搜索策略，即迫着搜索.

知识表示影响问题的求解难度. 基于六子棋规则，研究专家提出了"棋盘、三进制线、二进制模式点"的分层表示方法，实现了领域知识的有效表示、复用，提供了引入知识解决六子棋计算机博弈问题的一个接口. 三进制（黑子、白子、空点）线可等价地分解为多个二进制（有子、无子）的模式；二进制的模式可以简单穷举，并对其进行细致分析，从而形成模式知识库.

专家也定义了较为完备的模式的类型，进一步完善了模式的定义，专家提出了基于演化关系的既定性又定量的知识表示体系，约简并抽取出了知识表达的主要维度，给出了迭代生成全部模式的具体方法，提供了实现知识库的完整方法.

六子棋全部棋形共计1 048 512个，被划分为15个等价类，命名为15种类型：胜、必胜、活五、死五、活四、眠四、死四、活三、眠三、死三、活二、眠二、死二、活一、其他. 常见模式, 如其他、活一、死二、眠二、活二、死三、眠三、活三等所占的比例较少, 总共约占15%. 同样类型的棋形, 其价值相差无几. 但是, 在实际对弈中的统计数据表明, 所包含的棋子数越多, 冗余度越大, 出现的概率也就越低. 所以, 虽然棋形的可能组合数较大, 但真正会出现的, 只是其中很少一部分.

除常见的基于 $\alpha - \beta$ 的搜索策略, 以及利用基于探索与均衡的抽样方法来弱化对专家估值需求的UCT策略之外, k子棋研究者提出了两种有效的搜索方法: 证据计数搜索 (Proof Number Search, PNS) 和迫着空间搜索 (Threat Space Search, TSS). 这两种算法成为最终解决Renju和Go-muku的主要技术.

PNS是一种最佳优先搜索策略, 尝试以尽可能低的状态空间复杂度给出关于赢/不赢这类二元问题的肯定或否定的解答. TSS是一种基于回答特定问题而根据规则进行剪枝的高效搜索算法, 这种剪枝是无风险的. 在六子棋中, 由于一次可以走两颗子, 迫着搜索情形更多, 也更为复杂. 采用TSS搜索策略已成为所有六子棋程序的必备选项之一. 在分层表示的情况下, 增量更新是一种非常有效的状态演化方法, 在实践中常被采纳.

机器学习方法在博弈问题中越来越重要. 击败李世石的AlphaGo方法, 主要采用深度学习、强化学习和UCT技术. 这为六子棋的相关研究提供了良好的思路.

六子棋的机器学习相比于围棋有更多的优势: 第一, 基于分层描述的六子棋知识表示, 在策略表达上比围棋更容易; 第二, TSS有助于构建大规模有监督的训练集; 第三, 六子棋基础知识库较小, 可以围绕基础知识库, 通过学习, 扩展和构建实用的高级知识的知识库.

总之, 由于难度和围棋有可比性, 加上近年来以深度学习、强化学习等为代表的新技术突破, 构建水平更高的六子棋程序越来越容易. 但是, 实时获得六子棋博弈问题的解依然困难重重, 这需要探索更多的方法.

3.2.19 围棋博弈

围棋之所以被视为人类在棋类里面最后的堡垒, 是有其内在原因的, 围棋的空间复杂度极大, 而且局面非常难于评价. 根据Allis对几种双人、零和、完备信息的棋类游戏的复杂度估计, 19路围棋的状态空间复杂度和博弈树复杂度都远远高于其他棋类.

针对高复杂度完备信息博弈问题, 其研究主要集中在围棋上 (博弈树复杂度10^{360}). 由于其极大极小树的分支因子过大, $\alpha - \beta$搜索及其优化方法无法搜索足够的深度, 导致其失去了效力. 在很长一段时间内, 静态方法成为研究的主流方向, 其顶峰为"手谈"和GNUGO两个程序, 在9×9的围棋中达到了人类5至7级水平.

这种趋势在2006年被S. Gelly等提出的UCT (Upper Confidence Bound for Tree) 算法彻底改变. 该算法在蒙特卡洛树中使用UCB解决了探索和利用的平衡, 并采用随机模拟对围棋局面进行评价, 极大地提升了计算机围棋的水平. 其在9路围棋中已经可以偶尔击败人类职业棋手, 但在19路围棋中还远远无法与人类棋手抗衡.

此后的十年中, 围棋的研究基本限于UCT的搜索框架而展开, 围棋领域知识难以有效提炼，进展并不令人满意，直至D. Silver 等利用深度学习对围棋领域知识进行学习. 该方法对专家棋谱进行监督学习和自博弈强化学习，使用策略网络和估值网络实现招法选择与局势评价，通过与蒙特卡洛树搜索算法的结合，极大地改善了搜索决策的质量；同时提出了一种异步分布式并行算法，使其可运行于CPU/GPU 集群上. 在此基础上开发的AlphaGo 于2016 年击败了韩国九段棋手李世石；其升级版本"Master"于2017 年60 连胜人类顶级高手；2017年，AlphaGo 的新版本以3∶0 的比分完胜围棋天才柯洁，引起了巨大的轰动. 这些人机大战是人工智能的划时代事件，并将极大推动人工智能的大发展.

2006 年，Kocsis 和Szepesvari 提出了基于蒙特卡洛的UCB（Upper Confidence Bound）算法. 该算法是用来解决老虎机吃角子问题而提出的，属于统计学领域的方法. UCB的公式为

$$Gen_i = X_i + \sqrt{\frac{2\log N}{T_i}}.$$

其中，Gen_i 为第i台机器新的收益，X_i 为第i台机器目前为止的平均收益，T_i 为第i台机器玩过的次数，N 为全部机器玩过的次数.

UCT其实就是把UCB 的公式用于围棋全局搜索中，是一种最佳优先的算法. 它把每个叶子节点都当作一个老虎机吃角子问题，收益由执行随机对弈的模拟棋局得到，胜负结果将更新树中所有节点的收益值. UCT 算法不断展开博弈树并重复这个过程，直至达到限定的模拟对局次数或耗尽指定时间. 收益最高的子根节点成为UCT 算法的最终选择.

UCT 算法是将蒙特卡洛方法和UCB 的思想结合到树搜索的算法中，利用每个节点在蒙特卡洛模拟结果中的收益作为博弈树节点展开的依据，对树进行展开. 蒙特卡洛树搜索算法包含四个过程：选择、拓展、模拟和反馈. 在选择过程中，搜索算法首先从树的根节点开始，根据一定的策略选择一个到达叶节点的路径，并对到达的叶节点进行展开（拓展过程），之后对这个叶节点做蒙特卡洛模拟对局并记录结果（模拟过程），最后将模拟对局的结果按照路径向上更新节点的值（反馈）. 蒙特卡洛树搜索算法迭代进行这四个过程，直至达到终止条件，例如到了规定的最大时间限制，或者树的叶节点数和深度达到了预先设定的值.

简而言之，UCT 搜索过程使用UCB 作为博弈树展开的依据，利用蒙特卡洛过程进行叶子节点的评价，评价值回溯并更新展开的子树，作为节点的收益，即公式中的X_i. 近几年，以UCT 算法为基础的围棋机器博弈仍然处于一个高速发展的过程中，专家们陆续提出了：模拟对局的RAVE 增强算法，将机器学习加入全局搜索中，UCT 并行化，利用4×4的Pattern 库提高模拟棋局的质量，使用OOV 算法进行特征学习. 谷歌的AlphaGo 围棋程序在UCT 搜索中加入了使用深度学习结合强化学习方法创建的策略网络和估值网络，并使用庞大的CPU 集群和GPU 集群进行计算支持. 它以4 比1 完胜人类九段棋手李世石，在世界范围内引起了巨大的轰动.

AlphaGo 中，利用深度学习的方法训练了策略网络和估值网络两个网络. 两个网络的训练过程都包括两步，即监督学习（学习专家棋谱）和增强学习（自博弈）.

策略网络输入一个state（局面），给出一个招法a（实际上给出的是所有走子点的概率排列，需要保证随机性，并不是一直选最大概率的招法）. 估值网络输入一个state，给出评

价 v. AlphaGo 里面用了两个策略网络（一个复杂，另一个简单但是执行速度快）和一个估值网络.

AlphaGo 的搜索框架，对标准的UCB 选择有所改进，加入了一项先验概率（其实这个想法不是新的），由复杂的策略网络给出（每个展开的节点只需要执行一次）. 简单的策略网络则用于蒙特卡洛模拟过程（可以叫作rollout 或simulation），而且并不是完全由策略网络进行模拟对局，是作为有效知识的补充（如Atari、Extension、Capture 这些明显的走子）. 叶子节点进行蒙特卡洛模拟过程的同时，也用估值网络进行评价（也只做一次，重复出现不用再做），模拟过程的结果与估值网络给出的评价值加权求和，作为此节点最后的估值. 搜索树更新的过程与传统UCT 也是类似的.

3.2.20 点格棋博弈

点格棋又称为点点连格棋、围地棋等，是国外的一种添子类游戏. 点格棋已经被纳入国际计算机奥林匹克大赛多年，2010 年正式成为中国计算机博弈比赛棋种.

点格棋虽然规则简单，但是其状态空间巨大，Barker 和Korf 使用$\alpha - \beta$搜索首次完全解决了4×5棋盘尺寸的点格棋问题，并得出结论，这一尺寸下，棋局一定可以以平局结束，这也是目前被完全解决的最大尺寸点格棋问题. 中国计算机博弈比赛点格棋采用6×6棋盘规格.

棋盘表示是博弈的基础，好的棋盘表示可以获得更高的执行效率. 点格棋常用的棋盘表示有矩阵表示、十字链表表示等方法. 相对而言，采用十字链表表示可以与点格棋棋盘较好地匹配，同时还可以获得较高的效率. 除此之外，棋盘表示中还会增加一些特殊字段来优化这种表示，如hash 值、链接度等.

一般是将点格棋盘表示为一个6×6的二维点阵数组，一个2×2的"子点阵"叫作一个格. 两个点(i, j)和(k, l)当且仅当$|i - k| + |j - l| = 1$时叫作邻近的. 邻近的两点连成一条边，每个格子由这样的四条边围住时，格子被俘获. 专家按此方法实现了棋盘表示和棋局局面的判断，这种表示方法重点保存的是点，考虑点之间的连接. 之后专家又提出了一种新的棋盘表示方法，该方法重点保存的是格，考虑格之间的连接.

为方便点格棋棋局状态分析，专家采用了对点格棋的棋盘做等效变换. 原棋盘中的竖边对应于变换后的横边，原棋盘中的横边对应于变换后的竖边，原棋盘中的每格各自转化为一个点，图中方点称为地. 因此游戏转化为每步选择删去一边，当某点所连的四条边全部被删去后，此点由删去最后一边的一方获得，当游戏结束时，得到点数多的一方获胜.

由于棋局由30 条横边与30 条竖边构成，每条边有存在和被删去两种状态，因此可以用2 个32 位整型数H、V表示，0 表示该边未被删去，1 表示该边已经删去. 此外，可以通过(H, V, S_0, S_1)唯一地表示一个棋局局面，其中H、V为边的状态，S_0为当前走棋一方的得分，S_1为另一方的得分.

目前，大多数AI 程序使用的是静态估值，即按照已知的策略和技巧对棋局评估. 这些方法在很大程度上依赖于开发者对游戏规则的理解和经验知识，评估质量难以保证，并且这些规则的确定需要一个漫长的总结积累过程.

专家们利用人工神经网络（Artificial Neural Network，ANN）进行估值，设计ANN模型的关键之处在于选择合适的局面特征使其可以反映出局势情况的内在规律. 在点格棋局面特征的选取上主要有两种方案：一种是使用原始的局面，将其用二进制压缩表示的形式作为人工神经网络的输入；另一种是统计局面中链、环等信息，将原始局面信息抽象为易于人类分析的形式. 前者的优势在于没有信息丢失，每个输入唯一对应于一种局面状态，但问题是输入信息过大，网络规模大，运算速度慢，且内在规律不明显，训练难度大；后者存在信息丢失，但是模型节点数较少，计算速度快，规律明显，训练难度低.

搜索是选择的过程，也是程序中最耗时最复杂的部分. 点格棋的分支因子比较大，因此不可能对所有局面进行搜索，选择一种高效的搜索算法尤为重要. 在过去的几十年，极大极小值搜索不断得到改进，$\alpha-\beta$剪枝、迭代加深、置换表、启发式算法等的综合利用使搜索效率提高几个数量级. 为了避免基于极大极小值搜索的游戏状态树搜索过程中，对游戏状态评估经验的依赖，蒙特卡洛树搜索（MCTS）算法应运而生. 它通过大量随机对局模拟来解决博弈问题，具有很好的通用性和可控性. 在DeepMind团队将卷积神经网络（Convolutional Neural Network，CNN）技术引入计算机博弈之后，集成深度学习方法在计算机博弈领域得到了广泛关注.

方法一是采用UCT与ANN相结合的方式. ANN具有近似估计局面优劣的特性，将ANN用在对叶子节点的评估上，不必将游戏进行到结束即可近似计算出可能的双方获胜概率，以减少单次模拟用时. 由于ANN是近似估计，错误不可避免，这就需要通过大量模拟以消除少量错误估计带来的影响，而UCT正是通过大量模拟、在线学习的方式来判断走法好坏的算法. UCT与ANN的结合使用，一定程度上减少了模拟时间，而准确性上不会有太大损失.

方法二是CNN集成的$\alpha-\beta$搜索. 毫无疑问，一次$\alpha-\beta$完全搜索可以提供最精确的游戏局面评估，但是在游戏早期阶段，一次完全搜索将耗费太多时间. 通常，在非完全的$\alpha-\beta$搜索中，需要人工定义基于知识工程的复杂局面评估函数，开发难度高，时间开销大. 一个经过充分训练的CNN模型可以立即给出对一个游戏局面的评估，但是CNN的评估精度尚不能与一次完全$\alpha-\beta$搜索的结果相比. 将CNN与其他算法集成，通常能以少量时间效率为代价提高算法的整体评估精度. 一个集成深度学习的方案是当被搜索局面的回合数处在卷积神经网络的置信回合区间中时，卷积神经网络模型将直接充当$\alpha-\beta$搜索的局面评估函数，为博弈搜索树的叶节点提供局面评估.

另外，强人工智能AlphaGo与DeepStack都使用了集成深度神经网络的MCTS方法. 事实上，在点格棋中CNN也可以与MCTS搜索算法进行集成.

总之，在点格棋实际开发与应用中，利用十字链表法表示棋盘，使用监督学习方法离线训练得到的人工神经网络模型作为点格棋局面的评估函数，结合UCT搜索算法，使点格棋博弈系统达到了较高的智力水平，弥补了仅使用单一算法的不足.

3.3 人物故事

3.3.1 策梅洛

- **人物简历**

恩斯特·弗里德里希·费狄南·策梅洛（Ernst Friedrich Ferdinand Zermelo），1871年生于柏林，1889年大学毕业后在柏林大学和弗莱堡大学研究数学、物理和哲学，1894年在柏林大学完成博士学位. 博士毕业后策梅洛留在柏林大学，被聘为普朗克的助手，在普朗克指导下开始研究流体力学. 1897年，策梅洛去了哥廷根，在那里他于1899年完成了教员资格论文，1905年成为教授，1926年成为弗赖堡大学荣誉教授，1935年因驳斥阿道夫·希特勒的统治与该校失去联系，直到第二次世界大战后的1946年才被该校承认复职. 策梅洛于1953年5月21日在弗赖堡逝世.

- **学术贡献一：集合论**

策梅洛的主要贡献是集合论基础，他于1904年发表的论文不仅解决了康托尔的良序问题，而且给出了选择公理，也称为策梅洛公理，它有上百种等价形式，已应用于几乎每一个数学分支，成为一个独立的研究领域. 策梅洛在1908年建立了第一个集合论公理系统，给出了外延、空集合、并集合、幂集合、分离、无穷与选择等公理，弗伦克尔和斯科朗又作了改进，增加了替换公理，冯·诺伊曼进一步提出了正则公理，后经策梅洛的总结构成了著名的集合论公理系统ZF，形成了公理集合论的主要基础.

- **学术贡献二：博弈论**

策梅洛在博弈论领域的贡献在于棋类游戏的三择一定理，即规则明确的棋类游戏，有且只有以下情况中的一种成立：（1）白方有必胜策略；（2）黑方有必胜策略；（3）白黑双方有至少平局策略. 这是博弈论领域的第一个重要定理，从理论上说明了棋类游戏从设计之初也就意味着终结，但是对于一些规模稍大的棋类游戏，人们始终无法找到必胜策略或者至少平局策略，这是由棋类游戏策略集的海量复杂性决定的. 既然无法精确找到必胜策略或者至少平局策略，那么通过各种智能随机算法可以有效改善策略的有效性，在这个意义上，这个定理也预示了21世纪初叶典型的人工智能系统Alpha Go的出现.

3.3.2 泽尔腾

- **人物简历**

莱茵哈德·泽尔腾（Reinhard Selten），1930年出生于德国的不莱斯劳，第二次世界大战以后，不莱斯劳划属波兰，改名为弗罗茨瓦夫. 1951年泽尔腾高中毕业，尽管他曾考虑上大学学习经济学或心理学，但他最后还是决心选择学习数学. 泽尔腾考入了法兰克福大学数学系，1957年毕业，获数学硕士学位. 而后从事博弈论及其应用、实验经济学等学术研究工作. 1961年，泽尔腾获得法兰克福大学数学博士学位，之后一段时期，泽尔腾做了寡头博弈的实验，1967－1968年泽尔腾到加州伯克利分校作访问教授，1972年转到比勒菲尔德大学工作，1984年开始在波恩大学工作. 1991年，泽尔腾和夫人伊丽莎白都患上严重的糖尿病，伊丽莎白因此而下肢瘫痪,并且视力也接近于失明,但泽尔腾夫妇仍对生活充满了自信和快乐. 1994年泽尔腾教授因在"非合作博弈理论中开创性的均衡分析"方面的杰出贡献而荣获诺贝尔经济学奖. 泽尔腾曾任计量经济学社团委员、美国艺术与科学学院外籍名誉院士、青岛大学名誉教授、南开大学公司治理研究中心顾问、南京审计学院名誉教授.

- **学术贡献**

泽尔腾的主要学术研究领域为博弈论及其应用、实验经济学等.

博弈论是作为数学的一个分支出现的,但是它在军事、政治、经济许多方面都有很多重要的运用,其中以在经济学内的运用最多也最为成功. 博弈论整个改写了经济学理论. 博弈论对人类的更大贡献是,加强了国际间的交流合作机会. 各国对博弈论的研究,促进了人类社会的文明发展. 此外,博弈论的思维方式推动了人类思维模式向更高层次发展.

1957年,泽尔腾获得了硕士学位后,被法兰克福大学的经济学家海因茨·萨尔曼教授聘为助手. 萨尔曼教授是最早在德国倡导凯恩斯主义的经济学家. 一开始泽尔腾被安排将决策理论应用于厂商理论研究,但不久,泽尔腾即迷上了经济学的实验. 这项工作得到萨尔曼的支持. 于是泽尔腾与几个同事一起开始从事经济学的实验研究. 尽管萨尔曼没有受过多少数学训练,但他鼓励助手们对经济问题展开数学模型研究,他对经济学的发展趋势有很好的直观感觉,并对他团队成员的研究提供了很好的指导.

1959年,泽尔腾与萨尔曼合作发表了他的第一篇学术论文《一个有关寡头的实验》. 在当时,实验经济学这门学科还不存在. 泽尔腾大学期间学习心理学课程时做实验的经验给了他做这项研究很大的便利. 1961年,泽尔腾获得法兰克福大学数学博士学位. 不久,摩根斯坦邀请他到普林斯顿大学参加博弈论会议,在这次会议上,泽尔腾与海萨尼首次相遇. 会后摩根斯坦资助泽尔腾在普林斯顿做了一段短期访问学者. 在此期间,泽尔腾与摩根斯坦研究集体的其他成员如奥曼、马斯库勒等进行了学术交流,这对于泽尔腾的博弈论研究有重要的促进作用.

1958年前后,泽尔腾了解到西蒙关于有限理性的论文,并试图构造一个有限理性多目标决策理论. 泽尔腾到匹茨堡大学做了两年访问研究,与西蒙及其助手建立了交流. 1962年,他与萨尔曼合作发表了一篇论文《改写厂商理论的想法》. 有限理性问题的研究占用了泽尔腾很多的时间,但并没有取得多少进展. 泽尔腾越来越强烈地意识到,像他与萨尔曼1962年文章中那样的纯理论研究价值有限,要构造有限理性的经济行为理论必须通过实验的方法,而不是闭门造车.

20世纪60年代早期,泽尔腾做了寡头博弈的实验. 他发现对实验模型的博弈理论分析太困难了,只可以得到比较简单的分析结果. 泽尔腾在分析中发现了一个自然均衡,但同时发现这个博弈有许多其他的均衡. 为了描述他的发现,泽尔腾定义了子博弈精炼均衡的概念,并于1965年发表了他最著名的博弈论论文《一个具有需求惯性的寡头博弈模型》. 泽尔腾当时没有想到他的这篇文章后来会被广泛引用,并成为子博弈精炼均衡的正式定义,同时为后来获得诺贝尔经济学奖奠定了基础. 1964年,泽尔腾发表了论文《n人博弈的评价》,这是一篇重要的博弈理论论文,是泽尔腾博弈理论研究中的另一重大贡献.

1965年，泽尔腾应邀参加在以色列举行的国际博弈论工作会议，由于当时博弈论还是一个很小的研究领域，因此参加会议的只有17个人．但其中包括了当时所有重要的博弈理论研究专家．会上，专家们对海萨尼关于不完全信息博弈理论的研究成果进行了热烈的讨论．从这次会议，泽尔腾开始了他和海萨尼长达20多年的合作研究．会议结束不久，泽尔腾成为由少数博弈理论专家组成的为美国军备控制与裁军委员会进行研究的一个小组成员，小组成员中包括海萨尼．尽管研究没有给委员会带来什么具体的成果，但理论却得到了发展，取得一些重要的学术成果，比如奥曼等对不完全信息重复博弈的分析研究．在当时的德国，要做大学教师，博士学位不是最后形式的要求，还得取得一定的资格，这要求写一篇资格论文，常常是关于某一个研究领域的专题文章．泽尔腾1967年写了一篇多产品定价的专题论文，在1970年发表．1967－1968年，泽尔腾到加州伯克利分校做访问教授．回来后，泽尔腾取得了从教资格，并在柏林自由大学任经济学教授．

在自由大学期间，正值德国学生学潮高涨时期，教学工作遇到很多困难，有时甚至不能正常教学，而自由大学的学潮又最甚．这时，泽尔腾想建立一个大的数理经济学研究所，因此于1972年转到比勒菲尔德大学工作．后来由于资金方面的原因，只建立了一个小型的研究机构．但泽尔腾成功地说服了拨款委员会，允许研究机构都聘请博弈论专家，一共3个人．在比勒菲尔德大学，泽尔腾取得了一系列的研究成果，并继续他的实验研究，但主要是从事博弈理论及其在产业组织与其他领域的应用研究．泽尔腾开始与海萨尼合作进行博弈均衡选择的研究．这期间，他们互有来往，合作研究的成果在1988年发表．泽尔腾在到伯克利的经常性访问中，还与马萨克合作，于1974年出版了一本关于多产品定价理论的书．在比勒菲尔德大学的12年中，泽尔腾与古斯有密切的合作，他们研究了博弈均衡选择理论的应用．同时，他们还在经济周期模型的框架中对工资谈判问题进行了研究．

1975年，泽尔腾发表了著名的论文《扩展式博弈精炼均衡概念的重新考察》．在论文中，泽尔腾提出了著名的"颤抖手均衡"的概念．比勒菲尔德大学鼓励各学科之间的交叉，在与生物学家的交流中，泽尔腾意识到博弈论能应用于生物学的研究．在一些年轻数学家的帮助下，泽尔腾熟悉了进化稳定的概念和含义，对进化博弈理论产生了极大的兴趣，并对扩展式博弈形式下的进化稳定进行了考察，写了一系列的论文．

泽尔腾感到与不同领域具有较少数学训练的科学家的合作是很有意义的．他与政治学家研究了国际冲突的博弈论模型，并发现政治学家能不受数学模型的制约，根据经验事实做出正确的判断．泽尔腾还与植物学家研究了蜜蜂传花粉过程的理论模型．尽管泽尔腾非常喜欢比勒菲尔德大学的学术交流气氛，但他想建立一个实验经济学研究的计算机实验室，而波恩大学愿意为此提供更好的物质条件，于是泽尔腾于1984年去了波恩大学．

3.3.3 威尔逊

- **人物简历**

罗伯特·威尔逊（Robert Wilson），美国经济学家，现为斯坦福大学教授．1959年，获得哈佛大学学士学位；1961年，获得哈佛大学工商管理硕士学位；1963年，获得哈佛大学博士学位. 1964－1971 年，担任斯坦福大学商学院副教授. 1967年，担任比利时鲁汶大学客座教授，同时担任福特基金会教员研究员. 1971－1976年，担任斯坦福大学商学院教授. 1976年，担任斯坦福大学商学院麦克宾经济学教授；同年，担任计量经济学会会员. 1981年，当选美国文理学院院士. 1986年，获得挪威经济学院荣誉经济学博士学位. 1987年，任教斯坦福大学冲突与谈判中心. 1990年，担任斯坦福大学冲突与谈判中心主任. 1993年，在哈佛大学法学院讲授谈判课程. 1994年，当选美国国家科学院院士. 1993－1995年，担任斯坦福理论经济学研究所所长. 1995年，获得芝加哥大学名誉法学博士学位. 2020年10月12日，由于在"用于改进拍卖理论和新拍卖形式"方面做出的贡献获得2020年诺贝尔经济学奖.

- **学术贡献**

威尔逊教授是石油、通信和电力行业的拍卖设计和竞价策略以及创新定价方案设计的主要贡献者. 他曾为美国内政部和石油公司部（关于海上租赁的投标）、电力研究所（关于电力定价、优先服务系统的设计、基础研究的资金以及环境危害和气候变化的风险分析）以及施乐帕洛阿尔托研究中心（高科技产业产品线定价）服务. 他和保罗·米尔格罗姆一起为太平洋贝尔公司设计了由联邦通信委员会采用的频谱许可证拍卖，并随后参与了投标策略团队. 他是反垄断事务的专家证人.

他在博弈论方面的工作包括工资谈判和罢工，以及在法律背景下的和解谈判. 他发表了一些关于掠夺性定价、价格战和其他竞争性战斗中声誉影响的基础研究.

3.3.4 米尔格罗姆

- **人物简历**

保罗·米尔格罗姆（Paul Milgrom），1948年4月20日生于美国密歇根州底特律市，早年求学于斯坦福大学，获得统计学硕士和经济学博士学位. 在斯坦福求学时，米尔格罗姆师从威尔逊教授，并在其指导下完成了关于拍卖的博士论文. 米尔格罗姆曾在美国西北大学、耶鲁大学等知名大学任教，现在是斯坦福大学经济系教授，兼任美国国家科学院院士、美国国家文理院院士、西方经济协会主席、计量经济学会执委，博弈理论协会委员等众多社会职务. 2020年10月12日，因其在"用于改进拍卖理论和新拍卖形式"方面做出的贡献，与威尔逊一起获得2020年诺贝尔经济学奖.

- **学术贡献**

米尔格罗姆提出的"相关评价""联系原理"，以及对于"同时向上叫价拍卖"的设计都极大丰富了拍卖理论的内容，其著作《竞争拍卖的信息结构》和《拍卖理论与实务》已经成为这个领域的经典. 除对拍卖理论有深入研究外，他还致力于把理论应用于实践之中，其得意之作就是成功设计了美国电讯市场的拍卖机制. 除拍卖理论外，他还在激励与组织、数理经济与博弈论、网络经济、价格战略、精算科学等领域多有著述.

米尔格罗姆教授门下弟子众多，包括2007年克拉克奖得主苏珊·艾希、香港大学经济及工商管理学院院长蔡洪滨教授等.

2021年5月22日,在香港中文大学(深圳)2021年本科生毕业典礼上,米尔格罗姆与大家分享了他人生中"抓住机会实现蜕变"的三个故事,他告诉同学们:"人一生总会遇到改变和成长的机会,但大多时候,我们退缩了,畏手畏脚,失去了抓住伟大机会的最佳时期.因此,要时刻保持头脑清醒,不畏艰险,果断行事.那些重要的成长机会会陆续到来,机会出现时,请各位务必大胆地抓住.诸位必将遇到更多机会,去做出更大的贡献,成长为快乐且事业有成的人.不要害怕那些能推动你前进的、适合你的变化.生活可以是一场精彩的冒险!"

第4章 贝叶斯纳什均衡

本章首先梳理了有关不完全信息静态博弈的模型、贝叶斯均衡等知识要点，然后基于知识要点给出了案例，并分析了案例，构建了模型，推导了性质，案例数据充分给出了计算求解，并对原始案例进行了反馈分析，最后给出了几个著名博弈论专家学者的小传.

4.1 知识梳理

定义 4.1 四元组 $G = (N, (T_i)_{i \in N}, p, (s_t)_{t \in T})$ 称为不完全信息静态博弈，如果满足

(1) N 是一个有限的局中人集合；

(2) T_i 是一个有限的非空集合，表示局中人 i 的类型空间，$T = \times_{i \in N} T_i$；

(3) $p \in \Delta(T)$ 是 T 上的一个公共信念，满足 $p(t_i) =: p(t_i \times T_{-i}) > 0, \forall i \in N, \forall t_i \in T_i$；

(4) $s_t = (N, (A_i(t_i))_{i \in N}, (f_i(\cdot, t))_{i \in N})$ 是对应于类型 t 的局中人的博弈，其中 $A_i(t_i)$ 是局中人 i 的依赖自己的类型 t_i 的行动空间，$f_i(\cdot, t)$ 是依赖所有局中人类型 t 的盈利函数；

(5) 局中人集合 N、局中人的类型空间 T、局中人的公共信念 p、类型博弈 $(s_t)_{t \in T}$ 都是公共知识，但是局中人 i 的属于自己的具体类型 t_i 是私人信息，不是公共知识.

定义 4.2 假设 $G = (N, (T_i)_{i \in N}, p, (s_t)_{t \in T})$ 为一个不完全信息静态博弈，可以通过如下的海萨尼转换将其转化为完全不完美信息动态博弈：

(1) 增加一个自然 0 作为博弈的发起者，按照公共信念 p 选择局中人的类型 T；

(2) 类型为 t 的局中人集合 N 按照 $s_t = (N, (A_i(t_i))_{i \in N}, (f_i(t))_{i \in N})$ 进行博弈；

(3) 令 $\Phi_i(t_i) = (t_i) \times T_{-i}$ 作为局中人 i 的一个信息集，因此局中人 i 的所有信息为 $\mathcal{F}_i = (\Phi_i(t_i))_{t_i \in T_i}$；

(4) 按照上面的要求构建博弈树；

(5) 海萨尼转化后形成的完全不完美信息动态博弈模型具有完美回忆.

定义 4.3 假设 $G = (N, (T_i)_{i \in N}, p, (s_t)_{t \in T})$ 为不完全信息静态博弈，那么局中人 i 的纯粹策略定义为

$$s_i : T_i \to \cup_{t_i \in T_i} A(t_i), \text{s.t. } s_i(t_i) \in A_i(t_i).$$

局中人 i 的所有纯粹策略集合记为

$$S_i = \{s_i | s_i : T_i \to \cup_{t_i \in T_i} A(t_i), \text{s.t. } s_{i,t_i} = s_i(t_i) \in A_i(t_i)\}.$$

所有局中人的策略空间记为 S，即

$$S = \times_{i \in N} S_i, s = (s_i)_{i \in N} \in S.$$

定义 4.4 假设 $G = (N, (T_i)_{i \in N}, p, (s_t)_{t \in T})$ 为不完全信息静态博弈，那么局中人 i 的混合策略定义为

$$\Sigma_i = \Delta(S_i) = \Delta(\times_{t_i \in T_i} A_i(t_i)).$$

所有局中人的混合策略空间记为Σ，即
$$\Sigma = \times_{i\in N}\Sigma_i, \sigma = (\sigma_i)_{i\in N} \in \Sigma.$$

定义 4.5 假设$G = (N, (T_i)_{i\in N}, p, (s_t)_{t\in T})$为不完全信息静态博弈，那么局中人$i$的行为策略定义为
$$\alpha_i : T_i \to \cup_{t_i \in T_i}\Delta(A_i(t_i)), \text{s.t. } \alpha_i(t_i) \in \Delta(A_i(t_i)).$$

局中人i的所有行为策略集合记为
$$\Omega_i = \{\alpha_i|\ \alpha_i : T_i \to \cup_{t_i \in T_i}\Delta(A_i(t_i)), \text{s.t. } \alpha_{i,t_i} = \alpha_i(t_i) \in \Delta(A_i(t_i))\}.$$

所有局中人的行为策略空间记为Ω，即
$$\Omega = \times_{i\in N}\Omega_i, \alpha = (\alpha_i)_{i\in N} \in \Omega.$$

定义 4.6 假设$G = (N, (T_i)_{i\in N}, p, (s_t)_{t\in T})$为不完全信息静态博弈.

(1) 对于一个给定的类型$t \in T$，行动空间$A(t) = \times_{i\in N}A_i(t_i)$中的一个元素记为
$$a_t = (a_{i,t_i})_{i\in N}.$$

(2) 对于一个给定的纯粹策略$s \in S$和类型$t \in T$，定义
$$s_t = (s_{i,t_i})_{i\in N}.$$

(3) 对于一个给定的行为策略$\alpha \in \Omega$和类型$t \in T$，定义
$$\alpha_t = (\alpha_{i,t_i})_{i\in N}.$$

定义 4.7 假设$G = (N, (T_i)_{i\in N}, p, (s_t)_{t\in T})$为不完全信息静态博弈，对应的纯粹策略完全信息静态博弈为
$$(N, (S_i)_{i\in N}, (f_i)_{i\in N}).$$

纯粹策略空间为
$$S_i = \times_{t_i \in T_i}A_i(t_i), \forall i \in N.$$

盈利函数为
$$f_i(s) = \sum_{t\in T}p(t)f_i(s_t; t), \forall i \in N, \forall s \in S.$$

定义 4.8 假设$G = (N, (T_i)_{i\in N}, p, (s_t)_{t\in T})$为不完全信息静态博弈，对应的混合策略完全信息静态博弈为
$$(N, (\Sigma_i)_{i\in N}, (F_i)_{i\in N}).$$

行为策略空间为
$$\Sigma_i = \Delta(\times_{t_i\in T_i}A_i(t_i)), \forall i \in N.$$

盈利函数为
$$\forall i \in N, \forall \sigma \in \Sigma;$$
$$F_i(\sigma) = \sum_{s\in S}\sigma(s)f_i(s), \forall i \in N, \forall \sigma \in \Sigma.$$

定义 4.9 假设 $G = (N, (T_i)_{i \in N}, p, (s_t)_{t \in T})$ 为不完全信息静态博弈，对应的行为策略完全信息静态博弈为

$$(N, (\Omega_i)_{i \in N}, (F_i)_{i \in N}).$$

行为策略空间为

$$\Omega_i = \times_{t_i \in T_i} \Delta(A_i(t_i)), \forall i \in N.$$

盈利函数为

$$F_i(\alpha) = \sum_{t \in T} p(t) F_i(\alpha; t).$$

其中 $F_i(\alpha; t)$ 称为类型 t 下的盈利函数，定义为

$$F_i(\alpha; t) = \sum_{a_t \in A(t)} \alpha_t(a_t) f_i(a_t; t).$$

定义 4.10 假设 $G = (N, (T_i)_{i \in N}, p, (s_t)_{t \in T})$ 为不完全信息静态博弈，对应的行为策略完全信息静态博弈为

$$G_{\text{behave}} = (N, (\Omega_i)_{i \in N}, (F_i)_{i \in N}).$$

行为策略空间为

$$\Omega_i = \times_{t_i \in T_i} \Delta(A_i(t_i)), \forall i \in N; \Omega = \times_{i \in N} \Omega_i.$$

整体盈利函数为

$$F_i(\alpha) = \sum_{t \in T} p(t) F_i(\alpha; t), \forall \alpha \in \Omega, \forall i \in N.$$

$\alpha^* \in \Omega$ 称为行为策略纳什均衡当且仅当

$$F_i(\alpha_i^*, \alpha_{-i}^*) \geqslant F_i(\beta_i, \alpha_{-i}^*), \forall \beta_i \in \Omega_i, \forall i \in N.$$

博弈 G 的所有行为策略纳什均衡记为 BehaveNashEqum(G)。

定义 4.11 假设 $G = (N, (T_i)_{i \in N}, p, (s_t)_{t \in T})$ 为不完全信息静态博弈，行为策略空间为

$$\Omega_i = \times_{t_i \in T_i} \Delta(A_i(t_i)), \forall i \in N; \Omega = \times_{i \in N} \Omega_i.$$

条件盈利函数为

$$F_i(\alpha | t_i) = \sum_{t_{-i} \in T_{-i}} p(t_{-i} | t_i) F_i(\alpha; (t_i, t_{-i})), \forall \alpha \in \Omega, \forall t_i \in T_i, \forall i \in N.$$

$\alpha^* \in \Omega$ 称为行为策略贝叶斯均衡当且仅当

$$F_i(\alpha^* | t_i) \geqslant F_i((\beta_i, \alpha_{-i}^*) | t_i), \forall \beta_i \in \Omega_i, \forall t_i \in T_i, \forall i \in N.$$

博弈 G 的所有行为策略贝叶斯均衡记为 BehaveBayesEqum(G)。

定义 4.12 假设 $G = (N, (T_i)_{i \in N}, p, (s_t)_{t \in T})$ 为不完全信息静态博弈，对应的代理博弈 $\hat{G}$ 为如下的完全信息静态博弈：

$$\hat{G} = (\hat{N}, (A_{(i,t_i)})_{(i,t_i) \in \hat{N}}, (\hat{f}_{(i,t_i)})_{(i,t_i) \in \hat{N}}).$$

局中人集合定义为

$$\hat{N} = \{(i, t_i) | \forall i \in N, \forall t_i \in T_i\} = \cup_{i \in N}(\{i\} \times T_i).$$

局中人(i,t_i)的纯粹策略集合定义为
$$A_{(i,t_i)} =: A_i(t_i), \forall(i,t_i) \in \hat{N}, \hat{a} = (a_{(i,t_i)}) \in \hat{A} = \times_{(i,t_i)\in\hat{N}} A_{(i,t_i)}.$$

局中人(i,t_i)的盈利函数定义为
$$\hat{f}_{(i,t_i)}(\hat{a}) = \sum_{t_{-i}\in T_{-i}} p(t_{-i}|t_i) f_i(\hat{a}_t;(t_i,t_{-i})).$$

定义 4.13 假设$G = (N, (T_i)_{i\in N}, p, (s_t)_{t\in T})$为不完全信息静态博弈，并且对应的代理博弈$\hat{G}$为如下的完全信息静态博弈：
$$\hat{G} = (\hat{N}, (A_{(i,t_i)})_{(i,t_i)\in\hat{N}}, (\hat{f}_{(i,t_i)})_{(i,t_i)\in\hat{N}}).$$

代理博弈$\hat{G}$的混合扩张为
$$\hat{G}_{\text{mix}} = (\hat{N}, (\Omega_{(i,t_i)})_{(i,t_i)\in\hat{N}}, (F_{(i,t_i)})_{(i,t_i)\in\hat{N}}).$$

代理博弈的混合策略为
$$\Omega_{(i,t_i)} = \Delta(A_{(i,t_i)}), \hat{\alpha} \in \hat{\Omega} = \times \Omega_{(i,t_i)}.$$

混合扩张的盈利函数为
$$F_{(i,t_i)}(\hat{\alpha}) = \sum_{\hat{a}\in\hat{A}} \hat{\alpha}(\hat{a}) f_{(i,t_i)}(\hat{a}).$$

4.2 案例分析

4.2.1 扶还是不扶

"除非有人证物证，否则我不会再去扶跌倒的老人！"广东肇庆的阿华在扶起倒地的70多岁阿婆却遭诬陷后表示. 事发当日早上，阿华骑摩托车上人行道准备买早餐，看到路边有位阿婆跌倒在求救，阿华立刻停下来，扶起阿婆，殊不知却遭到阿婆的诬陷，随后和阿婆的女婿发生争执. 阿婆被送到医院住院观察. 后经多方调查才得以澄清，并在广东"公民道德宣传月"暨道德模范"五进"宣传活动中以"身边好心人"登台受到礼遇.

这一案件的真相不言而喻，阿婆家人蛮不讲理地要求赔偿和阿华好心搀扶倒地阿婆形成了鲜明的对比，好心被当驴肝肺的事情就这么真真实实地发生在了我们的身边，社会风气遇到了极大的挑战，这引发了社会各界针对这一事件的激烈讨论. 到底该不该扶？本节将在经济人假设的前提下，通过不完全信息静态博弈的思想进行分析阐述，并探讨我们如何通过一系列客观因素的影响，来使得利益与道德同行.

假设：(1)参与博弈的双方是理性人，都会选择个人利益最大化的行动；(2)假设阿婆在未有人搀扶时便决定是否坑钱，而路人并不知道阿婆是否会坑钱，即参与人在决策时不知道对方的策略，也并不知道对方能够获得的收益函数；(3)假定当事人双方最终解决方法由交警决定，当事人将面临交警正确处理和错误处理两种. 参与人：阿婆、路人. 行动选择：路人有帮忙扶起、不帮忙扶起两种；阿婆有被扶起后坑钱、不坑钱两种.

支付收益：(1)在不考虑交警是否正确判断因素下，阿婆倒地没人扶会有-10的身体伤害，在阿婆不坑钱的情况下仍然没有人扶会多产生负收益-10的心灵损失（路人不知道阿

婆是否坑钱）；路人选择帮忙且阿婆不坑钱的情况下会产生10的心灵收益（阿婆坑钱则不会），路人选择不帮忙会产生内疚感，产生负收益−10的心灵损失. (2)当交警错误判断时，阿婆坑钱能够得到从路人那里来的20的正收益，而路人由于被阿婆坑，会产生−20的负收益. (3)当交警正确判断时，阿婆坑钱是不能够成功的，反而可能会收到路人的谴责甚至处罚，会产生−20的负收益.

情形一：当交警错误处理时，可以构建如下模型. 第一列是阿婆的策略，第一行是路人的策略.

$$\begin{pmatrix} \text{策略} & \text{帮忙} & \text{不帮忙} \\ \text{坑钱} & (20,-20) & (-10,-10) \\ \text{不坑钱} & (0,10) & (-20,-10) \end{pmatrix}$$

经过划线法可得

$$\begin{pmatrix} \text{策略} & \text{帮忙} & \text{不帮忙} \\ \text{坑钱} & (\underline{20},-20) & (\underline{-10},\underline{-10}) \\ \text{不坑钱} & (0,\underline{10}) & (-20,-10) \end{pmatrix}$$

情形二：当交警正确处理时，可以构建如下模型. 第一列是阿婆的策略，第一行是路人的策略.

$$\begin{pmatrix} \text{策略} & \text{帮忙} & \text{不帮忙} \\ \text{坑钱} & (-20,0) & (-10,-10) \\ \text{不坑钱} & (0,10) & (-20,-10) \end{pmatrix}$$

经过划线法可得

$$\begin{pmatrix} \text{策略} & \text{帮忙} & \text{不帮忙} \\ \text{坑钱} & (-20,\underline{0}) & (-10,-10) \\ \text{不坑钱} & (\underline{0},\underline{10}) & (-20,-10) \end{pmatrix}$$

虽然交警是否正确处理案件是无法确定的，但是由于阿婆和路人的行动选择是双方都清楚的，双方都是同时做出选择（阿婆在不知道路人是否会帮忙时已做出是否故意坑路人钱，路人也不知道阿婆是否为了坑钱而故意跌倒，即每个参与人在选择自己行动时都不知道其他参与人的选择，是同时行动），因此这属于不完全信息静态博弈. 在交警错误处理的情况下，阿婆会选择坑钱，路人会选择不帮忙；在交警正确处理的情况下，阿婆会选择不坑钱，路人会选择帮忙. 而路人的选择完全取决于对交警处理事件正确与否（或者说交警能力）的判断.

4.2.2 不完全信息双寡头古诺模型

市场中有两个寡头通过产量决策进行先后竞争. 厂商一的产量是q_1，需要的总成本是$C_1(q_1) = \alpha_1 q_1 + \gamma_1$，其中$\alpha_1$是厂商一的边际成本，$\gamma_1$是厂商一的固定成本；同样假设厂商二的产量是$q_2$，需要的总成本有两种可能：一是$C_2(q_2) = \alpha_2 q_2 + \gamma_2$，其中$\alpha_2$是厂商二的第一种边际成本，$\gamma_2$是厂商二的第一种固定成本；二是$C_{2'}(q_2) = \beta_2 q_2 + \delta_2$，其中$\beta_2$是厂商二的第二种边际成本，$\delta_2$是厂商二的第二种固定成本.

厂商二明确知道自己的成本函数以及厂商一的成本函数. 厂商一明确知道自己的成本函数，但不能明确知道厂商二的成本函数. 厂商一知道厂商二的成本函数为$C_2(q_2)$的概率为θ，成本函数为$C_{2'}(q_2)$的概率为$1-\theta$.

由于厂商二明确知道自己的成本函数和厂商一的成本函数，因此厂商二的决策过程与完全信息静态博弈下的决策过程没有本质区别. 厂商二将厂商一的产量看作给定.

当厂商二的成本函数为 $C_2(q_2) = \alpha_2 q_2 + \gamma_2$ 时，厂商二的产量为
$$q_2^* = \frac{A - \alpha_2 - q_1}{2}.$$

当厂商二的成本函数为 $C_{2'}(q_2) = \beta_2 q_2 + \delta_2$ 时，厂商二的产量为
$$q_2^{**} = \frac{A - \beta_2 - q_1}{2}.$$

对于厂商一来说，由于不能明确知道厂商二的信息，因此只能按照对厂商二的期望成本函数进行决策. 将厂商二的反应函数和厂商一的反应函数结合起来，得到方程组
$$q_2^* = \frac{A - \alpha_2 - q_1}{2};$$
$$q_2^{**} = \frac{A - \beta_2 - q_1}{2};$$
$$q_1^* = \frac{A - \alpha_1 - \theta q_2^* - (1-\theta) q_2^{**}}{2}.$$

计算得到
$$q_1^* = \frac{A - 2\alpha_1 + (\theta \alpha_2 + (1-\theta)\beta_2)}{3};$$
$$q_2^* = \frac{2A + 2\alpha_1 - (3+\theta)\alpha_2 - (1-\theta)\beta_2}{6};$$
$$q_2^{**} = \frac{2A + 2\alpha_1 - \theta \alpha_2 - (4-\theta)\beta_2}{6}.$$

特别地，当 $\beta_2 = \alpha_2$ 时，上面的均衡变为
$$q_1^* = \frac{A - 2\alpha_1 + \alpha_2}{3};$$
$$q_2^* = \frac{A + \alpha_1 - 2\alpha_2}{3}.$$

4.2.3 黔之驴

唐代大文豪柳宗元有一篇经典的寓言《黔之驴》，翻译大意如下：

黔地这个地方本来没有驴，有个好事之人用船运来一头驴. 驴运到后却没有什么用处，就把它放置在山脚下. 老虎看到驴这个庞然大物，以为是什么神物，就躲在树林里偷偷看它，渐渐小心地靠近它，惊恐疑惑，不知道它是什么.

之后的一天，驴叫了一声，老虎非常害怕，认为驴要咬自己，跑得远远的. 但是老虎来来回回地观察它，又觉得它并没有什么特别的本领. 渐渐地，老虎熟悉了驴的叫声，又忽前忽后地靠近它，但始终不敢与它近距离接触. 后来老虎渐渐地尝试靠近驴，态度越来越轻侮，并会轻慢地触碰它、冒犯它. 驴非常愤怒，用蹄子踢老虎. 老虎因此而很欢乐，心想：驴的本领不过如此罢了！于是跳起来大吼一声，咬断了驴的喉咙，吃完之后才离开.

唉！驴的外形庞大，看起来好像很有道行；声音洪亮，似乎很有本领。如果当初不使出它的那点本领，老虎即使凶猛，但由于多疑、畏惧，终究不敢靠近猎取驴. 如今驴落得这样的下场，真是可悲啊！

在"黔之驴"的故事中,由于贵州原本没有驴,因此老虎初次见到驴时,并不知道驴是个什么样的动物. 老虎躲避在林中窥探驴. 老虎观察到驴的外形:庞然大物. 从博弈的角度分析,贵州的老虎原来没有见过驴,对驴不了解. 因此老虎具备不完全信息. 老虎认为驴可能是两种类型:"猛兽"或者"弱畜".

驴为"猛兽"的博弈模型构建如下,第一列为驴的策略,第一行为老虎的策略.

$$\begin{pmatrix} 策略 & 进攻 & 不进攻 \\ 反抗 & (10,-10) & (5,0) \\ 不反抗 & (-100,100) & (0,0) \end{pmatrix}.$$

驴是"猛兽"情况下:如果老虎选择"进攻",驴选择"反抗",则厉害的驴会得到收益10,而老虎得到收益-10. 如果老虎选择"进攻",驴选择"不反抗",则驴被老虎吃掉,驴得到收益-100,老虎得到收益100. 如果老虎选择"不进攻",驴选择"反抗",则驴和老虎没有正面接触,但驴更有面子,因此,驴得到收益5,老虎得到收益0. 如果老虎选择"不进攻",驴选择"不反抗",则驴和老虎均得到收益0.

驴为"弱畜"的博弈模型构建如下,第一列为驴的策略,第一行为老虎的策略.

$$\begin{pmatrix} 策略 & 进攻 & 不进攻 \\ 反抗 & (-50,100) & (5,0) \\ 不反抗 & (-100,100) & (0,0) \end{pmatrix}.$$

驴是"弱畜"的情况下:如果老虎选择"进攻",驴选择"反抗",则驴仍然难逃被老虎吃掉的命运,驴牺牲得很英勇,驴得到收益-50,老虎得到收益100. 如果老虎选择"进攻",驴选择"不反抗",则驴毫无反抗地被老虎吃掉,驴得到收益-100,老虎得到收益100. 如果老虎选择"不进攻",驴选择"反抗",则赢了面子的驴得到收益5,老虎得到收益0. 如果老虎选择"不进攻",驴选择"不反抗",则驴和老虎均得到收益0.

老虎不知道驴究竟是"猛兽"还是"弱畜". 老虎具有先验信念. 老虎认为驴是"猛兽"的概率为p,驴为"弱畜"的概率为$1-p$.

老虎选择"进攻"策略的期望收益为

$$p \times (-10) + (1-p) \times 100 = 100 - 110p.$$

老虎选择"不进攻"策略的期望收益为

$$p \times 0 + (1-p) \times 0 = 0.$$

当$p < 10/11$时,老虎选择"进攻"策略的期望收益大于选择"不进攻"策略的期望收益. 当$p > 10/11$时,老虎选择"进攻"策略的期望收益小于选择"不进攻"策略的期望收益. 老虎初次见驴时,从外观上,觉得驴"庞然大物也",并且"以为神". 这时老虎的先验信念认为:$p > 10/11$. 因此老虎选择"不进攻". 老虎躲在远处暗暗观察驴. 当驴发出了老虎从来没有听过的叫声时,老虎很害怕. 老虎修正了自己的先验概率. 这时的老虎觉得驴是"猛兽"的概率进一步增大. 随着时间的推移,老虎进一步观察驴. "然往来视之,觉无异能者. 益习其声,又近出前后,终不敢搏. 稍近,益狎,荡倚冲冒,驴不胜怒,蹄之. 虎因喜,计之曰:技止此耳!". 随着老虎对驴的了解日益加深,老虎不断修正自己的先验概率. 当老虎发现驴其实没什么特别之处后,老虎逐渐产生了$p < 10/11$的先验信念. 当老虎发现驴其实只会

踢踢腿后, 老虎大喜, 明确了自己 $p < 10/11$ 的先验判断. 因此老虎果断选择了"进攻"策略, 吃掉了驴.

4.2.4 王莽篡汉

王莽生于汉元帝初元四年, 其姑母王政君是汉元帝的皇后. 王莽幼时便因极为孝顺母亲而有好名声. 王莽生活俭朴, 平日博学多览, 手不释卷, 得到世人的普遍称赞和高度评价. 王莽的大伯父王凤官居大司马. 王凤生病时, 王莽亲自煎药尝汤, 守在榻前数月, 不眠不休. 王凤深受感动, 临终前向皇帝举荐王莽. 汉成帝阳朔三年, 王莽官拜黄门郎. 随着王莽职位的升迁, 王莽谦虚守礼的处世作风并没有丝毫改变, 进一步得到朝野上下的称赞和信任. 王莽三十八岁时, 官拜大司马. 成帝病逝后, 太子哀帝即位, 王莽成了国家最高行政执行人. 公元九年, 一向谦恭守礼的王莽处心积虑篡夺了汉朝政权, 改国号为"新", 舆论大哗. 王莽一生韬光养晦, 在篡汉之前, 世人皆以周公比王莽. 后人对"王莽篡汉"也多有评论. 从博弈论角度, 可以对"王莽篡汉"一事进行解读.

对于汉朝皇室而言, 他们总是希望能找到忠于汉室、德才兼备的人才为自己服务. 王莽是一个可以被提拔的候选对象. 但是"人心隔肚皮", 王莽究竟是怎样的人, 汉朝皇室并不能确定. 王莽可能是"真君子", 也可能是"伪君子".

王莽为"真君子"的博弈模型构建如下, 第一列为王莽的策略, 第一行为汉皇室的策略.

$$\begin{pmatrix} \text{策略} & \text{提拔} & \text{不提拔} \\ \text{伪装} & (1\,000, -1\,000) & (-10, 0) \\ \text{不伪装} & (-100, 10) & (-20, 0) \end{pmatrix}.$$

在王莽为"伪君子"的情况下: 如果王莽选择"伪装"策略, 汉朝皇室选择"提拔"策略, 则汉朝皇室被王莽蒙蔽, 最终产生"王莽篡汉"的悲剧, 王莽得到收益1 000, 汉皇室被倾覆, 得到收益$-1\,000$. 如果王莽选择"伪装", 汉皇室选择"不提拔", 那么王莽伪装一番, 未见成效, 获得收益-10, 汉朝皇室得到收益0. 如果王莽选择"不伪装", 汉朝皇室选择"提拔", 那么汉朝皇室很容易就发现了身居高位的王莽是一个伪君子, 皇室会立即清除王莽, 王莽得到收益-100, 汉朝皇室得到收益10. 如果王莽选择"不伪装", 汉朝皇室选择"不提拔", 那么王莽的本性暴露于世, 遭人鄙夷, 得到收益-20, 汉朝皇室得到收益0.

王莽为"伪君子"的博弈模型构建如下, 第一列为王莽的策略, 第一行为汉皇室的策略.

$$\begin{pmatrix} \text{策略} & \text{提拔} & \text{不提拔} \\ \text{伪装} & (50, -50) & (-10, 0) \\ \text{不伪装} & (100, 100) & (10, 0) \end{pmatrix}.$$

在王莽为"真君子"的情况下: 如果王莽选择"伪装"策略, 汉朝皇室选择"提拔"策略, 则真君子王莽官居高位, 为国效力, 得到收益50, 汉朝皇室得到收益50. 如果王莽选择"伪装", 汉皇室选择"不提拔", 那么王莽获得收益-10, 汉朝皇室得到收益0. 如果王莽选择"不伪装", 汉朝皇室选择"提拔", 那么君臣之间坦诚相对, 各守本分, 各得其所, 王莽得到收益100, 汉朝皇室得到收益100. 如果王莽选择"不伪装", 汉朝皇室选择"不提拔", 那么王莽坦诚做人, 但无官职, 得到收益10, 汉朝皇室得到收益0.

汉皇室不知道王莽究竟是"伪君子"还是"真君子". 汉皇室具有先验信念. 汉皇室认为

王莽是"伪君子"的概率为p,王莽为"真君子"的概率为$1-p$.

当$p<1/11$时,汉朝皇室选择"提拔"策略的期望收益大于选择"不提拔"策略的期望收益. 当$p>1/11$时,汉朝皇室选择"提拔"策略的期望收益小于选择"不提拔"策略的期望收益. 因此,汉朝皇室是否提拔王莽,取决于汉朝皇室对王莽的先验信念p. 由于王莽一直以来都表现得谦恭有礼,汉朝皇室认为王莽是"伪君子"的概率很小(满足$p<1/11$的条件). 因此汉朝皇室选择"提拔"王莽. 但王莽实际上是一个"伪君子". 当王莽具备了足够实力后,王莽便篡取了汉朝天下.

4.2.5 不完全信息市场争夺战

假设市场中有一个在位者和一个潜在进入者. 潜在进入者有两个策略可以选择:"进入"或者"不进入". 在位者有两个策略可以选择:"斗争"或者"默许". 在位者可能是"高效型"企业,也可能是"低效型"企业. 在位者不同类型对应不同博弈情况.

在位者为"高效型"企业时,整个博弈过程可以构建为如下的模型,第一列为潜在进入者的策略,第一行为在位者的策略.

$$\begin{pmatrix} \text{策略} & \text{斗争} & \text{默许} \\ \text{进入} & (-10,-10) & (5,5) \\ \text{不进入} & (0,20) & (0,15) \end{pmatrix}.$$

通过划线法可得

$$\begin{pmatrix} \text{策略} & \text{斗争} & \text{默许} \\ \text{进入} & (-10,-10) & (\underline{5},\underline{5}) \\ \text{不进入} & (\underline{0},20) & (0,15) \end{pmatrix}.$$

可得此种情况下市场争夺战的纳什均衡是(进入,默许)和(不进入,斗争). 当在位者为"高效型"时,在位者考虑在"斗争"和"默许"两种策略之间选择时,"斗争"是在位者的严格占优策略. 当在位者为"高效型"时,不管潜在进入者选择"进入"还是"不进入",在位者都将选择"斗争".

在位者为"低效型"企业时,整个博弈过程可以构建为如下的模型,第一列为潜在进入者的策略,第一行为在位者的策略.

$$\begin{pmatrix} \text{策略} & \text{斗争} & \text{默许} \\ \text{进入} & (-10,-10) & (5,5) \\ \text{不进入} & (0,10) & (0,15) \end{pmatrix}.$$

通过划线法可得

$$\begin{pmatrix} \text{策略} & \text{斗争} & \text{默许} \\ \text{进入} & (-10,-10) & (\underline{5},\underline{5}) \\ \text{不进入} & (\underline{0},10) & (0,\underline{15}) \end{pmatrix}.$$

可得此种情况下市场争夺战的纳什均衡是(进入,默许). 当在位者为"低效型"时,在位者考虑在"斗争"和"默许"两种策略之间选择时,"默许"是在位者的严格占优策略. 当在位者为"低效型"时,不管潜在进入者选择"进入"还是"不进入",在位者都将选择"默许".

在位者会选择(斗争,默许)作为自己的策略,潜在进入者据此选择自己的策略. 潜在进入者对在位者的类型信息不了解，但了解在位者为不同类型的概率. 在位者为"高效型"企业的概率为 p，为"低效型"企业的概率为 $1-p$. 当在位者为"高效型"企业时，潜在进入者选择"进入"策略的收益为 -10，选择"不进入"策略的收益为 0. 当在位者为"低效型"企业时，潜在进入者选择"进入"策略的收益为 5，选择"不进入"策略的收益为 0.

潜在进入者只能根据自己的先验信念来计算期望收益.

潜在进入者选择"进入"策略的期望收益为

$$p \times (-10) + (1-p) \times 5 = 5 - 15p.$$

潜在进入者选择"不进入"策略的期望收益为

$$p \times 0 + (1-p) \times 0 = 0.$$

当 $p < 1/3$ 时，潜在进入者选择"进入"的期望收益大于选择"不进入"的期望收益.

当 $p > 1/3$ 时，潜在进入者选择"进入"的期望收益小于选择"不进入"的期望收益.

当 $p = 1/3$ 时，潜在进入者选择"进入"的期望收益等于选择"不进入"的期望收益.

当 $p < 1/3$ 时，博弈的纯策略纳什均衡为（斗争，默许，进入）.

当 $p > 1/3$ 时，博弈的纯策略纳什均衡为（斗争，默许，不进入）.

4.2.6 言语中的博弈

有些博弈是"无声的"，而有些博弈是"有声的". 有声的博弈可称之为言语博弈. 如各国的外交声明，战争中或战争之前各方发布的真假策略，都是言语博弈. 在博弈论中有学者称之为信号博弈.

言语博弈涉及实际的策略决定和声称的策略决定.

如当有人说"人不犯我，我不犯人；人若犯我，我必犯人"时，这含有什么意思呢？

如果"别人犯我，我不犯别人"的话，别人会不断地犯我，我将不断地受到侵犯，这是我所不希望的；如果"别人不犯我，我犯别人"的话，我不犯人的时候别人也会来犯我，这也不是我所期望的. 因此，"人不犯我，我不犯人；人若犯我，我必犯人"的策略是我的好的策略，其价值是由理性的我出于利己的动机来规定的. 这是策略决定.

同时，这个策略的说出本身有"传达"的功能：你不要犯我，否则我肯定犯你；你不犯我，我也不会犯你. 语言哲学中有人认为，语言本身就是行动. 这里行动者就是将行动的可能策略告诉对方，目的是使双方避免出现不希望的结果，而首先是为了自己的目的.

可以这么认为："人不犯我，我不犯人；人若犯我，我必犯人"是一种声称的策略决定. 而"如果天下雨，我将带伞"则是真正的策略决定.

怎么区分这两种决定呢？

首先，声称的策略决定是一种语言行动，而真正的策略决定不是一种语言行动. 声称的策略决定是行动者向其他行动者说出的一种行为，它是行动者的一种行动. 而真正的策略决定是不需表达出来的，其他行动者有可能知道也有可能不知道，并且有时这种真正的策略决定是保密的.

其次，声称的策略决定与真正的策略决定可以相同也可以不同. 行动者真正的策略决定是利益最大化得来的，只要社会的逻辑结构或博弈结构给定，行动者就会有自己的策略决定. 在因徒困境中，被警察抓到的囚徒，即行动者或博弈方，在警察给了他们的支付矩阵后，他们就会分析出自己的策略决定，即：无论对方招认还是不招认，他的最优策略是招认.

4.2.7 三国演义

如果用博弈论的眼光看《三国演义》，其完全是一部记载着许多博弈案例的著作. 如果用一个字词来概括《三国演义》，那就是"计". 计，即计策或策略也；用计，即用策略赢对方. 用计算敌，不仅要自己选择恰当的计策，而且要算准对方用什么计策，这不就是博弈？现在让我们看《三国演义》中著名的空城计博弈.

诸葛亮误用马谡，致使街亭失守. 司马懿引大军十五万蜂拥而来. 当时诸葛亮身边别无大将，只有一班文官，五千军士，已分一半先运粮草去了，只剩二千五百军士在城中. 众官听得这个消息，尽皆失色. 诸葛亮登城望之，果然尘土冲天，魏兵分两路杀来. 诸葛亮传令众将旌旗尽皆藏匿，诸军各收城铺. 打开城门，每一门用二十军士，扮作百姓，洒扫街道. 而诸葛亮乃披鹤氅，戴纶巾，引二小童携琴一张，于城上敌楼前凭栏而坐，焚香操琴. 司马懿自飞马上远远望之，见诸葛亮焚香操琴，笑容可掬. 司马懿顿然怀疑其中有诈，立即叫后军作前军，前军作后军，急速退去. 司马懿之子司马昭问："莫非诸葛亮无军，故作此态，父亲何故便退兵？"司马懿说："亮平生谨慎，不曾弄险. 今大开城门，必有埋伏. 我兵若进，中其计也."诸葛亮见魏军退去，抚掌而笑，众官无不骇然. 诸葛亮说，"司马懿料吾生平谨慎，必不弄险；见如此模样，疑有伏兵，所以退去. 吾非行险，盖因不得已而用之"，我兵只有二千五百，若弃城而去，必为之所擒.

这就是为后人广为传颂的空城计.

这里，司马懿不知道自己和对方在不同行动策略下的支付，而诸葛亮是知道的，他们对博弈结构的了解是不对称的，诸葛亮拥有比司马懿更多的信息. 这种信息的不对称完全是诸葛亮"制造出来的". 因此这是一个信息不对称的博弈.

在这里，诸葛亮可以选择的策略是"弃城"或"守城". 无论是"弃"还是"守"，只要司马懿明确知道他自己的支付，那么诸葛亮均要被其所擒. 诸葛亮唯一的办法就是不让司马懿知道他自己的策略结果. 他的空城计是降低司马懿进攻的可能收益，使得司马懿认为，后退比进攻要好.

在信息不充分的情况下，博弈参与者不是使自己的支付或效用最大，而是使自己的"期望支付（或效用）"最大. 比如：如果让你在"有50%的可能获得100元"与"有10%的可能获得200元"两者之间进行选择，你当然选前者，因为前者的"期望所得"为：$50\% \times 100$元$=50$元，而后者为：$10\% \times 200$元$=20$元. 理性的人是选择前者的.

在诸葛亮与司马懿的博弈中，诸葛亮了解双方的局势，制造空城假象的目的就是让司马懿感到进攻有较大的失败可能. 如果用概率论的术语来说，诸葛亮的做法是加大司马懿对进攻失败的主观概率. 此时，在司马懿看来，进攻失败的可能性较大，而退兵的期望效用大于进攻的期望效用. 诸葛亮唯有通过这个办法，才能让司马懿退兵.

司马懿想，诸葛亮一生谨慎，不做险事，只有设定埋伏才可能如此镇定自若，焚香操琴. 此时，司马懿觉得"退"比"进攻"更合理，或者说期望效用更大. 于是后军变前军，前军变后军，后退而去. 司马懿对局势的判断不是没有道理的，他对诸葛亮的判断是基于以前的认识，这就是"归纳法".

空城计博弈是不完全信息博弈，而曹操与诸葛亮的华容道博弈就是一个完全信息博弈.

曹操亲领八十万大军进攻东吴，孙权和刘备联合破曹，曹军大败. 曹操引兵而逃. 经过一路厮杀，来到一处，军士报：前方有两条道路，请问丞相走哪条路？曹操问：哪条路近？军士说：大路稍平，却远五十余里. 小路投华容道，却近五十多里. 曹操令人上山观望，回报：小路山边有数处狼烟，大路并无动静. 曹操叫走华容道. 诸将问：烽烟起处必有军马，何故反走这条路？曹操说：岂不闻兵书有云："实则虚之，虚则实之." 诸葛亮多谋，故使人于山僻放烟，使我军不敢从这条路走，他却伏兵于大路等着. 吾已料定，偏不教中他计. 诸将皆曰：丞相妙算，人不可及. 遂曹兵走华容道. 但关羽依着诸葛亮的妙计在华容道等着曹操，于是关羽上演了一场"只为当初恩义重，放开金锁走蛟龙"的捉放曹的义举. 逃过华容道大难，曹操只剩二十七骑！

在曹操与诸葛亮之间的这一华容道博弈中，曹操的策略是在走华容道还是走大路之间进行选择，而诸葛亮派关羽埋伏时，要在埋伏在大路还是埋伏在通往华容道的小路之间进行选择. 这个博弈如同猜硬币的游戏一样，是"零和博弈"，它没有纳什均衡点. 双方对博弈有完全的信息，各种策略下的博弈支付是公共知识. 但双方无法知道对方的策略选择，而只能进行猜测. 曹操要选择走诸葛亮的军队不在的路，这是他的最优结果. 而诸葛亮的最优结果是埋伏在曹操要走的路上.

诸葛亮制造埋伏在大路的假象，其实则派关羽埋伏在小路. 这里关键是谁能真正猜到对方的策略，谁就是赢家. 诸葛亮胜曹操一筹. 这个博弈不存在纯策略纳什均衡点，博弈结果是：曹操选择了走华容道，结果被抓；关羽在华容道守候，抓住了曹操.

4.2.8 军事博弈中的信息

国与国之间的外交行为是地地道道的博弈行为，而战争是一种特殊的博弈. 为了达到本国的利益，其策略选择要使自己的效益最大化，然而任何国家在决定自己的策略时要充分考虑对方的行为，间谍的目的之一就是弄清对方变动的可能性. 因此，信息在博弈中发挥着重要的作用.

例如，美国预测中国不会介入朝鲜战争. 因为，在美国看来，新生的共和国刚刚成立，内战消耗太大，经济百废待兴，不可能卷入战争. 并且美国认为，美国武器装备优良，军费充足，即使中国参战，也无力与之抗衡. 因此美国得出结论：朝鲜战争因美国的介入很快就会结束，而中国不会介入. 当时美国有一家叫德林的咨询公司，在美国未出兵之前，深入地研究了中国的情况、朝鲜与中国的关系,研究的结论是:如果美国介入朝鲜战争,中国将出兵.他们想将研究报告以500万美元卖给美国政府,而美国政府未予理睬.最终,美国这个军事大国在朝鲜战场上丢了脸面,损失的财产以几百亿美元计,伤亡数十万人.

各国均有派往他国的间谍,间谍的信息可供本国的决策者参考,做出利己的决策.而为了自己在决策中的胜利,反间谍是维护国家安全的主要内容.因此间谍与反间谍是国与国之间永久的话题.

冷战时期,美国与苏联的间谍战已众所周知,驱逐间谍和交换间谍也是常有的事情.苏联解体后,俄罗斯与美国之间的敌对关系不存在了,取而代之的是战略伙伴关系.然而间谍战并没有因此而消失.

那么,他国间谍的存在对自己本国的战略全是坏事情吗?

未必.为什么这样说?获取情报是间谍的任务,而足够的情报是战争胜利的保证,因此间谍的存在是胜利的条件.但是一场战争只能有一方胜利,如果了解到对方足够的情况而知道自己肯定会输的话,该国还能打吗?此时战争还能打得起来吗?战争胜败大体上取决于实力、信息、战略与人心.如果其中一方各方面均优于另外一方,并且弱的一方知道的话,理性的弱者是不会参与战争的,此时战争便打不起来.间谍就具有传递这个信息的作用.

应当说,双方之间若要进行战争,足够理性的双方应当知道谁会胜利,谁会失败.这是唯一确定的.因此很多情况下,国与国之间的战争往往是由于不完全了解局势造成的.如果不考虑战争的所谓正义与非正义(因为这个问题是伦理学的内容,而不是科学的考虑对象),应当看到,有足够理性的双方之间是不可能发生战争的.

一般来说,战争是两败俱伤的,尤其是双方力量对比差不多的时候.战争往往是双方没有足够的信息造成的.当然现实中很难做到信息充分,因而战争也不可能未打之前就能定胜负.弱者可以胜强者,以弱胜强的例子太多了,中国共产党的军队在解放战争期间打败无论是装备上还是数量上均居于优势的国民党军队.尽管毛泽东对自己的才能及自己的军队有足够的自信,然而在重庆谈判时未必能预知他军队能这么快就胜利.而蒋介石更不知道他会失败,否则他在谈判桌上不会毫无谈判诚意,并且边谈判边开战.

从理论上讲,具有足够理性和具有足够知识与信息的人能预知战争的结果.但现实中的人或者因为没有足够的知识和信息,或者不具有足够的理性(或算计)的能力,而往往不能做到这一点.因此战争的结果不能预知.

通常来讲,获取对方的信息而不让对方知道己方的情况是合理的.然而这不是绝对的.

如果一方要将虚假信息传递出去,对方间谍的存在是最好的.另外,如果弱小的一方因不了解对方的情况而开战,则对双方都是不利的.强国也不愿意发生战争,它通过媒体表达自己的态度,然而弱小的一方会以为对方是因弱而害怕,更加大了开战的决心.此时,强国最好的办法是将自己的情况让对方的间谍知道.当弱势方知道对方的真实情况时,一场对谁都不利的战争便避免了.

其实,早在2 000多年前我国著名的《孙子兵法》就强调了间谍的作用.在第13篇《用间篇》中讨论了间谍的种类、作用及用法.

"先知者不可取于鬼神，不可象于事，不可验于度，必取于人，知敌情者也."了解敌情不能求神问鬼，不能类推，不能臆测，只能从知道敌情的人那里获得. 孙子提出五间：乡间，即利用敌方的本地人做间谍；内间，即用地方的官吏做间谍；反间，即迫使敌方的间谍为我所用；死间，即散布假情报并通过我方的间谍告诉敌方；生间，即让我方的间谍回来报告情报. 其中，孙子认为，关键是反间.

孙子说："故三军之事，莫亲于间，赏莫厚于间，事莫密于间."军队的各种事务中，最亲信的是间谍，赏赐最多的是间谍，行动最机密的还是间谍. 由此可见，信息在战争博弈中的重要作用.

4.2.9 不完全信息鹰鸽博弈

假设两国（甲、乙方）在常规冲突的某一阶段，核武器较多的乙方考虑对甲方实施核攻击，但不清楚甲方的核实力. 如果甲实力为弱，则甲反击不如忍耐好；如果甲方实力较强，则其上策是：如乙方攻击则反击，如乙方不攻击则忍耐. 而乙方在甲方实力弱时攻击是上策，在甲方实力强时不攻击是上策. 假定乙方不知道甲方的实力信息，该博弈为不完全信息博弈，并且甲关于乙实力的先验概率强弱各为0.5.

当甲实力强时，甲乙双方的博弈为

$$\begin{pmatrix} \text{策略} & \text{攻击} & \text{不攻击} \\ \text{反击} & (-8,-2) & (0,-3) \\ \text{忍耐} & (-6,1) & (0,0) \end{pmatrix}.$$

利用划线法可得

$$\begin{pmatrix} \text{策略} & \text{攻击} & \text{不攻击} \\ \text{反击} & (-8,\underline{-2}) & (\underline{0},-3) \\ \text{忍耐} & (\underline{-6},\underline{1}) & (\underline{0},0) \end{pmatrix}.$$

当甲实力弱时，甲乙双方的博弈为

$$\begin{pmatrix} \text{策略} & \text{攻击} & \text{不攻击} \\ \text{反击} & (-8,-4) & (0,-5) \\ \text{忍耐} & (-8,-2) & (0,0) \end{pmatrix}.$$

利用划线法可得

$$\begin{pmatrix} \text{策略} & \text{攻击} & \text{不攻击} \\ \text{反击} & (-8,\underline{-2}) & (\underline{0},-3) \\ \text{忍耐} & (\underline{-6},\underline{1}) & (\underline{0},0) \end{pmatrix}.$$

将该博弈的支付通过海萨尼转换化为扩展的策略式，如下：

$$\begin{pmatrix} \text{策略} & \text{攻击} & \text{不攻击} \\ (\text{反击},\text{反击}) & (-8,-3) & (0,-4) \\ (\text{反击},\text{忍耐}) & (-8,-2) & (0,-1.5) \\ (\text{忍耐},\text{反击}) & (-7,-1.5) & (0,-2.5) \\ (\text{忍耐},\text{忍耐}) & (-7,-0.5) & (0,0) \end{pmatrix}.$$

利用划线法可得

$$\begin{pmatrix} 策略 & 攻击 & 不攻击 \\ (反击,反击) & (-8,\underline{-3}) & (\underline{0},-4) \\ (反击,忍耐) & (-8,-2) & (\underline{0},\underline{-1.5}) \\ (忍耐,反击) & (\underline{-7},\underline{-1.5}) & (\underline{0},-2.5) \\ (忍耐,忍耐) & (\underline{-7},-0.5) & (\underline{0},\underline{0}) \end{pmatrix}.$$

在这个博弈中有多个贝叶斯纳什均衡：乙方选择打击，甲在实力弱时忍耐，在实力强时反击，即（忍耐，反击，打击）是一个纳什均衡；乙方选择不打击，甲方总是忍耐，即（忍耐，忍耐，不打击）也是一个纳什均衡. 而后者是帕累托上策均衡，很可能被选择.

在完全信息时，如果甲方实力弱，乙方将选择打击；如果甲方实力强，乙方将选择不打击. 在不完全信息下，乙对实力弱的甲方以比完全信息博弈更小的概率选择打击，因为他不清楚甲方的实力是弱的. 当甲实力强时，乙方以比完全信息博弈更大的概率选择打击，因为他不清楚甲方实力是强的. 特别是在实力弱时，甲方有动力声明："我的实力是强的".

本节所讲鹰鸽博弈模型有助于说明为什么当面临敌国动武的强烈意愿时，弱国不应让对方摸清自己的虚实. 比如，如果萨达姆不屈从美国的核查压力，美军不能排除伊拉克有大规模杀伤性武器，反而不敢轻易发起侵伊拉克战争. 实力较弱的一方有时虚张声势是一种策略选择. 类似的例子有：20世纪60年代，苏联"萨姆"导弹射程高度不够，不能打下U-2高空侦察机，但苏联特工潜入美驻土耳其空军机场调整了U-2侦察机的高度仪，使美驾驶员在低空飞行时误以为在高空飞行……苏联打下U-2飞机后，美国总统被迫取消了U-2对苏联的高空侦察.

实际的核博弈当然涉及更多复杂因素. 核大战的毁灭性几乎是难以想象的.《1998年的导弹》中描述了美苏核大战的残酷场面：

7月3日下午9时4分，天空中出现了神秘的怪物，纽约市遭到大规模袭击，爆炸中心曼哈顿岛附近被夷为平地，整个纽约市一片疮痍. 美军立即进入一级战备，并认为这枚导弹可能来自苏联. 9时21分，芝加哥与洛杉矶被炸，9时22分，总统向战略空军和战略导弹部队下达了对苏联攻击的命令. 9时30分，除30%留出第二次打击使用外，70%的导弹包括1 000枚改进型"民兵"和200枚大型导弹，对苏联的导弹基地和雷达设施进行了攻击. 苏联的卫星系统似乎发现了美国发射的导弹，9时55分，美国的监视卫星发现，苏战略火箭军也发射了大量导弹，一场无法挽回的核大战成为现实. 10时10分，总统命令用剩下的洲际导弹攻击苏联的大城市，战略轰炸机飞赴前方攻击中小城市，10时20分以后，北部的城市受到大规模攻击，总统命令潜艇对苏联再次进行报复性打击. 11时25分左右，美国受到苏联潜射导弹的袭击. 这场核大战，互相攻击城市的结果是，美国30%的人口死亡，工业设施被摧毁60%，苏联25%的人口死亡，各种设施被破坏50%以上. 两国的国家机能无法正常运转，人类生存环境受到了巨创.

这段描述并没有讲起初的导弹来自何方. 我们重点分析涉及战略的有关因素. 首先讨论距离的影响. 美苏两国相距近万千米，战略导弹从发射到打击需40至60分钟，因此C^4ISR系统能够在导弹发射到击中的飞行时间内发现并做出反应，此时先发制人的打击不会有明显的先发优势. 如果两国相邻，导弹飞行时间很短，对方来不及反应就会被打掉，此时先发制人有了实际的利益，结果如何呢？核战争更易爆发，因为一方有发动先发制人打击的积极性，而另一方会更加敏感. 而相距较远的两个敌对国家, 有时间判明真相, 可以减少误会, 减少核误射的可能性.

再分析核战略, 美国曾采取过灵活反应战略和现实威慑战略. 分别把主要打击目标设为对方的军事重地和经济中心. 如果一国处于核劣势, 可以用博弈模型说明, 对准城市的现实威慑战略比对准核基地和军事目标的灵活反应战略更能够遏制核打击. 因为, 数量较少的一方, 不可能打掉敌全部核基地, 反而会招致核报复. 而如果弱国有还击的反应时间, 以对方人口重心为人质的威慑战略, 能够有效遏制对方的核空袭.

再讨论常规战略空袭的影响. 常规战略空袭包括: 一方对另一方的经济、军事重心用常规导弹进行战略空袭, 或对另一方的经济、军事重心与核设施同时进行战略空袭. 这两者区别不大. 有核武器的国家, 是不能允许敌方对其经济、军事重心进行战略空袭的, 这时很自然会考虑使用核武器. 在第二种情况下, 当核设施与军事、经济重心同时受到战略突袭时, 考虑使用核武器的可能性更大. 即便只有核基地受到常规战略空袭, 受袭国仍然有考虑使用核武器还击的可能. 因此, 核国家发生冲突时, 选择对核基础或核平台进行打击应该十分慎重, 此外, 战术核武器的使用也增大了战略核冲突的可能. 由于这许多可能, 也许压根核国家间不会发生大规模直接冲突. 弱国的核威慑如果是有效的, 能够冒核战争风险, 可以降低与强国之间发生常规战争的概率.

4.2.10 侦察的重要性

贝叶斯均衡讨论了不完全信息静态博弈的求解问题. 它假定局中人不知道对方的虚实或强弱, 只知道不同可能类型下各种战略组合产生的支付. 信息灰度不同, 结论就不同. 在不完全信息静态博弈中, 如果甲不知道乙的类型相依战略而必须预测它们, 就需要预测甲对每种可能类型的参与人乙的行动的看法, 还必须估计参与人乙关于甲类型的判断. 而根据海萨尼转换的要求, 在了解其类型前, 就判断出类型相依策略的参与人甲的不同类型, 应当被视为同一参与人甲的不同信息集的描述.

当甲实力强时, 甲乙双方的博弈为

$$\begin{pmatrix} 策略 & L & R \\ U & (8,10) & (8,0) \\ D & (0,0) & (10,8) \end{pmatrix}.$$

利用划线法可得

$$\begin{pmatrix} 策略 & L & R \\ U & (\underline{8},\underline{10}) & (8,0) \\ D & (0,0) & (\underline{10},\underline{8}) \end{pmatrix}.$$

当甲实力弱时, 甲乙双方的博弈为

$$\begin{pmatrix} 策略 & L & R \\ U & (10,0) & (0,8) \\ D & (8,10) & (8,0) \end{pmatrix}.$$

利用划线法可得

$$\begin{pmatrix} 策略 & L & R \\ U & (\underline{10},0) & (0,\underline{8}) \\ D & (\underline{8},\underline{10}) & (\underline{8},0) \end{pmatrix}.$$

在这个博弈中,参与人乙对参与人甲的信息是不完全的,如果参与人甲的类型为强,根据划线法有两个纳什均衡,但如果参与人甲的实力为弱,用划线法找不到纳什均衡.参与人乙的最优选择依赖于他对参与人甲的类型判断.在以上例子中,事前(没有了解类型前)可以求出唯一解,但了解了类型之后(事中)就不能用重复剔除求解.没有了解类型前,假定每种类型的先验概率为1/2,将该博弈的支付通过海萨尼转换化为扩展的策略式,如下:

$$\begin{pmatrix} 策略 & L & R \\ UU & (9,5) & (4,4) \\ UD & (8,10) & (8,0) \\ DU & (5,0) & (5,8) \\ DD & (4,5) & (9,4) \end{pmatrix}.$$

利用划线法可得

$$\begin{pmatrix} 策略 & L & R \\ UU & (\underline{9},\underline{5}) & (4,4) \\ UD & (8,\underline{10}) & (8,0) \\ DU & (5,0) & (5,\underline{8}) \\ DD & (4,\underline{5}) & (\underline{9},4) \end{pmatrix}.$$

如果使用事前剔除(即假定参与人甲强和弱的概率各为1/2),则DU严格劣于UD,除DU,则R是参与人乙的严格劣战略.然后可以推出UU严格优于UD和DD,博弈的唯一均衡结果是(UU,L).但如果知道了对方的类型,则对于任何参与人甲,U和D都不能剔除,因为如果参与人乙选择L,则任何类型的参与人甲都选择U,如果参与人乙选择R,则任何类型的参与人甲都选择D.这样,重复剔除劣战略反而不能进行.原因是这两个确定类型(强或弱)的博弈都没有单一纯战略解,明确类型之后仍然不能求出上策均衡.

这说明,在某些军事博弈中,即便知道了对方的类型,但不知道对方的行动,还是不能求出自己的最优纯战略.严格竞争的不完全信息军事博弈,在掌握情况前与掌握情况后的战略是不同的,并且现实中往往将其变化为动态的博弈.因此对指挥员来说,重点不是掌握如何进行复杂的计算来求混合战略,而是要重视周密侦察和增强见微知著的判断能力.

《孙子兵法·行军篇》关于信息识别有一段精彩的论述:

敌近而静者,恃其险也;远而挑战者,欲人之进也;其所居易者,利也.

众树动者,来也;众草多障者,疑也;鸟起者,伏也;兽骇者,覆也.尘高而锐者,车来也;卑而广者,徒来也;散而条达者,樵采也;少而往来者,营军也.

辞卑而益备者,进也;辞强而进驱者,退也;轻车先出居其侧者,陈也;无约而请和者,谋也;奔走而陈兵者,期也;半进半退者,诱也.

杖而立者,饥也;汲而先饮者,渴也;见利而不进者,劳也;鸟集者,虚也;夜呼者,恐也;军扰者,将不重也;旌旗动者,乱也;吏怒者,倦也;粟马肉食,军无悬甀,不返其舍者,穷寇也.谆谆翕翕,徐与人言者,失众也;数赏者,窘也;数罚者,困也;先暴而后畏其众者,不精之至也;来委谢者,欲休息也.兵怒而相迎,久而不合,又不相去,必谨察之.

孙子列举的这三十二条观察判断敌情的重要方法,要根据现代战争的特点进行充实完善.孙子认为:"兵非益多也,惟无武进,足以并力、料敌、取人而已."即在指挥作战中,关键在于不冒进, 能够集中力量、正确判断敌情、合理使用人才, 才能战胜敌人.

4.2.11 工程招标博弈

本节用比较规范的形式介绍显示定理在军事工程招标中的应用. 在博弈论著作中, 显示定理一般只介绍维克里拍卖, 即二级密封拍卖, 但对部队来说, 很少有拍卖, 更多是招标, 例如国防工程与装备采购均可以招标. 因此分析招标方式对部队更有用. 同时, 读者可以通过其论证了解博弈论的推理方法.

先介绍一下工程项目投标. 部队在军事工程建筑选择投标者时, 通常采用招标的方法. 招标通常采用一级密封招标. 投标者要综合考虑中标的可能性与中标之后的利润(即中标价与工程造价的差额). 有没有期望利润最大的最优投标价格呢? 理论上的最优报价是 $P = c \times \dfrac{n}{n-1}$ (注意它与拍卖喊价公式 $p = v \times \dfrac{n}{n-1}$ 的区别), 其中 n 代表投标人数, c 代表建筑的经济成本.

比如一个建筑企业评估一幢楼的建筑成本是100万元, 而投标单位是2家, 这时理论上的最优投标价是200万元. 而如果投标单位增为5家, 则理论上的最优投标价格是125万元. 但如果只有一家投标时, 理论上他可以漫天要价(实际上就成为协议招标, 理论上投标者可以漫天要价而招标者可以"就地还钱", 这需要用讨价还价理论进行分析). 因此投标单位过少时, 招标单位可能宣布推迟招标.

有没有办法让投标者喊出真实工程造价呢? 根据获得诺贝尔奖的维克里拍卖模型, 可以类推出二级密封投标的方法: 每个人根据自己的工程预算投标, 出最低报价者中标, 但中标价为次低报价. 比如最低工程报价为100万元, 而次低报价110万元, 则该工程以110万元承包给出100万元最低价者. 当然招标比拍卖复杂, 首先要进行资质评估以防止无资质工程单位参加投标, 投标要有较多的单位参加, 以防止串通勾结. 串通是指投标者约定都出较高的工程报价, 或名义上多人投标, 实际上是联合报低价, 拿下标后再分享好处. 串通在投标人数少时有可能, 在人数多时很困难. 因此招标通常要求有5家以上投标者参加, 然后实行二级密封投标. 博弈论认为, 二级密封投标是一个迫使投标人说实话的机制, 它体现了显示原理.

这种投标方式是怎样体现显示原理呢? 比如你作为一个投标者, 会既希望以最大的概率中标, 又得到较多的差价. 如果你报高了, 中标的概率会大大降低; 如果你报真实的造价, 至多不中标, 不亏不赚; 如果中标, 则你作为最低报价者, 可以赚到与次低报价的差价; 如果你报价低于工程造价, 即使中标也会亏本. 因此二级密封最优报价应等于工程的真实预算经济成本(这里经济成本包括合理的经济利润, 经济利润略高于投入资金的利息, 高出部分为风险补偿).

上面只是通俗地讲二级密封最优投标报价的思路. 为了进行比较, 先用规范的数学方式分析二级密封拍卖, 然后分析二级密封投标.

设卖主有一个完整不可分的标的物要出售. 有 n 个潜在的买主参加投拍. 他们对拍卖品的估价分别是 $v_1, v_2, \cdots, v_i, \cdots, v_n$, 且 $0 \leqslant \cdots \leqslant v_i \leqslant \cdots \leqslant v_n$. 投标者同时选择投标价 $p_i \in$

$[0,+\infty)$, 最高的投拍者获得标的, 并付出第二高投标金额, 即如果 i 的 $p_i > \max_{j \neq i} p_j$ 赢得投标, 其效用 $u_i = v_i - \max_{j \neq i} p_j$. 不中标的其他投拍者效用为0. 如果多个投拍者出同样的最高价格, 标的物在他们之间随机分配, 这时赢家与输家有同样的效用0.

对于每个投拍者来说, 以他的估价进行报价的策略 $p_i = v_i$ 弱优于其他策略. 若 $p_i > v_i, p_i \leqslant \max_{j \neq i} p_j$, 则投拍者 i (不中标或同时中标) 获得效用0, 而这一效用可以通过以 $p_i = v_i$ 来获得. 若 $p_i > v_i, v_i > \max_{j \neq i} p_j$, 则投拍者 i 中标获得效用 $v_i - \max_{j \neq i} p_j$, 而这一效用仍可以通过以 $p_i = v_i$ 来获得. 如果 $p_i > v_i, v_j < \max_{j \neq i} p_j < p_i$, 则投拍者获得负效用 $v_j - \max_{j \neq i} p_j < 0$, 此时如果他投拍价 $p_i = v_i$, 则效用为0, 好于以 $p_i > v_i$ 价格投拍. 以上是对于 $p_i > v_i$ 的情况分析, 对于 $p_i < v_i$, 有类似的推理: 当 $p_i \leqslant \max_{j \neq i} p_j$, 或 $v_i \leqslant \max_{j \neq i} p_j$ 时, 投拍者的效用与他以 $p_i = v_i$ 投标时相同, 但如果 $v_i > \max_{j \neq i} p_j > p_i$, 投标者会由于出价过低而失去正效用. 因此, 最优的投拍价是 $p_i = v_i$, 即以他们的估价进行投标. 设投拍者 n 的估价为最高, 则得到效用为 $v_n - v_{n-1}$. 参与人对于彼此估价的信息并不重要, 如果不知道他人的估价, 仍以自己的估价投拍占优.

军事工程招投标与上述分析略有不同, 上述分析中一个卖方, 多个买方. 而工程招投标中一个买方, 多个卖方. 竞标企业提供产品或劳务, 招标单位提供报酬. 设计招标机制的目的是在保证质量前提下降低投标价. 因此二级密封招标的规则是: 同样的资质, 以报标最低者中标, 实际支付价格为次低价. 即若 i 中标, 支付价格为 $p = \min_{j \neq i} p_j$. 进行二级密封投标时, 对于每个投标者来说, 以他的工程造价成本或经济成本进行报价的策略 $p_i = c_i$ 弱优于其他策略. 若 $p_i < c_i, p_i \geqslant \min_{j \neq i} p_j$, 则投标者 i (不中标或同时中标) 获得效用0, 而这一效用可以通过以 $p_i = c_i$ 来获得. 若 $p_i < c_i, c_i < \min_{j \neq i} p_j$, 则投标者 i 中标获得效用 $\min_{j \neq i} p_j - c_i$, 而这一效用仍可以通过以 $p_i = c_i$ 来获得. 如果 $p_i < c_i, p_j < \min_{k \neq i} p_k < c_i$, 则投标者获得负效用 $c_j - \min_{k \neq i} p_k < 0$, 此时如果他的投标价 $p_i = c_i$, 则不中标效用为0, 好于以 $p_i < c_i$ 价格投标. 以上是对于 $p_i < c_i$ 的情况分析, 对于 $p_i > c_i$, 有类似的推理: 当 $p_i \leqslant \min_{j \neq i} p_j$, 或 $c_i \leqslant \min_{j \neq i} p_j$ 时, 投标者的效用与他以 $p_i = c_i$ 投标时相同, 但如果 $c_i < \min_{j \neq i} p_j < p_i$, 投标者会由于投标价过高而失去正效用. 因此, 最优的投标价是 $p_i = c_i$, 即以他们的经济成本进行投标. 设投标者 n 的成本估价为最低, 则得到效用为 $c_{n-1} - c_n$. 参与人对于彼此经济成本的信息并不重要, 如果不知道他人的成本, 仍以自己的经济成本价投标占优.

现实中的招投标比拍卖复杂. 原因是需要审查投标者的资质. 在公共采购招标中, 需要比较采购品的质量, 在货比三家的基础上, 综合比较性价比. 比如某部采购某型通用设备时, 要求投标方提出符合某种配置标准的标的物的报价, 报价差别较大, 测试样品也有差别; 然后设置评测指标, 由专家及相关使用者投票排序, 并确定一个可接受的最高采购价; 随后根据排序结果与有关投标商依次谈判, 接受这个采购价者中标. 这也不失为一个合理的采购程序. 可见现实的公共采购和建筑招标比理论模型还要复杂得多. 但是在建筑招标时, 质量不是事前可知的, 只能在资质评估的基础上, 依报价排序. 二级密封投标只是逼投标者报出真实建筑成本的方法，至于质量保障，只能通过资质评估、加强工程监督以及采取事后经济奖惩办法来实施.

4.3 人物故事

4.3.1 海萨尼

- **人物简历**

约翰·海萨尼（John Harsanyi），1920年出生于匈牙利布达佩斯，1994年和约翰·福布斯·纳什及莱因哈德·泽尔腾共同获得诺贝尔经济学奖，2000年在美国伯克利逝世.

- **学术贡献一：贝叶斯博弈**

海萨尼对博弈论最大的贡献在于他在不完全信息问题上的突破. 古典经济模型几乎无一例外地假设，个人（或厂商）的资源与偏好情况不仅为自己，也为他们的竞争对手所知，即完全信息假设. 这显然不符合实际. 不过，这并非模型建立者本身所希望的，而只是因为缺乏解决不完全信息问题的工具而不得不做出的简化. 博弈论的发展也遇到同样问题. 由于对不完全信息问题一度苦无良策，博弈论曾受到严厉批评，因为局中人事实上不可能清楚关于对手决策的所有信息，由此导致博弈理论的应用范围受到了限制.

海萨尼对这一问题的解决方法是将不完全信息建模为自然完成的一种抽彩. 这种抽彩决定局中人的特征，而这些特征是局中人偏好与经验的总和. 其中，每个局中人清楚自己的特征，但不知道别人的真实特征. 即他对整个博弈局势只有不完全信息. 据其特征，局中人可分为一些"类型". 每个局中人知道自己的类型，不知道别人的类型，但知道类型上的联合分布，从而能对其他局中人的类型做出先验分布判断.

不完全信息的这种博弈局势把千变万化的不完全信息都归结为局中人对他人的主观判断. 这种方法成功地将不易建模的不完全信息转化为数学上可处理的不完善信息，即局中人根据经验与知识对手的类型得出关于可能性大小的主观判断，即数学上的一种先验分布.

不完全信息博弈的解是由纳什均衡概念推广而来的，其均衡点称为贝叶斯均衡，是一个n重策略，每个局中人的个人策略均是对其他局中人的$n-1$重策略的某种类型的最佳应对.

- **学术贡献二：合作博弈**

海萨尼关于博弈论的第一篇论文（1956年）把合作博弈理论与议价模型相结合，这是他建立n人合作博弈的通用议价模型的第一步. 绝大多数合作解概念是基于具有或不具有旁支付的特征方程型博弈. 而他的通用议价模型是第一个适用于标准型博弈问题的n人合作理论. 通过对均衡时效用权重与联盟对局中人分红具有独创性的构造，他成功地定义了一种议价解法，与非合作博弈的一种均衡点非常相似. 直至现在，他的n人议价模型仍是合作博弈理论中最为重要的理论之一.

现在，一种观点已被广泛接受，即有关一种博弈形势的充分详细的模型必为一个非合作博弈理论. 而在20世纪60年代以前，一般观点认为，合作理论比非合作理论更为重要. 因为合作有利可图，人们怎会放弃呢？

海萨尼是促使这种观念产生变迁的博弈论研究者之一. 他首先认识到合作机会以非合作博弈形式建模的必要性. 由此观点, 合作理论可被视为一个简化形式, 需要建立具有更多细节的非合作模型. 以这种思路, 海萨尼为特征方程型博弈中一个重要的合作理论 (冯·诺伊曼–摩根斯坦稳定集) 进行了创造性的非合作形式重建. 海萨尼在议价模型中为一个具有可转移效用的零和特征方程型博弈设计了一个收益向量序列, 以其序列递推过程描述联盟的选择过程. 其理论利用非直接优势概念形成了修正的稳定集概念. 海萨尼对稳定集概念的非合作重建为考察联盟形成的非合作模型构造提供了方法上的突破.

总的来说, 海萨尼在他所面临的博弈论几个前沿热点上均取得了突出成就. 他的某些思想已成为博弈论的基石, 有些思想现在仍然处在研究之中. 他的工作不仅极大地促进了博弈论的发展, 而且以其新颖与创造性激发了后人的进一步开拓.

4.3.2 莫里斯

- **人物简历**

詹姆斯·莫里斯 (James Mirrlees), 1936年7月生于苏格兰的明尼加夫, 与亚当·斯密是同乡, 1957年在爱丁堡大学获得数学硕士学位, 1963年取得英国剑桥大学哲学博士学位. 此后曾任教于剑桥大学, 也曾担任麻省理工学院客席教授. 1969年, 年仅33岁的莫里斯就被正式聘为牛津大学的教授. 1969年至1995年一直从教于牛津, 任该校埃奇沃思讲座经济学教授、Nuffield学院院士. 1996年获得诺贝尔经济学奖, 1997年被英国女王授予"爵士"爵位. 2002年起出任香港中文大学博文讲座教授, 2006年获委任为香港中文大学晨兴书院院长. 他还曾担任过世界计量经济学会会长、英国皇家经济学会会长、中国政府经济顾问等职, 是英国科学院院士、美国艺术与科学院院士. 2018年8月29日在英国剑桥辞世, 享年82岁.

- **学术贡献**

莫里斯分别于1974、1975、1976年发表的三篇论文, 即《关于福利经济学、信息和不确定性的笔记》《道德风险理论与不可观测行为》《组织内激励和权威的最优结构》, 奠定了委托–代理的基本模型框架. 莫里斯开创的分析框架后来又由霍姆斯特姆等人进一步发展, 在委托–代理理论文献中, 被称为莫里斯–霍姆斯特姆模型方法. 莫里斯所写的与委托–代理理论有关的论文还有:《最优所得税理论探讨》《论责任分配: 行为人相同的情形》《最优税收理论》《动态的不可替代性原理》《论生产者税收》《激励理论》《两阶级经济中的最优税收》《私人不变利润与公共影子价格》《税收理论与累进税制》《劳动供给对最优税收的影响: 最新理论思想指南》《社会收益–成本分析与收入分配》《功利主义的经济学分析》《道德风险对最优保险的意义》《发明的福利经济学》《消费者不确定性与最优收入税》.

除对委托–代理理论的贡献外, 莫里斯还在研究最优税制结构、非对称信息结构下的最优契约设计、公共财政理论、不确定性下的福利经济理论等方面造诣精深, 成为这些领域的代表人物. 有关论文有:《不确定下的最优积累》《最优税制和公营生产1: 生产效率》《最优税制和公营生产2: 税收条例》《具有消费外部性的聚集生产》《人口政策和家庭规模的税制》《不确定性下的最优积累：投资不变利润的案例》《税率的意义》《对公共支出的讨论》《退休年龄不确定时的最优社会保障模型》《养老金的保险特性》《随机经济中的最优税制》《最优国外收入税制》《社会保险与不合理行为》《对不确定收入的征税》《市场不完全时对相同消费者的最优税收》《最优税制与政府财政》《福利经济学和规模经济》《私人风险和公共行为：福利国的经济》《退休年龄不确定时的社会保险和私人储蓄》.

莫里斯在经济增长与发展等方面也成就非凡，曾与斯特恩合编《经济增长模型》一书，与利特尔合著《发展中国家的项目签订和计划》一书，并于1975年发表《关于利用消费和生产率之间关系的欠发达经济的纯理论》一文，对经济政策尤其是增长理论进行了功利主义分析，探讨了不确定性对适度增长的影响、非再生资源理论、不可分割的增长理论，以及耐用品的不可替代性定理等. 在发展经济领域，莫里斯提出了成本收益分析方法，建立了低收入经济的发展模型，研究了国际援助政策的效用与结果.

4.3.3 谢林

- **人物简历**

托马斯·克罗姆比·谢林（Thomas Crombie Schelling），1921年出生于美国加利福尼亚州的奥克兰市，1944年获加州大学伯克利分校经济学学士学位，1951年在哈佛大学获经济学博士学位，1948至1953年，他先后为马歇尔计划、白宫和总统行政办公室工作，1953至1958年任耶鲁大学经济学教授，1958年被聘为哈佛大学经济学教授，1969年到哈佛大学肯尼迪研究生院兼职，是该院知名的政治经济学教授，1978年他从哈佛大学辗转来到马里兰学院研究公共事务，1988年美国经济学联合会将其评为"杰出资深会员"，1992年当选为美国经济学联合会会长. 谢林因为"通过博弈论分析改进了我们对冲突和合作的理解"与罗伯特·奥曼共同获得2005年诺贝尔经济学奖. 2016年去世.

- **学术贡献**

一般认为，博弈论始于1944年. 数学家约翰·冯·诺伊曼和经济学家奥斯卡·摩根斯坦合作出版了《博弈论与经济行为》一书，概括了经济主体的典型行为特征，提出了策略型与扩展型等基本的博弈模型、解的概念和分析方法，奠定了博弈论大厦的基石，也标志着经济博弈论的创立.

1994年，诺贝尔经济学奖获得者纳什、泽尔腾、海萨尼在非合作博弈方面的贡献进一步增加了博弈论的适用范围和预测能力. 谢林和奥曼的工作又进一步发展了非合作博弈理论，并开始涉及社会学领域中的一些主要问题. 他们分别从两个不同的角度（奥曼从数学的角度、谢林从经济学的角度）认为，从博弈论入手有可能重新塑造关于人类交互作用的分析范式.

最重要的是，谢林指出，许多人们所熟知的社会交互作用可从非合作博弈的角度来加以理解；奥曼也发现一些长期的社会交互作用可利用正式的非合作博弈理论来进行深入分析.

谢林的博弈理论建立在对新古典经济理论分析方法突破的基础之上，与主流的博弈理论在研究方法和侧重点上都有很大的不同，从而完善、丰富和发展了现代博弈论. 在经典著作

《冲突的战略》一书中，谢林首次定义并阐明了威慑、强制性威胁与承诺、战略移动等概念，开始把关于博弈论的洞察力作为一个统一的分析框架来研究社会科学问题，并对讨价还价和冲突管理理论作了非常细致的分析.讨价还价理论是谢林早期的主要贡献所在.

尽管当时谢林并没有刻意强调正式建立模型问题，但是他的很多观点后来随着博弈论的新发展而定形，而他所定义的概念也成为博弈理论中最基本的概念.比如，完美均衡概念中的不可置信威胁就源自谢林的可行均衡概念.

他卓有成效的工作促进了博弈论的新发展并且加速了这一理论在社会科学领域的运用，特别是他对战略承诺的研究为许多现象（比如公司的竞争性战略、政治决策权的授权等）给出了解释.1988年，美国经济学联合会将其评为"杰出资深会员"时，其评语为：谢林关于社会关系的理论以及他对该理论多方面的应用源于他富有成效地将理论与实践相结合.

谢林有着异于常人的天赋，这使得他能切实涉及有着相同或不同利益的参与人的社会和经济状况的本质，并能具体而生动地把这种本质描述出来.诺贝尔评奖委员对的评价是："谢林，这位自称'周游不定的经济学家'，被证明是一位非常杰出、具有开创性的探险者."

第5章 完美贝叶斯均衡

本章首先梳理了有关不完全信息动态博弈的模型和完美贝叶斯均衡等知识要点,然后基于知识要点给出了案例,并分析了案例,构建了模型,推导了性质,案例数据充分给出了计算求解,并对原始案例进行了反馈分析,最后给出了几个著名博弈论专家学者的小传.

5.1 知识梳理

定义 5.1 十元组

$$G = (N, V, E, x_0, (V_i)_{i \in N}, O, u, (T_i)_{i \in N}, p, (f_i)_{i \in N})$$

称为不完全信息动态博弈,如果满足:

(1) N 是一个有限的局中人集合;

(2) (V, E, x_0) 是根为 x_0 的树;

(3) $(V_i)_{i \in N} \in \text{QuasiPart}(V \setminus \text{Leaf})$ 表示局中人 i 的决策节点;

(4) O 表示博弈可能的结果;

(5) $u : \text{Leaf} \to O$ 表示叶子与结果之间的映射;

(6) T_i 是一个有限的非空集合,表示局中人 i 的类型空间,$T = \times_{i \in N} T_i$;

(7) $p \in \Delta(T)$ 是 T 上的一个公共信念,满足 $p_i(t_i) =: p(t_i \times T_{-i}) > 0, \forall i \in N, \forall t_i \in T_i$;

(8) $f_i : O \times T \to \mathbf{R}^1, \forall i \in N$ 表示局中人 i 的盈利函数;

(9) 局中人集合 N,树的结构 (V, E, x_0),局中人的决策节点 V_i,博弈可能结果集 O,映射 u,局中人的公共信念 p,盈利函数 f_i 都是公共知识,但是局中人 i 的属于自己的具体类型 t_i 是私人信息,不是公共知识.

定义 5.2 假设

$$G = (N, V, E, x_0, (V_i)_{i \in N}, O, u, (T_i)_{i \in N}, p, (f_i)_{i \in N})$$

为一个不完全信息动态博弈,可以通过如下的海萨尼转换将其转化为完全不完美信息动态博弈 $\bar{\Gamma}$:

(1) 增加一个自然 0 作为博弈的发起者,按照公共信念 p 选择局中人的类型 T;

(2) 类型为 t 的局中人集合 N 按照 $(N, V, E, x_0, (V_i)_{i \in N}, O, u, (f_i(\cdot, t))_{i \in N})$ 进行博弈;

(3) 令 $\Phi_i(t_i, x_i) = (t_i) \times T_{-i} \times x_i$ 作为局中人 i 的一个信息集,因此局中人 i 的所有信息为 $\mathcal{F}_i = (\Phi_i(t_i, x_i))_{t_i \in T_i, x_i \in V_i}$;

(4) 按照上面的要求构建新的博弈树. 显然是一个具有完美回忆的动态博弈.

定义 5.3 假设四元组 $G = (\Gamma, (T_i)_{i \in N}, p, (f_i)_{i \in N})$ 为不完全信息动态博弈,其中 $\Gamma = (N, V, E, x_0, (V_i)_{i \in N}, O, u)$ 是一个完全完美信息动态博弈,通过海萨尼转换得到的完全不完美动态博弈为 $\bar{\Gamma}$. 假设 S_i 是局中人 i 在完全完美信息动态博弈 Γ 中的纯粹策略,定义局中人 i 在

不完全信息动态博弈中的纯粹策略为
$$r_i : T_i \to S_i, \text{s.t. } r_i(t_i) \in S_i.$$
局中人i的所有纯粹策略集合记为
$$R_i = \{r_i \mid r_i : T_i \to S_i, \text{s.t. } r_i(t_i) \in S_i\}.$$
所有局中人的纯粹策略空间记为
$$R = \times_{i \in N} R_i, r = (r_i)_{i \in N} \in R.$$

定义 5.4 假设四元组$G = (\Gamma, (T_i)_{i \in N}, p, (f_i)_{i \in N})$为不完全信息动态博弈，其中$\Gamma = (N, V, E, x_0, (V_i)_{i \in N}, O, u)$是一个完全完美信息动态博弈，通过海萨尼转换得到的完全不完美动态博弈为$\bar{\Gamma}$. 那么不完全信息动态博弈G对应的纯粹策略完全信息静态博弈为
$$G_{\text{pure}, \bar{\Gamma}} = (N, (R_i)_{i \in N}, (f_i)_{i \in N}).$$

定义 5.5 假设四元组$G = (\Gamma, (T_i)_{i \in N}, p, (f_i)_{i \in N})$为不完全信息动态博弈，其中$\Gamma = (N, V, E, x_0, (V_i)_{i \in N}, O, u)$是一个完全完美信息动态博弈，通过海萨尼转换得到的完全不完美动态博弈为$\bar{\Gamma}$. 假设S_i是局中人i在完全完美信息动态博弈Γ中的纯粹策略，那么局中人i在不完全信息动态博弈中的混合策略定义为
$$\Lambda_i = \Delta(R_i) = \Delta(\times_{t_i \in T_i} S_i).$$

定义 5.6 假设四元组$G = (\Gamma, (T_i)_{i \in N}, p, (f_i)_{i \in N})$为不完全信息动态博弈，其中$\Gamma = (N, V, E, x_0, (V_i)_{i \in N}, O, u)$是一个完全完美信息动态博弈，通过海萨尼转换得到的完全不完美动态博弈为$\bar{\Gamma}$. 那么不完全信息动态博弈G对应的混合策略完全信息静态博弈为
$$G_{\text{mix}, \bar{\Gamma}} = (N, (\Lambda_i)_{i \in N}, (F_i)_{i \in N}),$$
其中函数F_i是f_i的混合扩张.

定义 5.7 假设四元组$G = (\Gamma, (T_i)_{i \in N}, p, (f_i)_{i \in N})$为不完全信息动态博弈，其中$\Gamma = (N, V, E, x_0, (V_i)_{i \in N}, O, u)$是一个完全完美信息动态博弈，通过海萨尼转换得到的完全不完美动态博弈为$\bar{\Gamma}$. 假设$\mathcal{B}_i$是局中人i在完全完美信息动态博弈Γ中的行为策略，定义局中人i在不完全信息动态博弈中的行为策略为
$$\xi_i : T_i \to \mathcal{B}_i, \text{s.t. } \xi_i(t_i) \in \mathcal{B}_i.$$
局中人i的所有行为策略集合记为
$$\Xi_i = \{\xi_i \mid \xi_i : T_i \to \mathcal{B}_i, \text{s.t. } \xi_i(t_i) \in \mathcal{B}_i\}.$$
所有局中人的行为策略空间记为
$$\Xi = \times_{i \in N} \Xi_i, \xi = (\xi_i)_{i \in N} \in \Xi.$$

定义 5.8 假设四元组$G = (\Gamma, (T_i)_{i \in N}, p, (f_i)_{i \in N})$为不完全信息动态博弈，其中$\Gamma = (N, V, E, x_0, (V_i)_{i \in N}, O, u)$是一个完全完美信息动态博弈，通过海萨尼转换得到的完全不完美动态博弈为$\bar{\Gamma}$. 那么不完全信息动态博弈G对应的行为策略完全信息静态博弈为
$$G_{\text{behave}, \bar{\Gamma}} = (N, (\Xi_i)_{i \in N}, (F_i)_{i \in N}),$$
其中函数F_i是f_i的行为扩张.

定义 5.9 假设四元组$G = (\Gamma, (T_i)_{i \in N}, p, (f_i)_{i \in N})$为不完全信息动态博弈，其中$\Gamma = (N, V, E, x_0, (V_i)_{i \in N}, O, u)$是一个完全完美信息动态博弈，通过海萨尼转换得到的完全不完美动态博弈为$\bar{\Gamma}$，二元组

$$(\alpha, \eta) = ((\alpha_i)_{i \in N}, (\eta_i)_{i \in N}) = ((\alpha_{i,t_i})_{i \in N, t_i \in T_i}, (\eta_{i,x})_{i \in N, x \in (V \setminus \text{Leaf}) \cup \{\varnothing\}})$$

称为行为策略和类型信念二元组，如果$\alpha_{i,t_i} \in \mathcal{B}_i$是类型为$t_i$的局中人$i$在完全完美动态博弈$\Gamma$中的行为策略，$\eta_{i,x} \in \Delta(T_i)$是博弈到达节点$x$时局中人$-i$对局中人$i$的类型的一个信念.

定义 5.10 假设四元组$G = (\Gamma, (T_i)_{i \in N}, p, (f_i)_{i \in N})$为不完全信息动态博弈，其中$\Gamma = (N, V, E, x_0, (V_i)_{i \in N}, O, u)$是一个完全完美信息动态博弈，通过海萨尼转换得到的完全不完美动态博弈为$\bar{\Gamma}$，行为策略和类型信念二元组(α, η)称为不完全信息动态博弈的完美贝叶斯均衡，如果满足以下几个条件：

(1) 序贯理性：$\forall x \in V \setminus \text{Leaf}, \forall i \in N, \forall t_i \in T_i, \forall \beta_i \in \mathcal{B}_i$，有

$$F_i(\alpha_{i,t_i}, \alpha_{-i}|x, \eta_{-i}) \geqslant F_i(\beta_i, \alpha_{-i}|x, \eta_{-i});$$

(2) 初始信念：$\forall i \in N$，有

$$\eta_{i,\varnothing} = p_i =: p(\cdot \times T_{-i});$$

(3) 行动信念：如果$\forall y \in C(x), J(y) \neq i$，那么$\eta_{i,y} = \eta_{i,x}$；如果$y, z \in C(x), J(y) = J(z) = i, (x,y) = (x,z)$，那么$\eta_{i,y} = \eta_{i,z}$；

(4) 信念更新：对于$\forall x \in V_i, C(x) \cap V_i \neq \varnothing$，如果$\exists t_i \in \text{Supp}(\eta_{i,x}), \forall a \in A(x), a \in \text{Supp}(\alpha_{i,t_i,x}), a = (x,y)$，那么有

$$\eta_{i,y}(t_i^{'}) = \frac{\alpha_{i,t_i^{'},x}(a) \cdot \eta_{i,x}(t_i^{'})}{\sum_{t_i \in T_i} \alpha_{i,t_i,x}(a) \cdot \eta_{i,x}(t_i)}.$$

博弈G的所有行为策略完美贝叶斯均衡记为$\text{BehavePerfBayesEqum}(G)$.

5.2 案例分析

5.2.1 波音空客博弈

假设波音公司先于空中客车公司进入市场. 波音公司可能是一个"有先发优势"的公司，也可能是一个"无先发优势"的公司.

波音公司"有先发优势"时，其成本函数为$C_1(q_1) = q_1$，也就是边际成本$\alpha_1 = 1$. 波音公司"无先发优势"时，其成本函数为$C_{1'}(q_1) = 2q_1$，也就是其边际成本$\alpha_{1'} = 2$.

空中客车公司的生产函数没有不确定性. 空中客车公司的生产函数为$C_2(q_2) = 2q_2 + \gamma_2$，也就是其边际成本为$\alpha_2 = 2$. 空中客车公司进入市场需要付出一个额外的固定成本$\gamma_2 = 6$.

假设国际市场飞机价格函数为$p = 10 - Q$，其中：$Q = q_1 + q_2$. 波音公司和空中客车公司的行动存在先后顺序. 波音公司先进入市场，空中客车公司后进入市场. 波音公司和空中客车公司都明确知道空中客车公司的生产函数. 波音公司明确知道自己的生产函数，但空中客车公司不知道波音公司的生产函数，存在不完全信息. 所以，这个博弈是一个不完全信息动态博弈.

波音公司先行动. 当波音公司选择产量时, 可以视自己为一个垄断者. 当空中客车公司进行决策时, 如果空中客车公司选择"进入", 那么波音公司和空中客车公司在市场中进行寡头博弈. 假设寡头博弈遵从古诺寡头博弈的模式. 波音公司通过选择产量最大化自己的利润.

首先行动的波音公司如果是一个"有先发优势"的公司, 那么波音公司的决策模型为

$$\pi_1(q_1) = (10 - q_1)q_1 - q_1 = (9 - q_1)q_1.$$

此时均衡产量为

$$q_1^* = 4.5.$$

均衡利润为

$$\pi_1(q_1^*) = 20.25.$$

均衡价格为

$$p^* = 5.5.$$

首先行动的波音公司如果是一个"无先发优势"的公司, 那么波音公司的决策模型为

$$\pi_{1'}(q_1) = (10 - q_1)q_1 - 2q_1 = (8 - q_1)q_1.$$

此时均衡产量为

$$q_1^* = 4.$$

均衡利润为

$$\pi_{1'}(q_1^*) = 16.$$

均衡价格为

$$p^* = 6.$$

当轮到空中客车公司行动时, 如果空中客车公司选择"不进入", 那么波音公司将继续自己在市场中的垄断地位; 如果空中客车公司选择"进入", 那么空中客车公司将和波音公司在市场上进行古诺寡头博弈. 回顾双寡头古诺模型的纳什均衡为

$$q_1^* = \frac{A - 2\alpha_1 + \alpha_2}{3}; q_2^* = \frac{A - 2\alpha_2 + \alpha_1}{3}.$$

均衡盈利为

$$\pi_1(q_1^*) = \left(\frac{A - 2\alpha_1 + \alpha_2}{3}\right)^2 - \gamma_1; \pi_2(q_2^*) = \left(\frac{A - 2\alpha_2 + \alpha_1}{3}\right)^2 - \gamma_2.$$

此时均衡价格为

$$p^* = \frac{A + \alpha_1 + \alpha_2}{3}.$$

在寡头博弈下分析. 首先行动的波音公司如果是一个"有先发优势"的公司, 此时均衡产量为

$$q_1^* = \frac{10 - 2 \times 1 + 2}{3} = \frac{10}{3}; q_2^* = \frac{10 - 2 \times 2 + 1}{3} = \frac{7}{3}.$$

均衡盈利为
$$\pi_1(q_1^*) = \left(\frac{10-2\times 1+2}{3}\right)^2 = \frac{100}{9}; \pi_2(q_2^*) = \left(\frac{10-2\times 2+1}{3}\right)^2 - \gamma_2 = -\frac{5}{9}.$$
此时均衡价格为
$$p^* = \frac{13}{3}.$$

首先行动的波音公司如果是一个"无先发优势"的公司,此时均衡产量为
$$q_1^* = \frac{10-2\times 2+2}{3} = \frac{8}{3}; q_2^* = \frac{10-2\times 2+2}{3} = \frac{8}{3}.$$
均衡盈利为
$$\pi_1(q_1^*) = \left(\frac{10-2\times 2+2}{3}\right)^2 = \frac{64}{9}; \pi_2(q_2^*) = \left(\frac{10-2\times 2+2}{3}\right)^2 - \gamma_2 = \frac{10}{9}.$$
此时均衡价格为$p^* = \frac{14}{3}$.

如果波音公司是一个"有先发优势"的公司,那么空中客车公司与波音公司在市场上进行古诺寡头竞争时,空中客车公司的利润为负. 如果波音公司是一个"无先发优势"的公司,那么空中客车公司与波音公司在市场上进行古诺寡头竞争时,空中客车公司的利润为正. 也就是说:当波音公司是一个"有先发优势"的公司时,空中客车公司将选择"不进入";当波音公司是一个"无先发优势"的公司时,空中客车公司将选择"进入".

由于空中客车公司并不知道波音公司的成本函数,因此空中客车公司只能根据自己的先验信念进行决策选择. 先行动的波音公司可以通过自己传递的信息影响空中客车公司的信念. 空中客车公司认为波音公司为"有先发优势"的概率为α,为"无先发优势"的概率为$1-\alpha$. 当$\alpha < 2/3$时,空中客车公司选择"进入";当$\alpha > 2/3$时,空中客车公司选择"不进入". 作为先行动的波音公司,可以通过自己的行为改变空中客车公司的信念. 具体说来,先行动的波音公司作为市场中的垄断者,如果波音公司已经建立起"先发优势",那么波音公司选择$p = 5.5$可以最大化自己的垄断利润. 如果波音公司"无先发优势",那么波音公司选择$p = 6$可以最大化自己的垄断利润. 波音公司会考虑自己的定价传递给空中客车公司的信息. 如果波音公司把价格定在$p = 6$的水平,那么等价于告诉空中客车公司:波音公司是一个"无先发优势"的公司. 当轮到空中客车公司进行决策时,空中客车公司一定会选择"进入". 空中客车公司的进入会攫取部分原本属于波音公司的垄断利润. 波音公司理想的结果是通过自己传递的信息,让空中客车公司"知难而退",不进入市场. 即使波音公司是一个"无先发优势"的公司,它也有动机把自己伪装成一个"有先发优势"的公司,从而改变空中客车公司的信念,将空中客车公司排挤在市场之外.

当空中客车公司没有观察到波音公司的定价策略时,空中客车公司有一个先验信念. 当博弈开始后,空中客车公司可以观察到先行动的波音公司的定价策略,但观察不到波音公司的成本函数. 根据波音公司的定价策略,空中客车公司会修正自己的先验信念,产生后验概率. 空中客车公司如何根据观察到的波音公司价格的策略修改自己的先验信念呢?"后行动的博弈参与者怎样根据观察到的信息修改自己的先验概率,得到后验概率". 这是贝叶斯统计的一个经典问题.

5.2.2 停车泊位共享博弈

在实施泊位共享的过程中，主要的参与者为停车共享平台、小区物业、泊位拥有者，而三者得到的总收益为停车者支付的费用，因此涉及泊位共享的收益分配. 而在分配的过程中，三方都不愿意自身得到的收益过少，也不愿意由于谈判破裂导致泊位共享实施不了而得不到收益. 因此引入讨价还价博弈，即三方通过讨价还价的方式达成共识，各自得到可接受的合理收益.

在讨价还价的过程中，每多进行一次谈判，三方都会消耗一定的谈判成本，包括时间成本. 以下讨价还价模型中假设共享平台、小区物业、泊位拥有者每多进行一个回合谈判的损耗系数均为 δ，且三方"瓜分"一份停车者提供的收益为 P，那么泊位共享参与者讨价还价的过程描述如下.

在三方讨价还价过程中，由于平台属于发起方，因此第一回合由平台出价，提出收益为 c_1，若物业同意此次出价，同时自己提出的收益为 c_1'，且泊位拥有者接受此次收益分配，则平台、物业和泊位拥有者的收益分别为

$$\pi_1' = c_1, \pi_1'' = c_1', \pi_1''' = c_1''.$$

若物业或泊位拥有者不接受上一家的出价，则博弈进入下一回合. 第二回合由物业提出收益为 c_2'，若泊位拥有者接受，同时提出自身收益为 c_2''，且平台接受此次收益分配，则平台、物业和泊位拥有者的收益分别为

$$\pi_2' = \delta_1(p - c_2' - c_2''), \pi_2'' = \delta_2 c_2', \pi_2''' = \delta_3 c_2''.$$

若平台或泊位拥有者不接受此次收益，则博弈进入下一回合. 第三回合由泊位拥有者提出收益为 c_3''，若平台接受，同时提出自身收益为 c_3，且物业接受此次收益分配，则平台、物业和泊位拥有者的收益分别为

$$\pi_3' = \delta_1^2 c_3, \pi_3'' = \delta_2^2(p - c_3 - c_3''), \pi_3''' = \delta_3^2 c_3''.$$

若平台或物业不接受此次收益，则博弈进入下一回合. 若物业或泊位拥有者又不接受上一家的出价，则博弈再进入下一回合，如此博弈循环，直到双方达成最优协议为止. 在上述博弈过程中，平台为扩大其规模，形成城市泊位共享网络，进而快速增强平台的影响力，提高竞争力，会让出部分利润平衡片区的总收益，使泊位共享能大范围实施. 分析平台对物业及泊位拥有者进行让利，让利因子用 ϵ' 表示，且在让利过程中，平台将以 q_1' 的概率进行让利.

在三方博弈过程中，信息起着决定性的作用. 若其中一方掌握的信息多于其他方，那么他将在谈判过程中处于优势地位，以致最终在博弈过程中取得更多利益分配. 此研究的三方博弈即平台、物业与泊位拥有者，为不完全信息条件下的博弈. 经过对单个泊位合理收益分析可得到平台的收益 π'、物业的收益 π'' 及泊位拥有者收益 π''' 分别为

$$\pi' = \frac{p(1-\delta)}{1-\delta^3} - q_1'\epsilon';$$

$$\pi'' = \frac{p\delta(1-\delta)}{1-\delta^3} + q_1'\epsilon';$$

$$\pi''' = \frac{p\delta^2(1-\delta)}{1-\delta^3} + q_1'\epsilon'.$$

平台想取得更多的利益,主要有两种方法:一是减少其对泊位拥有者的让利,但这种方法可能会使泊位拥有者提供泊位数量减少;二是增大平台的让利,使更多的泊位拥有者提供共享泊位,但这种方法会减少平台单个泊位的收益.

通过对泊位拥有者特性与提供泊位数量关系的分析,得到平台的收益与其让利因子的关系为

$$N = \left(\frac{p(1-\delta)}{1-\delta^3} - q_1'\epsilon'\right)\left[a\left(\frac{p\delta^2(1-\delta)}{1-\delta^3} + q_1'\epsilon'\right) + b\right],$$

式中,N为平台收益,P为停车者支付费用,δ为折损因子,q_1'为平台让利概率,ϵ'为平台让利,a,b为泊位拥有者特性值. 此时可对平台让利进行求导得到平台最优收益值为

$$N_{\max} = \frac{1}{4}a\left(\frac{p(1+\delta^2)}{1+\delta+\delta^2} - \frac{b}{a}\right)\frac{p(1+\delta^2)}{1+\delta+\delta^2}.$$

5.2.3 可信的惩罚

冷酷战略并不是保证最大合作的战略. 最大合作战略是使用最严厉的可信惩罚. 这里,"可信惩罚"是指惩罚战略本身必须是一个子博弈精炼均衡;"最严厉"是指使不合作者得到最低可能的支付.

让我们回顾囚徒困境,在前面的讨论中,其中一个囚徒惩罚另一个不合作囚徒的最大惩罚是:如果你坦白(即不合作),则我也坦白,在重复博弈中,一个囚徒惩罚另一个囚徒不合作的最大惩罚是冷酷战略,即如果你坦白,我永远坦白(即永远不合作). 但是如果这些囚徒结成团伙,用更严厉的惩罚手段,比如出狱后以残忍手段惩治坦白者,则囚犯坦白的概率会大大下降. 可信惩罚战略就是研究除类似"坦白"这种手段之外有无更严厉的促成合作的均衡策略.

为了能够定量地说明"可信惩罚"战略,我们借用一个模型,以古诺博弈为例,说明什么是"可信惩罚"以及最低可能支付.

设有两个寡头进行产量博弈. 根据古诺模型,设成本函数为$C_i(q_i) = cq_i$,逆需求函数为$p = A - (q_1 + q_2)$,各自的利润函数为

$$\pi_i(q_1, q_2) = (A - c - (q_1 + q_2))q_i, i = 1, 2.$$

为了进行比较,我们简略推导过程,简单介绍一下单阶段博弈的分析结果.

如果两个企业结成垄断同盟,垄断产量为

$$q_1 = q_2 = \frac{1}{4}(A-c), \pi_1 = \pi_2 = \frac{1}{8}(A-c)^2; Q = \frac{1}{2}(A-c), \pi = \frac{1}{4}(A-c)^2.$$

如果二者不结盟进行单阶段博弈,寡头产量(亦称古诺均衡产量)分别是

$$q_1 = q_2 = \frac{1}{3}(A-c), \pi_1 = \pi_2 = \frac{1}{9}(A-c)^2; Q = \frac{2}{3}(A-c), \pi = \frac{2}{9}(A-c)^2.$$

令$q^m = \frac{1}{4}(A-c), q^* = \frac{1}{3}(A-c), q^H = \frac{1}{2}(A-c)$.

现在假设双方进行重复博弈,其中一个企业采取下列"胡萝卜加大棒"的战略,开始生产q^m(这是一个较小的产量,如果双方都如此,两个企业都得到垄断利润),在t阶段,如

果前一阶段两个企业都生产q^m,继续生产q^m,否则,生产q^H.

这里q^H是最大惩罚产量,大于古诺均衡产量q^*,这一战略规定了一个一次性惩罚期和一个(潜在)无穷次合作期:在惩罚期企业i生产q^H,在合作期企业i生产q^m(故又称为"两期战略"). 如果任何一个企业在合作期不合作,惩罚期开始;同样,如果任何一个企业在惩罚期偏离惩罚,也要受另一个企业采用q^H的惩罚;如果任何企业在惩罚期都惩罚,合作期开始. 例如:甲开始生产q^m,只要乙也生产q^m,甲将继续生产q^m;但是,如果甲或乙在$t-1$阶段生产$q_i > q^m$,则甲将在t阶段生产q^H,并且如果甲和乙在t阶段都生产q^H,则甲在$t+1$阶段生产q^m,否则,甲将继续生产q^H,直到甲和乙同时生产一阶段q^H后,甲再生产q^m.

如果两个企业都选择上述两期战略,无限次重复博弈有两类子博弈:(1)合作子博弈,前一阶段的结果是(q^m, q^m)或(q^H, q^H);(2)惩罚子博弈,前一阶段的结果既不是(q^m, q^m),也不是(q^H, q^H). 如果两期战略是一个精炼均衡,它必须在两类子博弈上都构成纳什均衡. 下面来证明这一点.

首先考虑合作子博弈. 为了证明子博弈精炼均衡,只要考虑两个阶段,如果两期战略是合作子博弈的纳什均衡,条件是t和$t+1$期得到的合作的总利润,大于首先不合作得到短期利润而后得到惩罚的利润之和. 就是说,从生产短期最优产量得到的净收益不超过下一阶段受到惩罚的损失.

然后考虑惩罚子博弈. 它要求从现阶段选择不惩罚得到的净收益不超过下一阶段惩罚时的损失. 经过复杂的计算,将上述两个条件结合起来可知:当$\delta = 1/2$时,如果选择$(A-c)3/8 \leqslant q^H \leqslant (A-c)1/2$,两期战略可以保证垄断利润均衡作为子博弈精炼均衡结果出现. 其中,最大惩罚产量严格大于库诺特产量q^*,对比之下,如果企业使用冷酷战略,$\delta = 1/2$不能产生垄断利润均衡的结果.

在上例中,如果企业选择$q^H = (A-c)1/2$,在惩罚期,每个企业的利润都是0,这是这个博弈中可能达到的最严厉的惩罚. 如果惩罚真的发生,它是一把"双刃剑",不合作者受到惩罚的同时,实施惩罚的合作者也受到惩罚,但因为参与人的行为是可观察的,在均衡路径,没有参与人会偏离合作,惩罚实际上不能发生. 严厉的目的是阻止不合作行为的发生而不是惩罚本身,尽管惩罚威胁必须是可信的.

5.2.4 威胁与承诺

在博弈论中,经常用"可置信"和"不可置信"的"威胁"或"承诺"来区分行动者说出的策略,我们在研究动态博弈时会分析什么样的策略是可置信的,什么样的策略是不可置信的. 而分析"威胁"或"承诺"是可置信还是不可置信的方法是倒推法.

要理解什么是倒推法,先来看一下商界里经常见到的博弈.

在某个城市假定只有一家房地产开发商A,我们知道任何没有竞争下的垄断利润是很高的,假定A此时每年的垄断利润是10亿元.

现在假定有另外一个企业B,准备从事房地产开发. 面对B要进入其垄断的行业,A想:

一旦B进入，自己的利润将受损很多，B最好不要进入. 所以A向B表示，你进入的话，我将阻挠你进入. 假定当B进入时A阻挠的话，A的利润降低到2，B的利润是-1. 而如果A不阻挠的话，A的利润是4，B的利润也是4.

因此就产生了房地产开发商之间的博弈问题. A的最好结局是"B不进入"，而B的最好结局是"进入"而A"不阻挠". 这两个最好的结局不能构成均衡. 那么结果是什么呢？

A向B发出威胁：如果你进入，我将阻挠. 而对B来说，如果进入，A真的阻挠的话，它将受损失-1（假定-1是它的机会成本），当然此时A也有损失. 对于B来说，问题是：A的威胁可置信吗？

B通过分析得出：A的威胁是不可置信的. 原因是：当B进入的时候，A阻挠的收益是2，而不阻挠的收益是4，因为4 > 2，所以理性人是不会选择做非理性的事情的. 也就是说，一旦B进入，A的最好策略是合作，而不是阻挠. 因此，通过分析，B选择了进入，而A选择了合作，双方的收益各为4.

在这个博弈中，B采用的方法为倒推法，或者说逆向归纳法，即：当参与者作出决策时，他要通过对最后阶段的分析，准确预测对方的行为，从而确定自己的行为.

在这里，双方必须都是理性的. 如果不满足这个条件，就无法进行分析了. 这个例子只是简单的两阶段博弈，而三阶段或更多阶段的博弈，可用同样方法加以分析.

上述"进入-阻挠"问题的博弈的纳什均衡点有两个：（合作，进入）和（阻挠，不进入）. 我们可以验证，在这两点上谁都不愿意改变策略. 然而（阻挠，不进入）这个均衡是达不到的. 因为这是动态博弈，在这个动态博弈中，存在着先后策略选择顺序. 对于A来说，为了阻止B进入，他发出威胁的信号"如果你进入，我将阻挠"；对B来说，如果B进入，A真的阻挠，B就会有损失（这个损失可认为是机会成本或者是对抗成本）. 然而B想：A的威胁是可信的吗？即：如果我真的进入，A真会阻挠吗？此时B会进一步思考：如果我进入而A阻挠的话，A的损失很大，而不阻挠他的损失会小. 理性的人是不做不理性的事情的，因此，A的威胁是不可靠的.

因此，（阻挠，不进入）的纳什均衡点得以淘汰，在动态博弈中一个新的均衡"子博弈精炼纳什均衡"得以实现. 子博弈精炼纳什均衡的定义及分析，归功于另一位诺贝尔经济学奖获得者塞尔屯（Selton）.

这里分析的是完全且完美信息下的动态博弈. 所谓完全信息是指：博弈的支付函数是"公共知识". 本书中未涉及不完全信息的博弈问题，如囚徒困境这样的静态博弈也是完全信息博弈. 完美信息是针对动态博弈而言的，指参与者知道博弈的所有历史. 倒推法是动态博弈中有用的工具，它可以说是理性的人自然的推理方式.

上面分析了"威胁"是否可信，下面分析"承诺"是否可信. "不首先使用核武器"的承诺可信吗？这个承诺是针对常规战争而言的，即：只要大家都运用常规武器进行战争，那么承诺者将不首先使用核武器. 在常规战争下不涉及国家生死存亡的时候，这个承诺是可信的. 因为如果承诺者首先使用核武器，将使他国也对它使用核武器，这样一来，它会因首先使用核武器而带来更大的灾祸. 但是, 如果在常规战争中某国面临着被消灭的危险时, 它还不首先使用核武器吗? 在这种情况下, 使用核武器有可能挽救这个国家, 而不使用, 则该国肯定灭亡, 即使用的好处大于不使用的好处. 因此, 这个承诺在一个国家面临灭亡的时候将是不可信的.

5.2.5 两期声誉博弈

为了对信号博弈建立直观的认识, 我们分析一个"两期声誉博弈", 在此考虑两国边境争端的例子.

设有两个国家存在边境争端, 两国军队都在边境上对峙, 乙国推进到甲国坚持拥有领土主权的争议区内并与甲国对峙. 设甲国作为先期占领的"在位者"采取行动, 行动空间有两个: "驱逐"和"忍耐". 如果甲国忍耐, 则乙国有得益 D_2; 如果甲国驱逐, 乙国有得益 R_2, $D_2 > 0 > R_2$. 甲国有两个潜在类型: "理智的"和"强硬的". 一个理智的甲国在它忍耐时得益 D_1, 在驱逐时得益 R_1, 这里 $D_1 > R_1$ (表示甲国不愿意把争端扩大), 因此一个理智的甲国宁愿选择忍耐而不是驱逐. 然而, 它更偏好于独占, 这时它每期能获得 M_1, $M_1 > D_1$. 当强硬的时候, 甲国就驱逐 (效用函数使得他认为驱逐是值得的), 用 p 表示甲国是理智的先验概率.

在第二期, 只有乙国选择行动 a_2. 这个行动可以取两个值: "坚持"或"退出". 倘若乙国坚持, 如果甲国事实上是理智的, 乙就得到收益 D_2, 如果甲是强硬的, 乙得到收益 R_2; 如果乙国退出, 则得到收益 0. 除非甲是强硬的, 否则甲国在第二期中不会驱逐, 因为在最后没有理由建立或维护一个声誉. 如果乙国留下, 则理智的甲国得到 D_1, 如果乙国退出, 则甲国得到 M_1. 用 δ 来表示两期之间的贴现率.

已经假定强硬的类型总是驱逐的, 因此所要研究的是理智类型的行为. 从静态的观点来看, 甲想在第一期选择忍耐; 然而, 驱逐可使乙国相信他是强硬类型的, 并因此使乙退出而增加了甲国第二期的得益.

先从对潜在的精炼贝叶斯均衡的分类开始. 一个分离均衡是这样一个均衡: 两种类型的甲国在第一期选择两个不同的行动. 这意味着, 理智的类型选择忍耐. 在一个分离均衡中, 乙国在第二期有完全信息:

$$\mu(\theta = 理智 | a_1 = 忍耐) = 1;$$

$$\mu(\theta = 强硬 | a_1 = 驱逐) = 1.$$

一个混同均衡是这样一个均衡: 其中甲国的两个类型在第一期选择相同的行动. 这意味着, 理智的类型会驱逐. 在一个混同均衡里, 乙国在观察到均衡行动之后并不更新他的信念:

$$\mu(\theta = 理智 | a_1 = 驱逐) = p.$$

也可能有半分离的或杂合均衡. 在声誉博弈中, 理智的类型可能会驱逐和忍耐, 即在混同与分离之间随机选择. 那样后验概率就为

$$\mu(\theta = 理智 | a_1 = 驱逐) \in (0, p),$$

且

$$\mu(\theta = 理智|a_1 = 忍耐) = 1.$$

什么时候存在分离均衡呢？在这些均衡中，理智的类型会忍耐，因而就显示了它的类型，它的收益为 $D_1 \times (1+\delta)$，乙国会坚持，因为在第二期他得到 $D_2 > 0$，如果理智的类型驱逐，就会使乙国相信它是强硬而退出，甲国将得到 $R_1 + \delta M_1$. 这样，存在分离均衡的一个必要条件是：

$$\delta(M_1 - D_1) \leqslant D_1 - R_1.$$

上式说明分离均衡的条件是：强硬的甲国第二期独占得益减第二期忍耐得益的贴现值小于第一期忍耐得益减驱逐得益的差值. 反过来，假设上述不等式是满足的，考虑以下的策略和信念：理智的甲国会忍耐，而当观察到忍耐时，乙国推测到甲国是理智的，因此它就留下；强硬的甲国会驱逐，当观察到驱逐时，乙国推测到甲国是强硬的并因此退出. 很明显，这些策略和信念形成了一个信号博弈，所以

$$\delta(M_1 - D_1) \leqslant D_1 - R_1$$

是存在分离均衡的充分且必要条件.

在一个混同均衡中，两种类型的甲国都会驱逐，因此当观察到驱逐时，乙国的后验概率与先验概率是相同的. 由于对理智者来说驱逐代价是很大的，因此只有当这么做能产生一个正的退出的概率时它才会驱逐. 因此，混同均衡的一个必要条件是：如果乙国在第二期坚持，它对第二期的期望收益为负数，即

$$pD_2 + (1-p)R_2 \leqslant 0.$$

反过来，假定上面的不等式成立，考虑如下策略和信念：两种类型都驱逐；乙国有后验信念.

$$\mu(\theta = 理智|a_1 = 驱逐) = p;$$
$$\mu(\theta = 理智|a_1 = 忍耐) = 1.$$

当且仅当观察到忍耐时才留下. 理智类型的甲国均衡得益为 $R_1 + \delta M_1$；它会从忍耐中得到 $D_1(1+\delta)$，因此，如果 $pD_2 + (1-p)R_2 \leqslant 0$ 不成立，则建议的策略与信念就形成混同的完美贝叶斯均衡.

需要说明的是，这个模型中精炼贝叶斯均衡的唯一性来源于强硬的在位者类型总是驱逐的假定. 这样，驱逐就不是一个0概率事件，进一步讲，如果强硬的类型以正的概率忍耐，则忍耐就会揭示参与人1是理智的. 该博弈还有更加复杂的结构，如果寻求均衡的唯一性，就必须对完美贝叶斯均衡概念进一步精炼.

声誉模型从信号角度阐明，即使甲国从短期角度采用忍耐态度有利，但为确立坚定维护国家主权的声誉，则应该采取驱逐战略. 实际主权争端比上述模型复杂，比如，初期在坚持原则的同时采取理智态度，辅之以警告和外交斡旋，外交手段失效则进行惩罚和自卫反击作战，清除入侵者；随后又运用外交手段逐步缓解冲突. 由于自卫反击树立了强硬果断的形象，随后的外交斡旋才会发挥有效作用. 类似地，遏独促统战略也需要树立果断敢打的形象后，才

有助于促进和平解决.

5.2.6 攻城打援博弈

以 u 代表不增援, 以 d 代表增援, 以 L 代表攻城兵力强、打援兵力弱, 以 R 代表攻城兵力弱、打援兵力强. 若甲以攻城为目的, 乙以增援为好; 若甲以打援为目的, 乙以不增援为好. 对甲方来说, 攻打该大城池需要相当强的兵力, 乙方不增援对甲方最有利. 设若甲意图打援的先验概率为0.9, 意图攻城的先验概率为0.1, 则不存在纯策略均衡.

此博弈有两个混合均衡, 如下: 甲的两个类型都选 L, 乙看到 R 则不增援, 若看到 L 则增援. 当乙看到 R, 至少赋概率0.5给甲为只攻城不打援. 甲的两个类型都选 R, 且乙看到 L 则不增援, 看到 R 则增援. 如果乙看到 L, 至少赋概率0.5给甲为只攻城不打援.

但是第二个均衡不是合理的. 如果乙看到 L, 则他应该得到甲是强类型即意图打援的结论. 理由如下: 如果甲意图攻城, 则甲应认识到不管乙反应如何, 他不应选择 L, 选 L 劣于选 R. 进一步说, 如果甲意图打援, 并且乙由于甲选 L 认为甲意图攻城从而选 d, 则 (L,d) 比 (R,u) 更好, 对甲的一个强类型, 从均衡偏离来说是合理的. 因此乙关于甲当乙看到 L 时以正概率为攻城的信念是不合理的.

这样就引出关于均衡精炼的直观标准, 其简要的定义是: 一个均衡要满足直觉标准, 它应当稳定地趋向于劣策略的消除, 该策略产生比均衡点还少的偿付而不论其他参与者可能选择什么. 换句话说, 在直观标准下, 如果有一种类型的知情者不能从脱离平衡点的行动中获益, 无论不知情者抱有何种信念, 在这种类型下不知情的参与者的信念都必须赋值为零概率. 通俗讲, 直观标准的含义是, 在非均衡路径中, 接收者认为发送者不会选择无论接收者怎样采取行动, 发送者的效用都小于均衡时发送者的效用的信号.

在实际军事对抗中, 若攻方目的是攻城, 则宁愿守方不增援; 若攻方目的是打援, 则宁愿守方增援. 对于大城市, 守方能看到攻城力量强弱的信息并有时间反应; 对于中小城市由于短时间内可以攻下, 守方往往不能及时得到攻方攻城与打援力量强弱的真实信息, 来不及判断攻方是围城打援还是攻城阻援, 这样就产生不完全信息动态博弈. 守方的选择有增援或不增援, 攻方的选择有四种: 第一种, 作战目的是攻城, 攻城兵力多于阻援兵力; 第二种, 目的是攻城但阻援兵力多于攻城兵力; 第三种, 目的是打援, 打援兵力多于围城兵力, 但攻城也必猛烈, 使敌呼援甚急; 第四种, 前期以主力攻城, 后期以主力打援. 信号博弈的主要启示是, 即使以主力打援, 攻城力度也要强, 要让敌方认为你的真实目的是攻城, 并且该城是要地而不得不援. 但如果目的是攻城阻援, 攻城力量必须强, 打援力量则根据援敌之强弱而定.

5.2.7 虚虚实实

孙子说: "兵者, 诡道也. 故能而示之不能, 用而示之不用, 近而示之远, 远而示之近. 利而诱之, 乱而取之, 实而备之, 强而避之, 怒而挠之, 卑而骄之, 佚而劳之, 亲而离之, 攻其无备, 出其不意. 此兵家之胜, 不可先传也." 这段话中, "能而示之不能, 用而示之不用, 近而示之远, 远而示之近" 就是讲信号博弈的虚实问题. 孙子指出: 显示虚假信息的目的，是"攻其无备，出其不意".

信号发出方的类型有虚或者实两种可能，每种类型各有示实或者示虚两种选择. 这样就有四种信号策略：虚而实之，虚而虚之，实而虚之，实而实之. 视其情而用之. 每一种又可以分为许多小类，比如实而虚之，类似的计谋有：能而示之不能、用而示之不用、近而示之远，暗渡陈仓等. 虚而实之，类似的计谋有：不能而示之能、不用而示之用、远而示之近，明修栈道等.

这里介绍军事信号博弈与经济博弈的差别. 在经济博弈中，不能而示之能的例子较多，很少有"能而示之不能". 比如"柠檬市场"（如旧车市场）模型，旧车往往伪装成好车. 又如人才市场博弈，人们会"包装"自己，因此产生逆向选择，导致市场效率降低. 这说明经济博弈中信号带有倾向性. 而军事博弈中，不但虚而实之，而且实而虚之均常常使用，说明军事信号博弈带有更大的不确定性.

用博弈论的术语讲，虚而实之与实而虚之属于反方向分离信号. 假设信号发送者甲方有实（θ_1）和虚（θ_2）两种类型，可以发出M_1示实和M_2示虚两种信号，又设信号接收方乙认为：若信号为M_1，则甲之类型为θ_1；若信号为M_2，则甲之类型为θ_2. 当甲之类型为θ_1，发出信号M_2，以使乙方认为甲的类型为θ_2，此计为实而虚之；当甲之类型为θ_2，发出信号M_1，使乙方认为甲的类型为θ_1，此计为虚而实之.

虚而虚之与实而实之，属于同方向分离信号. 设甲有实（θ_1）和虚（θ_2）两种类型，可以发出M_1和M_2两种信号，又设乙认为：若信号M_1，则甲之类型为θ_2；若信号M_2，则甲之类型为θ_1. 当甲之类型为实（θ_1），发出实的信号M_2，乙则认为甲为虚（θ_2），此计对甲来说为实而实之. 实而实之是考虑对方判断的逆向思维，比如《三国演义》中诸葛亮智算华容道，诸葛亮用实而实之之计，命关羽小路埋伏，并在小路放烟. 曹操对此判断为："兵法云：虚则实之，实则虚之，诸葛亮熟知兵法，今小路放烟，必大路埋伏. 故我偏走小路." 诸葛亮用的是第二阶逆向思维：利用曹操的实而虚之的后验判断，以实而实之使曹操上当.

虚而虚之则是利用对方关于虚而实之的后验判断使对方入彀. 当甲之类型为虚（θ_2），发出信号M_2，使乙认为甲的类型为实（θ_1），此计为虚而虚之. 空城计属虚而虚之. 西城本来是空城，在曹军大兵袭来时，诸葛亮却令大开城门，用老军扫街，诸葛亮携小童上城头弹琴. 司马懿对此信号判断为："亮平生谨慎，不曾弄险，今大开城门，必有埋伏. 我兵若进，中其计也，宜速退." 司马懿退兵后，蜀官请教诸葛亮智退司马懿大军的原因，诸葛亮说："此人料吾生平谨慎，必不弄险，见如此模样，疑有伏兵，所以退去，吾非弄险，盖不得已为之." 这里诸葛亮利用了司马懿的关于诸葛亮的先验判断：一生谨慎，从不弄险，此次也有很大的概率不会弄险（即实的先验概率较大），并且判断司马懿会做出虚而实之的后验判断，用虚而虚之谋略获得成功. 历史上各种战例中，虚而实之与实而虚之用得较多，实而实之与虚而虚之用得较少. 原因是：信号谋略依存于信号接收方的后验概率判断. 一般地讲，为了让敌判断为实，虚而实之比实而虚之更容易成功；为了让敌判断为虚，实而虚之比实而实之成功概率更高.

信号博弈各方的策略依存于对信号发出方类型的后验概率判断.比如诸葛亮智算华容道中,诸葛亮在大路放烟与小路放烟代价没有区别,理论上,他既可以派兵在大路埋伏并在大路放烟（实而实之），也可以在大路埋伏小路放烟（实而虚之），既可以在小路埋伏并在小路放烟（实而实之），也可以在小路埋伏大路放烟（实而虚之）.反过来,如果曹操判断诸葛亮用逆向思维,采取实而实之的策略,那么曹操可以第二阶逆向思维,诸葛亮在小路放烟,他又会选择走大路.假定双方的思维能力都是完全理性的,在模型上没有纯策略解只有混合策略解.在现实博弈中谁能获胜,取决于谁的推断恰好比对方高一阶,看甲能算中乙的判断还是乙能算中甲的信号.同样在空城计中,信号的选择几乎完全依存于接收方对信号的判断.诸葛亮说他是"盖不得已为之",是在逃跑则必被追及情况下的,针对非常谨慎的司马懿特定对象的选择.在一般博弈中失败的概率可能更大一点,因此称为"千古绝唱".

既然不完全信息信号博弈关键是把握敌将帅的后验概率判断,那么"顺详敌意"就极为重要.《孙子兵法·九地篇》中孙子说："故为兵之事,在于顺详敌之意,并敌一向,千里杀将,此谓巧能成事者也."不过在兵典中,顺详敌意不仅包括判断敌方的后验概率判断的意思,还强调顺以导瑕.如《兵经》："大凡逆之愈坚者,不如顺以导瑕.敌欲进,赢柔示弱以致之进；敌欲退,解散开生以纵之退；敌倚强,远锋固守以观其骄；敌仗威,虚恭图实以俟其惰.致而掩之,纵而擒之,骄而乘之,情而收之."意思是,对于那种凡是愈与之正面对抗愈坚强的敌人,不如顺应其特点,引导他犯错误.敌人企图前进,我就故意示弱,引诱他前进；敌人企图退却,我就佯装撤去围攻,放开生路,纵使他后退；敌人倚仗自身的强大,我就暂不与之交锋,固守不出,静观他滋长骄傲情绪；敌人仗恃他的威势,我就假意让避而暗中积蓄力量,以等待他懈怠松弛.理解这段论述,要点是把握顺之目的是导瑕,把敌行动引向极端,使其犯错,然后胜之.但不要理解为一切必顺敌,不能导瑕则不必顺,逆敌意向,打其七寸.

5.2.8 奇与正的博弈

奇正之弈亦属于不完全信息博弈的范畴.古今名将,无不善用奇正之术.《孙子兵法·势篇》说："凡战者,以正合,以奇胜故善出奇者,无穷如天地,不竭如江河……战势不过奇正,奇正之变,不可胜穷也.奇正相生,如循环之无端,孰能穷之？"奇正从信号博弈角度看,在敌意料之中则为正,出敌不意则为奇.兵家谋略学者则认为奇正有更广泛的内涵：所谓"正",是指用兵作战中的正面、常规、阵战性质的战术；所谓"奇",是指用兵作战的侧翼、非常规、奇袭性的战术和方法.兵家多以先出为正,后出为奇；明攻为正,暗袭为奇；阵列为正,机动为奇；直攻为正,侧击为奇；佯攻为正,穿插为奇；前击为正,迂回为奇；围点为正,打援为奇.但用兵奇正之法多变,不可拘于一理.

对于奇正与先后的关系,《尉缭子·勒兵令》认为："正兵贵先,奇兵贵后,或先或后,制敌者也."正兵贵先,是指正兵起示形的作用；奇兵贵后,是指奇兵起出敌不意突袭的作用.但奇正、先后以制敌为目的,同样不可拘于一理.

对于奇正相依互变的关系，兵家认为"奇出于正，无正不能出奇. 不明修栈道，则不能暗渡陈仓."《阵纪·奇正虚实》说："有正无奇，虽整不烈，无以致胜也；有奇无正，虽锐无恃，难以控御也."《唐李问对》对奇正的分析最多. 李靖认为奇正无素分，素分只为教阅，而临时制变不可胜穷，"以奇为正者，敌意其奇则吾正击之；以正为奇者，敌意其正，则吾奇击之." 并认为孙子所说"形人而我无形"，乃奇正之极致. 对于曹公所云"奇兵旁击""先出合战为正，后出为奇"，李靖认为"大众所合为正，将所自出为奇，乌有先后，旁击之拘哉？"并肯定太宗"示形"与"奇正"关系的分析："吾之正，使敌视以为奇；吾之奇，使敌视以为正；斯所谓形人者欤？以奇为正，以正为奇，变化莫测，斯所谓无形者欤？"

对于奇正与分合的关系，李靖指出："按曹公《新书》曰：己二而敌一，则一术为正，一术为奇；己五而敌一，则三术为正，二术为奇. 此言大略耳! 唯孙武云：战势不过奇正，奇正之变，不可胜穷；奇正相生，如循还之无端，孰能穷之？斯得之矣，安有素分之邪？"他强调以分合变化而出奇."凡将正而无奇，则守将也；奇而无正，则斗将也"，这里守将可理解为守城之将，斗将可理解为只会奇袭不会合战（即不会正规对抗战术）之将. 在讲到阵法与奇正时，李靖认为"及乎变化制敌，则纷纷纭纭，斗乱而法不乱；混混沌沌，形圆而势不散. 此所谓散而成八，复而为一者也."李靖认为示形制敌是奇正变化的要义，"先形之，使敌从之，是其术也."强调奇正在人，因形用权，反敌意料而用兵. 李世民概括为：千章万句，不出乎"多方以误之"一句而已.

关于奇正与虚实的关系，《唐李问对》中李靖对太宗"奇正在我，虚实在敌"的提问指出："奇正者，所以致敌之虚实也. 敌实，则我必以正；敌虚，则我必以奇."将奇正相变的目的概括为"使敌势常虚，我势常实"，李靖认为奇正的要义是"致人而不致于人".

关于奇正与阴阳的关系，李靖认为：范蠡所云"后则用阴，先则用阳；尽敌阳节，盈吾阴节而夺之"曲尽兵家阴阳之妙，并说"左右者人之阴阳，早晚者天之阴阳，奇正者天人相变之阴阳，若执而不变，则阴阳俱废"，"故形之者，以奇示敌，非吾正也；胜之者，以正击之，非吾奇也，此谓奇正相变. 所以为伏也，其正如山，其奇如雷，敌虽对面，莫测吾奇正所在. 至此，夫何形之有焉."

对于奇正与主客的关系，李靖认为：可以用奇正之法易客为主，变劳为佚，"故兵不拘主客迟速，惟发必中节，所以为宜".

对于奇正与攻守的关系，《李唐问对》中李靖认为："攻守非以强弱为辞也，有余、不足使人惑其强弱. 而守法之要在示敌以不足，攻法之要在示敌以有余. 示敌有余敌必守，却不知其所守也. 守则示弱诱敌来攻，则敌不知其所攻也.""攻是守之机，守是攻之策，同归乎胜而已矣". 这是从不完全信息角度解释："攻则不足，守则有余"以及"善攻者，敌不知其所守；善守者，敌不知其所攻."并认为知彼者不但能攻其城击其阵还要能攻其心，知己者不但能完其壁坚其阵还要能守其气；攻守一理，善战者立于不败而不失敌之败.

奇正虽常常指与常规军事原则相对而言的灵活用兵之法，但一般地，所谓"正"，从信息角度来讲指的是明；所谓"奇",从信息角度来讲指的是暗.奇正的实质：是信息的明与暗这一矛盾反映；意料之中与意料之外关系的反映.

5.2.9 真理与谎言

诺曼底登陆前,盟军实施包括多种欺骗与保密手段的"霸王计划",这一计划诡计纷呈,综合运用虚实与奇正之术,成功地诱使诺曼底守军降低到最低限度,使德军统帅部相信诺曼底不是主战场.盟军"霸王计划"的性质是在加莱"虚而实之",在诺曼底"实而虚之"（虚实),作战发起后,在加莱佯攻迷惑德军（奇正).

一是"水银计划".在英格兰东南部地区,盟军虚构了以巴顿为司令官,番号为美国第一集团军的军队,让三百多名报务员伪装成集团军师团之间的无线电通信.严格按照同级单位的日常通信量进行联络,并在多佛尔设立假司令部,使用大功率电台与各下属单位联系,甚至真正的登陆部队第二十一集团军的司令部的部分命令也先通过电话传递到多佛尔的假司令部,再由假司令部的电台发出去.德军的无线电侦听、定位设施测出了盟军的这些无线电通信,从而判断,盟军的主攻方向是加莱,因为盟军的司令部在加莱的对面多佛尔.在英格兰东南部地区,盟军还修建了军营、仓库、公路、输油管线.由电影道具师设置假的物资囤积处、假机场、假坦克、假大炮,并逼真地在河面上制造出军舰航行的油迹,坦克在公路上留下的履带印,并将登陆初期没有作战任务的部队调到这里,驻扎操练.盟军还挑选了相貌酷似蒙哥马利的陆军中尉詹姆斯,装扮成蒙哥马利出访直布罗陀、开罗,造成蒙哥马利不在英国的假象.其实蒙哥马利正秘密地在本国司令部潜心策划和研究诺曼底两栖登陆作战方案.

二是"微光计划".盟军空军实施电子干扰和电子欺骗.首先,彻底摧毁德军于1943年8月在荷兰海牙设立的大型无线电侦听基地,消除对盟军的无线电通信威胁.其次,故意保留德军设在塞纳河以东的九个雷达站,以便德军利用这些雷达站发现盟军在登陆前派出的假舰队：这支假舰队在登陆前三小时驶向加莱,共由十八艘小艇组成,每艘小艇都拖带一个木筏,上装直径八九米的大气球,气球里装雷达发射器,发出的信号相当于一艘万吨级的大登陆舰的雷达信号.舰队上空几十架飞机边飞行边投掷锡箔片.这些措施在德军雷达屏幕上反映为一支庞大的登陆舰队在大批飞机的掩护下驶向加莱.为进一步迷惑德军,空军在战役正式开始前的空袭中特别规定：凡向诺曼底派出一架侦察机或投下一吨炸弹,一定向加莱派出两架侦察机或投下两吨炸弹.

三是反间计.由于英国反间机关的出色工作,英国专门组建的"双十字委员会"拥有四位被德国情报机关信任的双面间谍："加宝""珍宝""三轮车""布鲁斯特".其中最受德国信任的是加宝,加宝是西班牙人,真实姓名不详.1944年6月6日,加宝向德军汇报盟军正向诺曼底发动进攻,这是"霸王计划"精心设计的让加宝"固宠"的计划,提高了加宝的地位.6月9日,在登陆最关键的时刻,加宝向德军发报长达120分钟,"详尽报告"第一集团军群的四十个师正进入临战状态,大量登陆艇正集结在多佛尔,真正的登陆就要开始.这一情报严重干扰了德军统帅部的判断,以至盟军登陆7天后,希特勒仍判断盟军登陆的真正方向是加莱，诺曼底只是佯攻.

四是苦肉计. 1943年7月，法国北部隶属于英国特别行动处的代号为"繁荣"的抵抗运动小组由于被告密而被德国盖世太保破获. 因为报务员收发信息的习惯难以假冒，为确保不被发现，盖世太保胁迫被捕的"繁荣"小组报务员继续保持与英国总部的联系. 报务员乘机向总部告警，但是总部不顾警告继续保持联络，并故意空投大量的武器、爆炸器材、通信器材，增加新的特工及活动经费. 这些物资和人员一落地就落入德国盖世太保之手. 通常，英国所有派遣到被占领土的特工都携带剧毒药，以便在被捕时或无法忍受刑讯时用以自尽；但是，空投的特工携带的却是无毒的药丸，他们被捕后，历尽严刑拷打，求生无门，求死无望，最后供出了自己的任务：袭击德军加莱的指挥部、通信中枢、岸炮以及供电系统，配合盟军的登陆. 盖世太保对这些在多次刑讯逼供之后才得到的口供深信不疑，再次得出盟军将在加莱登陆的结论.

诺曼底登陆作战，不但用虚实之计如反间计、死间计（孙子将用间分为五种，死间用于示形，其他四种用于侦察）、"水银计划"、"微光计划"、"南方坚韧"与"北方坚韧"计划误敌，作战时继续用奇正之计以误敌，如轰炸机对加莱与诺曼底的投弹比例为2：1；使德国第15装甲军在加莱空守了7个星期之久. 当时，奥马尔·布雷德雷在战后，称这是"最大的战争骗局". 丘吉尔首相留下了这样一句话：战争中真理是如此宝贵，要用谎言来保卫.

5.2.10 反反复复的博弈

重复博弈理论用于作战谋略，没有特定的结论. 根据无名氏定理，在零和博弈中，重复博弈的均衡策略仍然是混合策略纳什均衡. 其意义是，重复博弈谋略没有固定规律，即所谓兵无常势，水无常形.

利用重复博弈策略麻痹敌人，常用的策略是《瞒天过海》注释中所讲的："备周则意怠；常见则不疑. 阴在阳之内，不在阳之对. 太阳，太阴."意为：防备十分周密，往往容易让人斗志松懈，常见的事物就不会起疑. 秘计往往隐藏于公开的事物里，而不在公开事物的对立面上，非常公开的往往蕴藏着非常机密的. 计谋不能全部背于秘处行之，仅会秘处施计，非谋士之所为也. 例如第四次中东战争，埃及向前线调兵用的是"明撤暗进"的计谋，埃军以演习为名，上午向前运兵，下午向后撤兵，但暗留下一部分兵力，演习后期，大部分兵力留在了前方. 又如第二次世界大战中德国在闪击法国前，29次改变入侵时间并故意透露给法军，以使其麻痹；在海湾危机中，美军在空袭前每天搞电子干扰以麻痹伊军. 这些都是用重复博弈的方法使敌军麻痹.

历史上有名的战例：公元589年，隋朝将领贺若弼奉命统领江防，准备进攻陈国. 他经常组织沿江守备部队调防. 每次调防都命令部队于历阳集中，还特令三军集中时，必须大列旗帜，张扬声势，以迷惑陈国. 陈国起初以为大军将至，尽发国中士卒兵马，准备迎敌面战. 可是不久，又发现是隋军守备人马调防，并非出击，陈国撤回集结的迎战部队. 如此重复多次，隋军调防频繁，陈国竟然也司空见惯，戒备松懈. 直到贺若弼大军渡江，陈国居然未有觉察. 隋军如同天兵压顶, 令陈兵猝不及防, 遂一举拔取陈国的南徐州.

"无中生有"之计的实施也是运用了重复博弈谋略, 如唐朝安史之乱时, 唐将张巡率领两三千人的军队守孤城雍丘（今河南杞县）. 安禄山派令狐潮率四万人马围攻雍丘城. 张巡数次派兵偷袭不能退敌. 城中箭只越用越少, 赶造不及. 张巡心生一计, 急命军中搜集秸草, 扎成千余个草人, 将草人披上黑衣, 夜晚用绳子慢慢往城下吊. 夜幕之中, 令狐潮以为张巡又要乘夜出兵偷袭, 急命部队万箭齐发, 急如骤雨. 张巡轻而易举获敌箭数十万支. 天明后, 令狐潮知己中计, 气急败坏, 后悔不已. 第二天夜晚, 张巡又从城上往下吊草人, 贼众见状, 哈哈大笑. 张巡见敌人已被麻痹, 就迅速吊下五百名勇士, 敌兵仍不在意. 五百勇士在夜幕掩护下, 迅速潜入敌营, 打得令狐潮措手不及, 营中大乱. 张巡乘此机会, 率部冲出城来, 杀得令狐潮大败而逃, 只得退守陈留（今开封东南）. 张巡巧用无中生有之计保住了雍丘城.

第二次世界大战时还有两个著名的重复博弈谋略例子: 一个是法西斯德国在袭击波兰后, 接二连三发出袭击比利时的假情报, 比利时初次得到袭击情报严加戒备, 但接二连三的袭击情报让比利时不胜其烦. 当比利时戒备上出现懈怠时, 德军突然袭击, 在开战后的第四天和第八天, 波兰和比利时先后宣布投降. 另一个是1944年, 德军进入战略防御阶段, 他们最害怕盟军的空降伞兵, 部署了许多巡逻小分队进行夜间巡逻. 在盟军空投伞兵前, 接连几个夜晚空投假伞兵. 这些假伞兵模型带着发出机枪声的音响, 使德军的巡逻队天天神经紧张, 并逐渐麻痹起来. 一个星期后, 真的伞兵空投下来, 德军以为盟军又在捉弄他们而无动于衷, 随后整个圣马丽埃格利兹迅速被盟军的伞兵占领了.

5.2.11 德州扑克博弈

德州扑克属于非完备信息博弈问题, 是计算机博弈的另一分支. 非完备信息机器博弈问题已被证明是一个NP难问题, 一对一有限注德州扑克的状态复杂度约为3.16×10^{17}, 其中的状态大多是无法确认的, 有极大的随机性和不确定性, 因此, 德州扑克也是人工智能领域非常具有挑战性和代表性的博弈课题.

2008年, 德州扑克博弈系统Polaris首次战胜了职业扑克选手. 2009年, 蒙特卡洛方法被引用于无限注德州扑克, 并开始普遍应用. Boris Iolis提出了一种适用于扑克牌问题的选择策略, 该策略以决策行为被选择的概率大小为依据, 取得了较好效果; Johannes Heinrich提出了一种Kuhn poker的近似纳什均衡策略; 2011年, 学者首次应用了模式匹配算法研究德州扑克游戏. 2015年, 加拿大阿尔伯塔大学发表了关于一对一有限注德州扑克系统的研究成果, 得到了该博弈问题的理论解. 该研究小组开发的系统采用了反现实悔恨值最小化（Counter Factual Regret inimization, CFR）算法, 该算法通过多次的自对弈与评估过程, 迭代得到近似的纳什均衡. 2017年, 阿尔伯塔大学在《科学》杂志发表了关于一对一无限注德州扑克的DeepStack算法研究, DeepStack是首个打败职业扑克玩家的计算机程序.

2007年, 加拿大阿尔伯塔大学的Zinkevich和Johanson提出了基于悔恨值最小化的CFR

算法. 该算法的核心在于博弈中的纳什均衡探寻：

$$R_i^T = \frac{1}{T} \sum_{t=1}^{T} \max_{\sigma_i^* \in \Sigma_i^t} \left(u_i(\sigma_i^*, \sigma_{-i}^t) - u_i(\sigma_i^t, \sigma_{-i}^t) \right).$$

悔恨值是在线学习中的概念. 在扩展式博弈中，平均悔恨值的计算方法如上面的公式. 其中, σ_i^t 是玩家 i 在第 t 轮游戏中所使用的策略，u_i 为玩家收益. 悔恨值最小化算法就是将每步策略的收益与平均收益相比较, 得到差值, 并根据差值大小选择下一次的相应策略. 在零和游戏中, 如果双方玩家的平均悔恨值均小于 ϵ, 则可以看作达到了一个 2ϵ 均衡.

CFR 算法与普通悔恨值最小化算法的不同之处在于其将平均悔恨值分解为一系列的可加悔恨值项, 即反现实悔恨值（counterfactual regret）, 因此可以分别进行最小化. 反现实悔恨值定义在独立的信息集上, 而平均悔恨值受限于反现实悔恨值之和.

$$R_i^T(I, a) = \frac{1}{T} \sum_{i=1}^{T} \pi_{-i}^{\sigma^t}(I) \left(u_i(\sigma^t|_{I \to a}, I) - u_i(\sigma^t, I) \right).$$

对于信息集 I 中的每一个可选行动 a, 玩家 i 在时间 T 的反现实悔恨值如上面的公式所示. 其中, $\pi_{-i}^{\sigma^t}(I)$ 表示除玩家 i 外其他玩家依据策略 σ^t 达到当前信息集的概率.

近年来, CFR 算法及其变形广泛应用于扑克游戏中近似纳什均衡解的计算. 2015 年, 阿尔伯塔大学的 Bowling、Burch 与 Johanson 等研究人员以 CFR 算法为基础, 提出了一种叫作 CFR+ 的新算法, 完成了一对一有限注德州扑克的求解. CFR 算法截取博弈过程的一部分进行迭代, 而 CFR+ 算法对整棵博弈树迭代, 且规定悔恨值必须为正.

DeepStack 算法是于 2017 年由 CFR+ 算法的研究团队提出的又一新算法. 与 CFR 算法不同的是, DeepStack 算法解决的是一对一无限注德州扑克问题. 相对于一对一有限注德州扑克, 无限注德州扑克的复杂度更高, 因此也更难解.

DeepStack 算法由三个部分组成：针对当前公共状态的本地策略计算（local strategy computation）, 使用任意扑克状态的学习价值函数实现有限深度的前瞻（depth-limited lookahead）, 以及预测动作的受限集合.

此外, DeepStack 还采用了深度神经网络（Deep Neural Networks, DNNs）分别训练了在发下三张公共牌后（flop network）、发下第四张公共牌后（turn network）价值的估计. 深度神经网络使用了七个全连接隐含层, 每层 500 个节点. 训练样本分别为 1 000 000 盘与 10 000 000 盘游戏. 网络得到的输出为各玩家在各种手牌情况下评估值组成的向量.

5.2.12 军棋博弈

军棋又称为陆战棋. 常见的有二人军棋和四国军棋. 相对四国军棋, 二人军棋不需要对家配合, 而且棋局状态相对简单, 适合作为研究非完备信息博弈的入门项目. 2012 年, 二人军棋首次被纳入中国计算机博弈大赛.

二人军棋在开局时, 只能根据军旗布子、炸弹布子、地雷布子等规则限定, 估计对手棋子军阶分布信息, 结合人类以往布局经验, 获得初始每个位置布子可能性. 在博弈过程中, 通过双方碰子、走子情况, 进一步获得对手每个棋子可能性信息. 残局时, 随着大量碰子走子,双方收集对手棋子信息越来越多，棋局由暗棋趋变为明棋，可以使用完备信息博弈技术求解.

二人军棋人人博弈时，经常会出现骗招、无意义磨棋、心理对抗，但在人机博弈或是机机博弈过程中，当前计算机博弈技术没有充分考虑人类的行为，这是国内二人军棋计算机博弈程序不能与人类中等水平抗衡的根本原因之一.

二人军棋棋局存在大量异型等价的状态，且其随机性非完备信息博弈的特点使得每次棋子碰撞的结果都不确定. 通常，博弈搜索深度不需要太深，搜索深度10步以内完全可以应付一些极端情况. 传统的评估函数设计相对简单，因此应更多考虑静态子力价值，适当考虑位置控制因素，对于有可能安置军旗的位置（如大本营）重点控制.

在军棋博弈技术中重点需要解决以下三个问题：对手棋子可能性矩阵的更新问题；欺诈走法的选择和判定；搜索技术的选择.

随着棋局的变化，棋盘上的棋子分布概率也会发生一些变化. 举个具体的例子，假定对手A 棋子初始可能性向量是

$$(0.06, 0.06, 0.08, 0.08, 0.08, 0.08, 0.12, 0.12, 0.12, 0.12, 0.08, 0),$$

表示的是

$$（令，军，师，旅，团，营，连，排，兵，雷，炸，旗）$$

的可能性，所有可能性和为1. 当A 棋子与己方营长碰撞，A 棋子胜利，那么A 棋子就只可能为令、军、师、旅、团之一，那么可能性向量可以转换为

$$(0.06, 0.06, 0.08, 0.08, 0.08, 0, 0, 0, 0, 0, 0, 0),$$

因为可能性和要求为1，将其按比例简单归一计算得到

$$(0.17, 0.17, 0.22, 0.22, 0.22, 0, 0, 0, 0, 0, 0, 0),$$

但是这样的可能性更新会间接影响到对手B 棋子的可能性. 假定原来对手B 棋子可能性向量也是

$$(0.06, 0.06, 0.08, 0.08, 0.08, 0.08, 0.12, 0.12, 0.12, 0.12, 0.08, 0).$$

由于A 棋子胜过营长，那么B 棋子大于营长的可能性就应该减小. 根据A 棋子更新过后的可能性向量，B 棋子的可能性向量必然发生更新，并且也要求作归一处理. 再进一步，不能只看对手A、B 两个棋子，而是要把对手所有棋子统一综合考虑，因此A 棋子的可能性向量更新将会导致对手所有棋子的可能性向量更新.

棋子A 是各种军阶的可能性总和为1，即每一行总和为1；每个军阶是哪些棋子的可能性初始总和为1，即每一列初始总和为1. 但是随着棋局动态更新，无法同时行、列归一.

通过棋子走子、碰子结果，借鉴图像学领域中的图模型推理棋子概率分布. 常见的推理方法有精确法和近似法. 理论上，所有的图模型推理都可以用精确算法实现. 但Cooper 于1990年指出了概率模型下的精确推理是NP难问题，直接使用精确推理方法效率很低.

信念传播算法是一种迭代求解概率图模型的推理方法. 该算法精髓是计算局部消息传递，从而可以计算结点的边缘概率分布. 当裁判给出信息之后，比如棋子碰撞之后，所得结果为

胜、负、平之一，该结果信息会间接影响到对手其他棋子的可能性. 通过信念传播算法可以较好地解决可能性更新的问题.

在人类二人军棋暗棋对战中，常常发生欺诈走法，欺诈走法虽然不能直接获取利益，但是可以让对手判断失误，在战略上赢得筹码，获得主动. 欺诈走法运用了人类心理层面的一些因素，理论上使用传统博弈技术无法根本解决. 在人机博弈中，只有建立欺诈数学模型并且结合搜索技术求解，实现可以实施欺诈走法和判定欺诈的AI，才能够战胜人类.

由于军棋的暗棋特性，将传统完备信息博弈技术应用于军棋，效果并不好. 现在很多非完备博弈程序都直接或者间接地使用直接转换的方法，生成一个基于当前的信息完备局面，再进行着法搜索. 因为直接转换是猜测可能性最高的局面，但在中、前期搜集信息还不充分情况下，猜测局面和真实局面相差太远，因此在实践当中，直接转换的方法效果并不理想.

军棋规则导致可能出现大量磨棋的走法，博弈程序难以找到一个稳妥有效或者有风险激进的策略，只能寻找貌似风险最小，但毫无意义的招法（比如棋子来回进出行营）. 使用蒙特卡洛方法进行模拟时，若受时间空间所限，程序不能进行足够多的模拟，得出决策就会与上述情况类似. 因此，必须要一些新的方法对博弈策略进行改进.

确定性聚合UCT 算法是对多种状态空间（即多个可能的完备信息棋盘状态）进行搜索. 虽然前中期搜集到的棋盘信息不充分，但是可以对可能局面进行抽样，根据已搜集到的少量信息，排除不可能局面，留下可能性高于阈值的局面. 针对每个局面使用UCT 算法进行搜索，求解每个局面行棋着法的胜率，再根据该局面可能性权重加权求和，取最大聚合胜率的行棋着法为行棋策略.

5.2.13 桥牌博弈

桥牌是由17 世纪的一种叫作"惠斯特"的纸牌玩法演化而来，起源于英国. 桌上四人，南北为一队，东西为一队，按顺时针方向进行游戏. 开始打牌前，双方通过叫牌确定定约. 定约确定后，庄家的下家首先攻牌，然后庄家的队友把自己的牌亮开让大家都能看见，称为明手，之后明手由庄家指挥出牌. 最终，根据庄家完成定约的情况进行计分.

桥牌和一般牌类的不同之处在于，通过叫牌阶段的一些约定，可以传递一些实力、花色长度、牌型、是否做庄的意图等信息；而打牌阶段，防守方还可以约定一些出牌顺序、出牌花色等防守信号，以此传递自己对某个花色的鼓励、反对、奇偶牌张、转攻花色等合作态度信息. 这些信息的传递是桥牌博弈中的重要组成部分. 例如，叫牌阶段可以通过一些叫牌过程促使队友做出对我方有利的攻击，甚至是防守方通过欺骗信息或出牌、跟牌，以欺骗对手并让己方获利，完成己方目标.

因此，桥牌的博弈过程可以归纳为三个方面：（1）信息收集、分析、传递与对抗；（2）同伴之间的合作协议设计（包括叫牌规则和防守信号）；（3）计划、决策实施与计划调整，做出叫牌和打牌计划，并根据实施过程中的情况及时调整.

桥牌的牌面分布的复杂度是10^{30}；叫牌阶段看不见别人的牌，只能看到自己的牌，其他人牌面的可能性为10^{17}；打牌阶段能看见自己和明手的牌，另外两手牌的可能性为10^8，每手牌的出牌可能性约为10^{21}，因此打牌阶段最复杂的情况大约在10^{29}. 这样一个量级的问题规模，采用常规的暴力搜索是不能解决桥牌机器博弈问题的.

如果在一副牌完全确定的情况下，即四家的牌、庄家、定约都是知道的，称之为双明手. 双明手情况下的打牌就变成了一个完整信息的搜索最优解的过程. 寻找最佳打牌路线的博弈树的规模大约是10^{21}. 双明手算法早在1996年，纽约州立大学的Chang博士的论文《构造一个快速双明手求解器》就提出了. 结合桥牌专家技术，利用$\alpha-\beta$剪枝、哈希表、单套分析等技术，绝大部分牌例都能够在很短的时间内得到结果. 在这个基础上，重庆大学、辽宁科技大学都有算法优化的改进论文发表，提升了算法的运行效率. 双明手算法的突破是目前解决桥牌机器博弈的基础，它把不确定性的问题转换为基于不确定性的猜想进行确定性的计算.

结合在叫牌和打牌过程中传递的信息，可以对各家进行信息建模，包括大牌分布、花色分布、关键牌张信息等. 利用这些信息，可以对其他各家的牌进行抽样分析，这样可以得到若干个牌面明确的样本，对每个样本再使用双明手算法获得确定的结果，进而得到在当前局面下叫牌和出牌回报的数学期望. AI可以结合数学期望和必要的专家知识进行决策，从而实施叫牌和出牌. 由于蒙特卡洛抽样的依据来源于信息建模，因此敌方和同伴信息的有效性和完整性分析是能否获得最佳解的关键点. 同时有效向同伴提供信息、对敌方隐藏甚至提供欺骗信息是桥牌获胜的重要技术. 信息既有对抗又有合作，这也是目前其他棋牌机器博弈中不具备的特点，是未来桥牌AI战胜人类必须突破的关键点.

桥牌机器博弈中，专家系统主要体现在叫牌体系的设计上. 一套优秀的叫牌体系设计，能够让同伴获得更清晰的信息，并且减少敌方获取更多我方信息，从而在博弈过程中获得优势. 目前常见的做法是，基础的框架采用专家编写叫牌博弈树，AI查表，后期采用蒙特卡洛模拟结合自然叫牌规则实现. 专家编写叫牌博弈树的复杂度从几万到几十万不等.

由于桥牌问题的复杂度足够大，要让AI具备甚至超过人类牌手的水平，需要让AI的思维像人类一样细腻、严谨，并具备人类牌手在心理上的合作、对抗能力，而这依靠传统的搜索算法、专家系统和模拟决策过程是不够的，这样的AI很难根据对手的特点和不同的局面及时调整自己的策略. 因此，对于桥牌AI的发展，以下几个方向值得探索：（1）信息收集分析和置信度的动态调整，提升蒙特卡洛抽样模拟的有效性；（2）降低学习的状态空间，使得向人类牌手学习乃至自博弈的增强学习成为可能；（3）学习德州扑克AI的成功经验，建立对手模型和伙伴模型；（4）通过机器自博弈，找到一套最佳的叫牌、打牌约定系统.

5.3 人物故事

5.3.1 维克瑞

- **人物简历**

威廉·维克瑞（WilliamVickrey），1914年生于加拿大，1935年获耶鲁大学理学学士学位，1937年获哥伦比亚大学硕士学位. 1945年起维克瑞任职于哥伦比亚大学，1947年又获哥伦比亚大学哲学博士学位. 1964－1967年，他担任哥伦比亚大学经济系主任，在此期间曾任纽约市城市经济协会会长；1967年成为加利福尼亚斯坦福行为科学高级研究中心研究员与经济计量学会会员；1971年出任澳大利亚纳施大学客座讲师；1973年出任美国经济研究局局长；1974年出任联合国发展规划预测和政策中心财政顾问，并成为美国文理研究院研究员. 1979年获芝加哥大学人文学博士. 1980－1996年任职于哥伦比亚大学麦克维卡讲座政治经济学教授. 1996年10月8日，瑞典皇家科学院决定把该年度的诺贝尔经济学奖授予威廉·维克瑞与英国剑桥大学的詹姆斯·莫里斯，以表彰他们"在不对称信息下对激励经济理论做出的奠基性贡献". 不幸的是，维克瑞教授在得奖三天之后，在前去开会的途中去世.

- **学术贡献**

维克瑞教授获得诺贝尔奖，主要因为他的两项研究奠定了信息经济学的基础. 一是他在20世纪40年代中期对所得税的研究，二是他在20世纪60年代初期对投标与喊价的研究，后者可以说是维克瑞最重要的学术贡献.

投标与喊价在人类历史上有着悠久的历史，古今中外有各式各样的应用：希腊罗巴时代奴隶的买卖、荷兰的花市、索思比的古董拍卖、采矿权、空中频道使用权、政府公债的标信、公共工程的发包等都是投标与喊价应用的现成例子. 各种各样的秘密投标与公开喊价看起来大不相同，维克瑞将之归纳成两种：荷兰式与英国式. 荷兰式喊价是荷兰花市所使用的规则，喊价者由高价往低价喊，第一个举手者赢得标的物，并付出当时喊到的价格；英国式喊价则由竞标者由低往高出价，最后出价者赢得标的物，并付出他所喊的价格. 秘密投标的规则，一般是由竞标者秘密写出标金再公开开标，由标金最高者中标，并以其出标为售价. 荷兰式喊价的竞争者在决定何种价格该举手时，与秘密投票者在决定应该如何出标时，有着相同的考虑因素，故两者的均衡策略会相同，结局也会相同.

有没有与英国式喊价相对应的秘密投标呢？有. 这就是著名的维克瑞投标法，其规则基本上与传统投标相同，唯一不同点是赢标者付出的价格，不再是他所出的标，而是第二高标，故又称"次高价投标法". 很奇妙的是，若采用这种投标法，投标者的最好投标策略，就是依照自己对标的物的评价据实出标. 而其好处是方便投标者，如此投标者在决定其出标时，只要评估自己的需求，而不需要费力去搜集与评估每一个竞争对手的需求，因此大大地减少了投标者的准备工作.

除了比较各种投标与喊价的关系，维克瑞也指出在适当条件下，卖方采纳这四种投标方法的任何一种，预期收入都是一样，这就是著名的收入相等原则. 这样的结果等于指出，既然每一种投标或喊价对卖方都无差别，当然是用最方便买方竞争的维克瑞投标法了.

在实际应用上，维克瑞投标法也逐渐被人们所采用，例如美国的国库券拍卖，不过他们采用的是修改过的版本，称为单一价格投标法，允许标的物的数量大于一件，而得标的人可以超过一个. 规则如下：投标者出标的时候要决定需要的数量与单价，买方再将所有的出标价格由高到低排列，以对应国债的发行总量为限，优先配给出价高者，而价格则定为分配不到标的物者的最高出价. 由于得标者不论其出价的高低都出相同的价格，故称单一价格法；而价格由没有得标者的最高出价决定，故仍然维持了维克瑞投标法的特色，亦即大家都会根据自己的真实评价来出价.

维克瑞对于投标的研究，其意义不只局限于投标方面，因为投标方法解决的是如何在信息不完整或其分配不对称下最有效率地配置资源的问题，这开创了信息经济学研究的先河. 在信息不完整或其分配不对称下，掌握较多信息者可以策略性地运用其信息以博取利益，而信息经济学所要探讨的，就是如何设计契约或机制来处理各种刺激与管制的问题. 维克瑞对投标与喊价的研究，带来了许多相关的研究，让我们更了解诸如保险市场、信用市场、厂商的内部组织、工资结构、租税制度、社会保险、政治机构等问题.

5.3.2 梯若尔

- **人物简历**

让·梯若尔（Jean Tirole），1978年在获得巴黎第九大学应用数学博士学位后，对经济学兴趣油生，他来到著名的美国麻省理工学院继续深造，并于1981年获得经济学博士学位，1984年开始担任计量经济学杂志副主编，担任了法国图卢兹大学产业经济研究所科研所长，同时在巴黎大学、麻省理工学院担任兼职教授，并先后在哈佛大学、斯坦福大学担任客座教授，2014年被授予诺贝尔经济学奖，以表彰其"对市场力量和监管的分析".

- **学术贡献一：新产业组织**

梯若尔继承了法国学者重视人文学科的传统，再加上深厚的数学功底，很快就显示出研究经济学的卓越天赋. 他当时主要研究宏观经济学和金融学，并分别于1982年和1985年在最权威的《计量经济学》杂志发表了两篇经典论文：《理性预期下投机行为的可能性》和《资产泡沫和世代交叠模型》，这两篇论文奠定了他在该领域的权威地位. 此后，梯若尔转向了当时正在兴起的产业组织理论，他师从博弈论大师马斯金，熟练掌握了博弈论这门现代经济分析的锐利武器. 梯若尔将博弈论和信息经济学的基本方法与分析框架应用于产业组织理论，构建了新的框架，并用其分析解决产业结构调整中出现的许多新问题.

1988年，梯若尔代表作之一《产业组织理论》出版，标志着一个新理论框架的形成. 20世纪70年代以来，博弈论方法的引入使产业组织理论发生了革命性变化，但在此书之前，这些新的理论模型仅散见于各种期刊，梯若尔的《产业组织理论》是第一本用博弈论范式写成的、研究企业行为的博弈论专著. 梯若尔在书中引用的许多文献只是在该书出版数年后才公开发表，这使得书中的内容具有较强的"前瞻性". 10多年来，该书一直作为世界著名大学研究生的权威教本，广为流传，历久不衰. 须知，从涉足产业组织理论到成为该理论的权威，梯若尔仅用了三年时间.

从1991年起，梯若尔和弗登博格合著的《博弈论》便成为博弈论领域最具权威性的研究生教材，为美国各个高校经济学系的博士课程所采用. 作为整个博弈理论中最为经典、与经济学中理性人假设最一脉相承、也是应用最为广泛的理论，非合作博弈是博弈理论中最为重要的部分. 书中涵盖了非合作博弈的全部重要内容，不仅包括策略式博弈、纳什均衡、子博弈完美性、重复博弈以及不完全信息博弈等常规内容,而且还包括马尔可夫均衡这样的非常规内容. 迄今为止,它仍然是博弈论领域最前沿的教科书之一.

- **学术贡献二:新规制经济学**

20世纪80年代,世界各地在电信、电力、铁路、煤气、自来水等自然垄断产业中掀起了"管制改革"的浪潮,放松管制、引入竞争、产权私有,由垄断走向竞争已成为世界各地自然垄断产业市场化改革的主导趋势. 传统的规制方法主要有两种:基于服务成本定价的服务成本规制方法和基于拉姆齐定价规则的拉姆齐-布瓦德规制方法. 由于忽略了规制中存在的信息不对称问题而使得它们无法提供正当的激励. 一般地,被规制的垄断企业拥有有关运营成本的私人信息,并且总是有积极性隐瞒这种信息,因而规制方很难获得精确的成本信息. 在这种环境下,上述两种方法会带来极大的激励扭曲. 管制改革的实践,迫切需要新的产业管制理论的出现.

梯若尔和拉丰开始探索将信息经济学和激励理论的基本思想与方法应用于垄断行业的规制理论的道路. 在批判传统规制理论的基础上,他们创建了一个关于激励性规制的一般框架,结合了公共经济学与产业组织理论的基本思想,以及信息经济学与机制设计理论的基本方法,成功地解决了不对称信息下的规制问题.

梯若尔和拉丰于1993年出版的著作《政府采购与规制中的激励理论》完成了新规制经济学理论框架的构建,并奠定了他们在这一领域的学术领导者地位. 梯若尔和拉丰将新规制经济学的基本思想和方法应用于垄断行业的规制问题,分析各种规制政策的激励效应,并建立了一个规范的评价体系. 2000年,作为对十几年垄断行业规制理论与政策研究的总结,他和拉丰合著了《电信竞争》一书,为电信及网络产业的竞争与规制问题的分析和政策的制定提供了一个权威的理论依据.

- **学术贡献三:串谋理论**

1992年,在国际经济计量学会第六届世界大会上,梯若尔提交了一篇论文《经济组织中的串谋问题》. 串谋与勾结是所有的组织或机构中普遍存在的现象,早已为政治学家和社会学家所关注. 串谋与勾结会给社会福利带来损失,因而如何在制度设计中解决串谋问题,一直成为政治家和学者们不懈努力的目标之一,并在人类的制度文化中占有重要地位. 然而令人惊讶的是,这个重要现象长期以来却一直未能受到主流经济学家的重视. 作为社会科学理论的皇冠明珠,主流经济学的理论与实践取得过令人瞩目的成就,但它在制度分析方面尤其是对于串谋现象的漠不关心和无所作为,无法令人满意. 究其根源,仍然是主流经济学家对于新古典主义的完备市场假设这个教条的坚定信念. 在产业组织理论和规制经济学等诸多领域,串谋现象造成了产业政策和政府规制政策的严重扭曲,这一点即使在司法体系十分完备的欧美国家都普遍存在(如美国的安然公司和世界电信与安达信公司合谋做假账等案件),更不用说许多处于制度转型时期的发展中国家.

梯若尔这篇综述性论文建立在他于1986年发表在《法律、经济与组织》杂志上的基本框架"多代理人模型"之上,它指出了研究串谋问题的重要性,并提供了基本方法论. 在该论文中，梯若尔提出了著名的"防范串谋原理"：为了避免串谋带来组织效率的损失，对于一般性组织，委托人总可以设计一组新的机制或契约，通过转移支付等手段，使得代理人的收益超过他参与串谋的收益，从而抵消了代理人参与串谋的积极性.

- **学术贡献四：不完全契约理论**

1999年，梯若尔在《计量经济学》杂志发表了《不完全契约理论：我们究竟该站在什么立场上》. 这篇论文被认为是对当时轰动整个学术界的不完全契约理论之争的"终结者之声"，同时也是关于该理论最经典的综述.

契约是一组承诺的集合，这些承诺是签约方在签约时做出的，并且预期在未来能够被兑现. 完全契约是指这些承诺的集合完全包括了双方在未来预期的事件发生时所有的权利和义务. 但在现实中，绝大部分契约都是不完全的，因为签约方在事前对未来所作的预期仅仅是基于双方的主观评估，未来所面临的不确定性在本质上是不可预期的. 不完全契约面临的核心问题是，由于签约方的机会主义行为造成的资源配置的帕累托无效.

不完全契约理论之争由来已久. 1985年，威廉姆森在其经典名著《资本主义的经济制度》中指出，由于契约的不完备性所带来的交易成本，是导致资源配置效率低下的重要原因之一；1986年，格罗斯曼和哈特在其经典论文中指出，产权尤其是剩余索取权的合理配置，可以消除不完全契约所带来的交易成本，并且这也是用企业内部交易代替市场交易的根本原因. 但随着人们对不完全契约本质的深入揭示以及机制设计理论的迅速发展，许多学者研究得出，通过设计一些激励相容的机制，可以消除不完全契约的交易成本，从而可以在契约理论的框架内解决这一经典难题.

1999年，著名的《经济研究评论》杂志以专辑形式掀起了不完全契约理论之争的高潮. 以哈特和摩尔为代表的产权理论学派认为，当不确定性下的自然状态足够复杂时，从本质上不存在一个可行的机制来实现帕累托有效的资源配置，因而只有通过合理地配置产权等制度安排来恢复资源配置的效率. 这就是哈特、摩尔、西格尔所证明的"不可能定理".

而以梯若尔和马斯金为代表的机制设计学派却对上述结论不以为然，他们在《不可预见的偶然性与不完全契约》论文中，运用机制设计理论的最新成果证明，不可预见的偶然性所造成的契约的不完全性，并不构成资源配置无效率的本质障碍，在当事人的效用函数不是非常限制性的情形下，可以设计出一个激励相容的机制，实现帕累托有效的配置. 这就是马斯金、梯若尔提出的"可能定理".

某些学者指责"马斯金-梯若尔机制过于复杂因而无法在现实中应用"，梯若尔则针锋相对地指出，所谓机制的复杂与否必须放到具体的应用范围中去讨论，如果机制的设计与实施的成本低于它所带来的收益，这种机制就是可行的.

事实上，在现实运用中，涉及大规模项目的招标与拍卖机制往往设计得非常复杂，以至于只有少数专家才能掌握. 另外，产权配置作为一种强制性的制度安排，它所带来的交易成本往往非常高昂，并且容易被低估甚至忽略，而制度安排的锁定效应会导致长期交易的无效率. 与此相比，机制作为一种自持的契约安排，其交易成本显然要低得多.

- **学术贡献五：金融危机**

2002年，梯若尔出版著作《金融危机、流动性与国际货币体制》，在国际金融学界引起巨大反响. 以往针对金融危机的政策建议大都通过缺乏微观基础的模型推导而来，梯若尔认为这些建议只看到了问题的症状，而没有看到深层原因，资本自由化并不能医治百病. 在该书中，梯若尔从最基本的假设出发，考虑了国际金融体系下贷款人和借款人的关系对流动性和风险的影响，强调了市场失灵对于国际金融危机的重要影响.

国际货币基金组织首席经济学家罗果夫教授说："这是第一本为国际金融问题提供了全面的严格的理论基础的著作，分析简洁，文字优雅，富有洞察力，它让我们重新审视国际金融机构的作用和缺点."

- **学术贡献六：公司财务**

公司财务领域的研究在过去二十年有了长足的进展，但传统公司财务理论的缺陷一目了然：一方面，局限于对称信息框架下研究公司的财务结构对公司价值的影响，其代表性成果为莫迪里亚尼-米勒定理，但该定理所要求的条件过于理想化，使得该理论在现实应用中受到很大限制，也无法解决公司财务领域出现的一些实际难题；另一方面，众多令人眼花缭乱的模型互相独立，不成体系，令人困惑.

2002年底，梯若尔出版了《公司财务理论》，在公司金融理论领域具有里程碑式的意义. 梯若尔令人耳目一新、驾轻就熟地给一个原本支离破碎和复杂得令人沮丧的领域带来了无可置疑的统一和简约之美. 他以公司金融和契约理论的联系统一全书，在不对称信息框架下重新改写了公司财务理论，运用博弈论、激励理论、产业组织理论的方法，重点讨论了公司治理结构、控制权分配、流动性管理、监管与收购等问题，给公司财务理论界定了更广阔的研究范围和新的研究重点与方向.

- **经济学通才**

纵观梯若尔20多年学术生涯中所做出的贡献，足令任何经济学家瞠目：300多篇高水平论文和11部专著. 在每一个领域，梯若尔或以综述性论文的方式，或以专著的方式完成该领域的理论框架的建构，并指出进一步研究的方向，然后悄然转向另一个领域. 如今，他又把目光投向了经济学更深层次的基础性问题经济心理学的研究，并且已完成了多篇高水平的学术论文. 普林斯顿大学迪克希特教授说："梯若尔的经济学直觉是经济学理论价值的最完美的体现，他把智慧光芒的热量撒向他所触及的每一个领域."

5.3.3 张嗣瀛

- **人物简历**

张嗣瀛，我国著名的自动控制专家，1925年出生于山东章丘，1948年毕业于武汉大学机械系，1949年到东北工学院（即原沈阳工学院）当讲师，历任东北工学院教授、工程力学系主任、自动化研究所所长；1950年加入中国共产党；1957年至1959年在苏联莫斯科大学数学力学系进修自动控制理论；1978年晋升为教授；1983年任博士生导师；1986年创办了《控制与决策》并出任主编；1997年当选为中国科学院院士；1999年创立青岛大学复杂性科学研究所并担任所长；2005年创办了《复杂系统与复杂性科学》并担任主编；2013 年设立助困励志奖学金.

- **学术贡献**

张嗣瀛教授是我国微分博弈理论与军事运用的开拓者.

在东北工学院任教期间，年轻的张嗣瀛勤奋好学，刻苦钻研，打下了坚实的理论基础. 20世纪70年代中期，美苏两国军备互相竞赛，加大了争霸世界的较量，使得国际局势动荡不安. 为了保卫国家的建设与安全，我国也加强了军事科学研究的力量. 在这种形势下，命名为"红箭-73"的反坦克导弹的研制工作启动了. 张嗣瀛受命参加了反坦克导弹控制系统的研究工作. 凭借坚实的理论基础，他有效解决了由于指令交叉耦合导致的导弹不听控的关键问题，完成了目标为3 000米远的活动坦克靶试验，打靶结果十发九中. "红箭-73"导弹的研究成功，极大地推动了我国国防现代化建设，大大增强了我国的国防力量. 张嗣瀛也因此在1987年全国科学大会上，获得了"做出重要贡献的先进工作者"奖.

经过最优控制问题和实际军工项目的研究与实践，张嗣瀛看到了一个更为广阔的研究方向，即微分对策问题的研究. 20世纪70年代，张嗣瀛开始了对微分对策理论全面深入的研究，系统地、创造性地建立了一套新的理论体系和方法，并与实际部门协作项目相结合，得出了一系列应用成果，是我国微分对策理论研究的开创者. 1987年，张嗣瀛出版了《微分对策》一书，这是一本关于微分对策理论的专著. 当今世界最系统、最完备的大型学术性数学工具书《数学辞海》中收录的有关微分对策的30余个词条均出自《微分对策》一书. 同年，张嗣瀛也因其"微分对策及定性极值原理的研究"荣获国家自然科学三等奖和国家教委科技进步一等奖. 在微分对策理论的应用方面，张嗣瀛首次提出了"惩罚量"等新概念和一系列相应的非线性策略及其算法，将以往定性鼓励策略发展为定量鼓励策略，并在生产规划、能源配置、库存管理等方面获得应用. 张嗣瀛也因此研究荣获1992年国家教委科技进步二等奖.

张嗣瀛先生先后培养了博士后5人，博士40余人，硕士50余人，为国家和军工输送了大量人才.

第6章 合作与公平分配

本章首先梳理了有关合作博弈的模型和解概念核心、沙普利值、谈判集以及核原的知识要点，然后基于知识要点给出了案例，并分析了案例，构建了模型，推导了性质，案例数据充分给出了计算求解，并对原始案例进行了反馈分析，最后给出了几个著名博弈论专家学者的小传.

6.1 知识梳理

6.1.1 合作博弈基本模型

定义 6.1 假设N是有限的局中人集合，N的一个划分是指N的一些子集组成的族，即$\tau = \{A_i\}_{i \in I} \subseteq \mathcal{P}(N)$，满足

$$\#I < \infty; A_i \neq \varnothing, \forall i \in I; A_i \cap A_j = \varnothing, \forall i \neq j \in I; \cup_{i \in I} A_i = N.$$

局中人集合N上面的所有划分以及其中的某个特殊划分分别记为

$$\text{Part}(N), \tau = \{A_i\}_{i \in I} \in \text{Part}(N).$$

定义 6.2 假设N是有限的局中人集合，f是一个函数，二元组(N, f)称为一个TUCG（可转移支付合作博弈，下同），如果满足

$$f : \mathcal{P}(N) \to \mathbf{R}^1, f(\varnothing) = 0.$$

局中人集合N的每一个子集$A \in \mathcal{P}(N)$都称为联盟，$\varnothing$称为空联盟，N称为大联盟，$f(A), \forall A \in \mathcal{P}(N)$称为联盟$A$创造的价值.

定义 6.3 假设N是有限的局中人集合，N的一个划分即称为N的一个联盟结构. 一般考虑三类联盟结构：

$$\tau_1 = \{N\}; \tau_2 = \{\{i\}\}_{i \in N}; \tau_3 \in \text{Part}(N).$$

第一类联盟结构是指所有的局中人N形成一个大联盟，这是绝对的"集体主义"；第二类联盟结构是指所有的个体单独形成联盟，这是绝对的"个体主义"；第三类联盟结构是指一般的联盟结构，介于绝对的"集体主义"和"个体主义"之间的"中间主义".

定义 6.4 假设N是有限的局中人集合，(N, f)为一个TUCG，如果已经形成了联盟结构$\tau \in \text{Part}(N)$，确定起见，用三元组表示具有联盟结构的TUCG，即

$$(N, f, \tau).$$

定义 6.5 假设N是有限的局中人集合，(N, f)为一个TUCG，$S \in \mathcal{P}_0(N)$是一个非空子集，S诱导的子博弈记为

$$(S, f|_S), f|_S =: f|_{\mathcal{P}(S)} : \mathcal{P}(S) \to \mathbf{R}^1,$$

简单起见，有时也记为(S, f).

定义 6.6 假设N是有限的局中人集合，(N,f,τ)为一个带有联盟结构的TUCG，$S \in \mathcal{P}_0(N)$是一个非空子集，S诱导的带有联盟结构的子博弈记为

$$(S,f,\tau_S), \tau_S = \{A \cap S | \forall A \in \tau\} \setminus \{\varnothing\}.$$

定义 6.7 假设N是有限的局中人集合，$S \in \mathcal{P}(N)$是一个非空子集，它的示性向量记为

$$\boldsymbol{e}_S = \sum_{i \in S} \boldsymbol{e}_i, \boldsymbol{e}_i = (0, \cdots, 1_{(i-th)}, \cdots, 0) \in \mathbf{R}^N.$$

定义 6.8 假设N是有限的局中人集合，(N,f)为一个TUCG，称其为简单的，如果满足

$$f(A) \in \{0,1\}, \forall A \in \mathcal{P}(N).$$

定义 6.9 假设N是有限的局中人集合，(N,f)为一个TUCG，称其为恒和的，如果满足

$$f(A) + f(A^c) = f(N), \forall A \in \mathcal{P}(N), A^c =: N \setminus A.$$

定义 6.10 假设N是有限的局中人集合，(N,f)为一个TUCG，称其为单调的，如果满足

$$\forall A \subseteq B \in \mathcal{P}(N) \Rightarrow f(A) \leqslant f(B).$$

定义 6.11 假设N是有限的局中人集合，(N,f)为一个TUCG，称其为超可加的，如果满足

$$\forall A, B \in \mathcal{P}(N), A \cap B = \varnothing \Rightarrow f(A) + f(B) \leqslant f(A \cup B).$$

定义 6.12 假设N是有限的局中人集合，(N,f)为一个TUCG，称其为加权多数的，如果存在阈值$q \in \mathbf{R}_+$和权重$(w_i)_{i \in N} \in \mathbf{R}_+^N$满足

$$f(A) = \begin{cases} 1, & \text{如果} w(A) \geqslant q; \\ 0, & \text{如果} w(A) < q. \end{cases}$$

其中$w(A) = \sum_{i \in A} w_i$.

定义 6.13 假设N是有限的局中人集合，(N,f)为一个TUCG，称其为0规范的，如果满足

$$f(i) = 0, \forall i \in N.$$

定义 6.14 假设N是有限的局中人集合，(N,f)为一个TUCG，称其为0-1规范的，如果满足

$$f(i) = 0, \forall i \in N; f(N) = 1.$$

定义 6.15 假设N是有限的局中人集合，(N,f)为一个TUCG，称其为0-0规范的，如果满足

$$f(i) = 0, \forall i \in N; f(N) = 0.$$

定义 6.16 假设N是有限的局中人集合，(N,f)为一个TUCG，称其为0-(-1)规范的，如果满足

$$f(i) = 0, \forall i \in N; f(N) = -1.$$

定义 6.17 假设N是有限的局中人集合，(N,f)为一个TUCG，称其为可加的或者线性

可加的，如果满足
$$f(A) = \sum_{i \in A} f(i), \forall A \in \mathcal{P}(N).$$

定义 6.18 假设N是有限的局中人集合，(N, f)为一个TUCG，称其为凸的，如果满足
$$\forall A, B \in \mathcal{P}(N) \Rightarrow f(A) + f(B) \leqslant f(A \cup B) + f(A \cap B).$$

定义 6.19 假设N是有限的局中人集合，(N, f)和(N, g)都是TUCG，称(N, f)策略等价于(N, g)，如果满足
$$\exists \alpha > 0, b \in \mathbf{R}^N, \text{s.t.}\ g(A) = \alpha f(A) + b(A), \forall A \in \mathcal{P}(N).$$

6.1.2 合作博弈解概念核心

定义 6.20 假设N是一个有限的局中人集合，Γ_N表示其上的所有TUCG，解概念分为集值解概念和数值解概念.

(1) 集值解概念：$\phi : \Gamma_N \to \mathcal{P}(\mathbf{R}^N), \phi(N, f, \tau) \subseteq \mathbf{R}^N$.

(2) 数值解概念：$\phi : \Gamma_N \to \mathbf{R}^N, \phi(N, f, \tau) \in \mathbf{R}^N$.

定义 6.21 假设N是一个有限的局中人集合，(N, f, τ)表示一个带有联盟结构的TUCG，其对应的个体理性分配集定义为
$$X^0(N, f, \tau) = \{x |\ x \in \mathbf{R}^N; x_i \geqslant f(i), \forall i \in N\}.$$

定义 6.22 假设N是一个有限的局中人集合，(N, f, τ)表示一个带有联盟结构的TUCG，其对应的结构理性分配集定义为
$$X^1(N, f, \tau) = \{x |\ x \in \mathbf{R}^N; x(A) = f(A), \forall A \in \tau\}.$$

定义 6.23 假设N是一个有限的局中人集合，(N, f, τ)表示一个带有联盟结构的TUCG，其对应的集体理性分配集定义为
$$X^2(N, f, \tau) = \{x |\ x \in \mathbf{R}^N; x(A) \geqslant f(A), \forall A \in \mathcal{P}(N)\}.$$

定义 6.24 假设N是一个有限的局中人集合，(N, f, τ)表示一个带有联盟结构的TUCG，其对应的可行理性分配集定义为
$$\begin{aligned} X(N, f, \tau) &= \{x |\ x \in \mathbf{R}^N; x_i \geqslant f(i), \forall i \in N; x(A) = f(A), \forall A \in \tau\} \\ &= X^0(N, f, \tau) \cap X^1(N, f, \tau). \end{aligned}$$

定义 6.25 假设N是一个有限的局中人集合，$(N, f, \{N\})$表示一个带有大联盟结构的TUCG，其对应的核心定义为
$$\begin{aligned} &\text{Core}(N, f, \{N\}) \\ &= X^0(N, f, \{N\}) \cap X^1(N, f, \{N\}) \cap X^2(N, f, \{N\}) \\ &= X(N, f, \{N\}) \cap X^2(N, f, \{N\}) \\ &= \{x |\ x \in \mathbf{R}^N; x_i \geqslant f(i), \forall i \in N; x(N) = f(N); x(A) \geqslant f(A), \forall A \in \mathcal{P}(N)\}. \end{aligned}$$

定义 6.26 假设N是有限的局中人集合，$S \in \mathcal{P}(N)$是一个非空子集，它的示性向量记为
$$e_S = \sum_{i \in S} e_i, e_i = (0, \cdots, 1_{(i-th)}, \cdots, 0) \in \mathbf{R}^N.$$

定义 6.27 假设N是有限的局中人集合，$\mathcal{B} = \{S_1, \cdots, S_k\} \subseteq \mathcal{P}(N)$是一个子集族，并且$\varnothing \notin \mathcal{B}$，$\mathcal{B}$的示性矩阵记为
$$M_\mathcal{B} = \begin{pmatrix} e_{S_1} \\ \vdots \\ e_{S_k} \end{pmatrix}.$$

其中e_S是S的示性向量。

定义 6.28 假设N是有限的局中人集合，$\mathcal{B} \subseteq \mathcal{P}(N)$是一个子集族，并且$\varnothing \notin \mathcal{B}$，权重$\delta = (\delta_A)_{A \in \mathcal{B}}$称为$\mathcal{B}$的一个严格平衡权重，如果满足
$$\delta > 0, \delta M_\mathcal{B} = e_N.$$

如果一个子集族存在一个严格平衡权重，那么这个子集族称为严格平衡。N的所有严格平衡子集族构成的集合记为$\text{StrBalFam}(N)$，假设$\mathcal{B} \in \text{StrBalFam}(N)$，其对应的所有严格平衡权重集合记为$\text{StrBalCoef}(\mathcal{B})$。

定义 6.29 假设N是有限的局中人集合，$\mathcal{B} \subseteq \mathcal{P}(N)$是一个子集族，并且$\varnothing \notin \mathcal{B}$，权重$\delta = (\delta_A)_{A \in \mathcal{B}}$称为$\mathcal{B}$的一个弱平衡权重，如果满足
$$\delta \geqslant 0, \delta M_\mathcal{B} = e_N.$$

如果一个子集族存在一个弱平衡权重，那么这个子集族称为弱平衡。N的所有弱平衡子集族构成的集合记为$\text{WeakBalFam}(N)$，假设$\mathcal{B} \in \text{WeakBalFam}(N)$，其对应的所有弱平衡权重集合记为$\text{WeakBalCoef}(\mathcal{B})$。

定义 6.30 假设N是有限的局中人集合，$\mathcal{P}_0(N)$是所有非空子集构成的子集族，权重$\delta = (\delta_A)_{A \in \mathcal{P}_0(N)}$称为$\mathcal{P}_0(N)$的一个弱平衡权重，如果满足
$$\delta \geqslant 0, \delta M_{\mathcal{P}_0(N)} = e_N.$$

如果$\mathcal{P}_0(N)$存在一个弱平衡权重，那么称为全集弱平衡。所有全集弱平衡权重集合记为$\text{WeakBalCoef}(\mathcal{P}_0(N))$。

定义 6.31 假设N是有限的局中人集合，$(N, f, \{N\})$是一个TUCG，称之为严格平衡的，如果任取严格平衡的子集族$\mathcal{B} \in \text{StrBalFam}(N)$和对应的严格平衡权重
$$\delta \in \text{StrBalCoef}(B),$$

都满足
$$f(N) \geqslant \sum_{A \in \mathcal{B}} \delta_A f(A).$$

定义 6.32 假设N是有限的局中人集合，$(N, f, \{N\})$是一个TUCG，称之为弱平衡的，如果任取弱平衡的子集族$\mathcal{B} \in \text{WeakBalFam}(N)$和对应的弱平衡权重$\delta \in \text{WeakBalCoef}(B)$都

满足
$$f(N) \geqslant \sum_{A \in \mathcal{B}} \delta_A f(A).$$

定义 6.33 假设N是有限的局中人集合，$(N, f, \{N\})$是一个TUCG，称之为全集弱平衡的，如果取定子集族$\mathcal{P}_0(N)$和对应的弱平衡权重$\delta \in \text{WeakBalCoef}(\mathcal{P}_0(N))$都满足
$$f(N) \geqslant \sum_{A \in \mathcal{P}_0(N)} \delta_A f(A).$$

定义 6.34 假设N是有限的局中人集合，$(N, f, \{N\})$是一个合作博弈，称之为平衡博弈，如果它是严格平衡的或者弱平衡的或者全集弱平衡的.

定义 6.35 假设N是有限的局中人集合，$(N, f, \{N\})$是一个合作博弈，称之为全平衡的，如果每一个子博弈$(S, f, \{S\}), \forall S \in \mathcal{P}_0(N)$都是平衡的.

定义 6.36 假设N是有限的局中人集合，$(N, f, \{N\})$是一个合作博弈，其平衡覆盖博弈定义为$(N, \bar{f}, \{N\})$，其中
$$\bar{f}(A) = \begin{cases} f(A), & \text{如果} A \in \mathcal{P}_1(N); \\ \max_{\delta \in \text{WeakBalCoef}(\mathcal{P}_0(N))} \sum_{B \in \mathcal{P}_0(N)} \delta_B f(B), & \text{如果} A = N. \end{cases}$$

定义 6.37 假设N是有限的局中人集合，$(N, f, \{N\})$是一个合作博弈，其全平衡覆盖博弈定义为$(N, \hat{f}, \{N\})$，其中
$$\hat{f}(A) = \max_{\delta \in \text{WeakBalCoef}(\mathcal{P}_0(A))} \sum_{B \in \mathcal{P}_0(A)} \delta_B f(B), \forall A \in \mathcal{P}_0(N).$$

定义 6.38 假设N是有限的局中人集合，$(N, f, \{N\})$是一个合作博弈，
$$x \in X^1(N, f, \{N\})$$
是结构理性向量，并且$A \in \mathcal{P}_0(N)$. 定义A相对于x的Davis-Maschler约简博弈$(A, f_{A,x}, \{A\})$为
$$f_{A,x}(B) = \begin{cases} \max_{Q \in \mathcal{P}(N \setminus A)}[f(Q \cup B) - x(Q)], & \text{如果} B \in \mathcal{P}_2(A); \\ 0, & \text{如果} B = \varnothing; \\ x(A), & \text{如果} B = A. \end{cases}$$

定义 6.39 假设N是一个有限的局中人集合，Γ_N表示其上的所有带有大联盟结构的TUCG，有集值解概念：$\phi : \Gamma_N \to \mathcal{P}(\mathbf{R}^N), \phi(N, f, \{N\}) \subseteq \mathbf{R}^N$，称其满足Davis-Maschler约简博弈性质，如果
$$\forall (N, f, \{N\}) \in \Gamma_N, \forall A \in \mathcal{P}_0(N), \forall x \in \phi(N, f, \{N\}),$$
都有
$$(x_i)_{i \in A} \in \phi(A, f_{A,x}, \{A\}).$$
其中$(A, f_{A,x}, \{A\})$称为A相对于x的Davis-Maschler约简博弈.

定义 6.40 假设N是一个有限的局中人集合，Γ_N表示其上的所有带有大联盟结构的TUCG，有集值解概念：$\phi : \Gamma_N \to \mathcal{P}(\mathbf{R}^N), \phi(N, f, \{N\}) \subseteq \mathbf{R}^N$，称其满足Davis-Maschler反向约简博弈性质，如果
$$\forall (N, f, \{N\}) \in \Gamma_N, \forall x \in X^1(N, f, \{N\}),$$

且
$$(x_i, x_j) \in \phi((i,j), f_{(i,j),x}, \{(i,j)\}), \forall (i,j) \in N \times N, i \neq j,$$
都有
$$x \in \phi(N, f, \{N\}).$$
其中$((i,j), f_{(i,j),x}, \{(i,j)\})$称为$(i,j)$相对于$x$的Davis-Maschler约简博弈.

定义 6.41 市场是一个四元组$(N, L, (a_i)_{i \in N}, (u_i)_{i \in N})$，其中：

(1) $N = \{1, \cdots, i, \cdots, n\}$是$n$个生产者集合；

(2) $L = \{1, \cdots, j, \cdots, l\}$是$l$类商品集合；

(3) $a_{i \in \mathbf{R}_+^L}, \forall i \in N$是生产者$i$的初始商品数量；

(4) $u_i : \mathbf{R}_+^L \to \mathbf{R}^1, \forall i \in N$是生产者$i$的生产函数.

定义 6.42 假设四元组$(N, L, (a_i)_{i \in N}, (u_i)_{i \in N})$是市场，$S \in \mathcal{P}_0(N)$，定义联盟$S$的分配方案为
$$(x_i)_{i \in S}, \text{s.t.} \ x_i \in \mathbf{R}_+^L, \forall i \in S; x(S) = \sum_{i \in S} x_i = \sum_{i \in S} a_i = a(S).$$
联盟S的所有分配方案记为$Alloc(S)$.

定义 6.43 假设四元组$(N, L, (a_i)_{i \in N}, (u_i)_{i \in N})$是市场，对应的合作博弈$(N, f, \{N\})$定义为
$$f(A) = \max_{(x_i)_{i \in A} \in Alloc(A)} \sum_{i \in A} u_i(x_i), \forall A \in \mathcal{P}(N).$$

定义 6.44 假设N是一个有限集合，$(N, f, \{N\})$是一个合作博弈，称之为市场博弈，如果存在市场$(N, L, (a_i)_{i \in N}, (u_i)_{i \in N})$，使得
$$f(A) = \max_{(x_i)_{i \in A} \in Alloc(A)} \sum_{i \in A} u_i(x_i), \forall A \in \mathcal{P}(N).$$
其中每个生产函数$u_i : \mathbf{R}_+^L \to \mathbf{R}^1 (\forall i \in N)$是连续的凹函数.

定义 6.45 假设N是一个有限集合，$(N, f, \{N\})$是一个合作博弈，$\forall A \in \mathcal{P}_0(N)$，子博弈$(A, \bar{f}, \{A\})$定义为
$$\bar{f}(B) = f(B), \forall B \in \mathcal{P}_0(A).$$
方便起见，子博弈$(A, \bar{f}, \{A\})$简记为$(A, f, \{A\})$.

定义 6.46 假设N是一个有限集合，$(N, f, \{N\})$是一个合作博弈，称之为全平衡博弈，如果$\forall A \in \mathcal{P}_0(N)$，子博弈$(A, \bar{f}, \{A\})$的核心非空.

定义 6.47 假设$N = \{1, \cdots, n\}$是一个有限集合，N的一个置换是如下的要素：
$$\pi = (i_1, \cdots, i_n), \{i_1, \cdots, i_n\} = \{1, \cdots, n\}.$$
所有的置换记为$\text{Permut}(N)$.

定义 6.48 假设N是有限的局中人集合，$(N, f, \{N\})$是一个合作博弈，$\pi = (i_1, \cdots, i_n)$是

一个置换，构造向量 $x \in \mathbf{R}^N$ 为

$$x_1 = f(i_1);$$
$$x_2 = f(i_1, i_2) - f(i_1);$$
$$x_3 = f(i_1, i_2, i_3) - f(i_1, i_2);$$
$$\vdots$$
$$x_n = f(i_1, i_2, \cdots, i_n) - f(i_1, i_2, \cdots, i_{n-1}).$$

上面的这个向量记为 $x := w^\pi$.

定义 6.49 假设 N 是一个有限的局中人集合，(N, f, τ) 是带有一般联盟结构的合作博弈，其核心定义为

$$\begin{aligned}&\operatorname{Core}(N, f, \tau) \\ =\ & X^0(N, f, \tau) \cap X^1(N, f, \tau) \cap X^2(N, f, \tau) \\ =\ & X(N, f, \tau) \cap X^2(N, f, \tau) \\ =\ & \{x \mid x \in \mathbf{R}^N; x_i \geqslant f_i, \forall i \in N; x(A) = f(A), \forall A \in \tau; x(B) \geqslant f(B), \forall B \in \mathcal{P}(N)\}.\end{aligned}$$

定义 6.50 假设 N 是一个有限的局中人集合，(N, f) 表示一个不带有联盟结构的TUCG，定义其对应的超可加覆盖博弈 (N, f^*) 为

$$f^*(A) = \max_{\tau \in \operatorname{Part}(A)} \sum_{B \in \tau} f(B).$$

定义 6.51 假设 N 是一个有限的局中人集合，$(N, f), (N, g)$ 表示两个不带有联盟结构的TUCG，称博弈 (N, g) 大于或者等于 (N, f)，如果满足 $g(A) \geqslant f(A), \forall A \in \mathcal{P}(N)$. 记为 $(N, g) \geqslant (N, f)$.

6.1.3 合作博弈解概念沙普利值

定义 6.52 假设 N 是一个有限的局中人集合，Γ_N 表示其上所有带有大联盟结构的合作博弈，有一个数值解概念 $\phi : \Gamma_N \to \mathbf{R}^N, \phi(N, f, \{N\}) \in \mathbf{R}^N$，局中人 $i \in N$，在解概念意义下，局中人 i 获得的分配记为 $\phi_i(N, f, \{N\})$，分配向量记为 $\phi(N, f, \{N\}) = (\phi_i(N, f, \{N\}))_{i \in N} \in \mathbf{R}^N$.

定义 6.53 (有效公理) 假设 N 是一个有限的局中人集合，Γ_N 表示其上所有带有大联盟结构的合作博弈，有一个数值解概念 $\phi : \Gamma_N \to \mathbf{R}^N, \phi(N, f, \{N\}) \in \mathbf{R}^N$，称其满足有效公理，如果满足

$$\sum_{i \in N} \phi_i(N, f, \{N\}) = f(N); \forall (N, f, \{N\}) \in \Gamma_N.$$

定义 6.54 假设 N 是一个有限的局中人集合，$(N, f, \{N\})$ 是一个合作博弈，称局中人 i 和 j 关于 $(N, f, \{N\})$ 是对称的，如果满足

$$\forall A \subseteq N \setminus \{i, j\} \Rightarrow f(A \cup \{i\}) = f(A \cup \{j\}).$$

如果局中人 i 和 j 关于 $(N, f, \{N\})$ 是对称的，记为 $i \approx_{(N, f, \{N\})} j$ 或者简单记为 $i \approx j$.

定义 6.55 (对称公理) 假设N是一个有限的局中人集合,Γ_N表示其上所有带有大联盟结构的合作博弈,有一个数值解概念$\phi : \Gamma_N \to \mathbf{R}^N, \phi(N, f, \{N\}) \in \mathbf{R}^N$,称其满足对称公理,如果满足

$$\phi_i(N, f, \{N\}) = \phi_j(N, f, \{N\}), \forall (N, f, \{N\}) \in \Gamma_N, \forall i \approx_{(N,f,\{N\})} j.$$

定义 6.56 (协变公理) 假设N是一个有限的局中人集合,Γ_N表示其上所有带有大联盟结构的合作博弈,有一个数值解概念$\phi : \Gamma_N \to \mathbf{R}^N, \phi(N, f, \{N\}) \in \mathbf{R}^N$,称其满足协变公理,如果满足

$$\phi(N, \alpha f + b, \{N\}) = \alpha \phi(N, f, \{N\}) + b, \forall (N, f, \{N\}) \in \Gamma_N, \forall \alpha > 0, b \in \mathbf{R}^N.$$

定义 6.57 假设N是一个有限的局中人集合,$(N, f, \{N\})$是一个合作博弈,称局中人i关于$(N, f, \{N\})$是零贡献的,如果满足

$$\forall A \subseteq N \Rightarrow f(A \cup \{i\}) = f(A).$$

如果局中人i关于$(N, f, \{N\})$是零贡献的,记为$i \in \text{Null}(N, f, \{N\})$或者简单记为$i \in \text{Null}$.

定义 6.58 假设N是一个有限的局中人集合,$(N, f, \{N\})$是一个合作博弈,称局中人i关于$(N, f, \{N\})$是愚蠢的,如果满足

$$\forall A \subseteq N \setminus \{i\} \Rightarrow f(A \cup \{i\}) = f(A) + f(i).$$

如果局中人i关于$(N, f, \{N\})$是愚蠢的,记为$i \in \text{Dummy}(N, f, \{N\})$或者简单记为$i \in \text{Dummy}$.

定义 6.59 (零贡献公理) 假设N是一个有限的局中人集合,Γ_N表示其上所有带有大联盟结构的合作博弈,有一个数值解概念$\phi : \Gamma_N \to \mathbf{R}^N, \phi(N, f, \{N\}) \in \mathbf{R}^N$,称其满足零贡献公理,如果满足

$$\phi_i(N, f, \{N\}) = 0, \forall (N, f, \{N\}) \in \Gamma_N, \forall i \in \text{Null}(N, f, \{N\}).$$

定义 6.60 (加法公理) 假设N是一个有限的局中人集合,Γ_N表示其上所有带有大联盟结构的合作博弈,有一个数值解概念$\phi : \Gamma_N \to \mathbf{R}^N, \phi(N, f, \{N\}) \in \mathbf{R}^N$,称其满足加法公理,如果满足

$$\phi(N, f + g, \{N\}) = \phi(N, f, \{N\}) + \phi(N, g, \{N\}), \forall (N, f, \{N\}), (N, g, \{N\}) \in \Gamma_N.$$

定义 6.61 (线性公理) 假设N是一个有限的局中人集合,Γ_N表示其上所有带有大联盟结构的合作博弈,有一个数值解概念$\phi : \Gamma_N \to \mathbf{R}^N, \phi(N, f, \{N\}) \in \mathbf{R}^N$,称其满足线性公理,如果满足

$$\phi(N, \alpha f + \beta g, \{N\}) = \alpha \phi(N, f, \{N\}) + \beta \phi(N, g, \{N\}),$$
$$\forall (N, f, \{N\}), (N, g, \{N\}) \in \Gamma_N, \forall \alpha, \beta \in \mathbf{R}.$$

定义 6.62 (边际单调公理) 假设N是一个有限的局中人集合,Γ_N表示其上所有带有大联盟结构的合作博弈,有一个数值解概念$\phi : \Gamma_N \to \mathbf{R}^N, \phi(N, f, \{N\}) \in \mathbf{R}^N$,称其满足边际单调公理,如果对于任意取定的$i \in N$,

$$\forall (N, f, \{N\}), (N, g, \{N\}), \text{s.t.} f(A \cup \{i\}) - f(A) \geqslant g(A \cup \{i\}) - g(A), \forall A \subseteq N \setminus \{i\},$$

一定有
$$\phi_i(N,f,\{N\}) \geqslant \phi_i(N,g,\{N\}).$$

定义 6.63 (边际公理) 假设N是一个有限的局中人集合,Γ_N表示其上所有带有大联盟结构的合作博弈,有一个数值解概念$\phi:\Gamma_N \to \mathbf{R}^N, \phi(N,f,\{N\}) \in \mathbf{R}^N$,称其满足边际公理,如果对于任意取定的$i \in N$,
$$\forall (N,f,\{N\}),(N,g,\{N\}), \text{s.t.}\ f(A\cup\{i\})-f(A)=g(A\cup\{i\})-g(A), \forall A \subseteq N\setminus\{i\},$$
一定有
$$\phi_i(N,f,\{N\})=\phi_i(N,g,\{N\}).$$

定义 6.64 假设N是一个包含有n个人的有限的局中人集合,$\text{Permut}(N)$表示N中的所有置换,假设$\pi \in \text{Permut}(N)$,定义
$$P_i(\pi)=\{j|\ j\in N; \pi(j)<\pi(i)\}.$$
表示按照置换π在局中人i之前的局中人集合.

定义 6.65 假设N是一个有限的局中人集合,Γ_N表示其上所有带有大联盟结构的合作博弈,$\pi \in \text{Permut}(N)$,定义一个数值解概念$\phi^\pi:\Gamma_N \to \mathbf{R}^N, \phi(N,f,\{N\}) \in \mathbf{R}^N$为
$$\phi_i^\pi(N,f,\{N\})=f(P_i(\pi)\cup\{i\})-f(P_i(\pi)), \forall i\in N, \forall(N,f,\{N\})\in \Gamma_N.$$

根据上一节中的例子可知,解概念ϕ^π满足有效、协变、零贡献和加法公理,但是不满足对称公理.

定义 6.66 假设N是一个有限的局中人集合,Γ_N表示其上所有带有大联盟结构的合作博弈,$\pi \in \text{Permut}(N)$,定义一个数值解概念$\text{Sh}:\Gamma_N \to \mathbf{R}^N, \text{Sh}(N,f,\{N\}) \in \mathbf{R}^N$为
$$\text{Sh}_i(N,f,\{N\})=\frac{1}{n!}\sum_{\pi\in\text{Permut}(N)}[f(P_i(\pi)\cup\{i\})-f(P_i(\pi))], \forall i\in N, \forall(N,f,\{N\})\in \Gamma_N.$$
即
$$\text{Sh}_i(N,f,\{N\})=\frac{1}{n!}\sum_{\pi\in\text{Permut}(N)}\phi_i^\pi(N,f,\{N\}), \forall i\in N, \forall(N,f,\{N\})\in \Gamma_N.$$
这个数值解概念称为沙普利值.

定义 6.67 假设N是一个有限的局中人集合,任取$A \in \mathcal{P}_0(N)$,定义A上的$1-0$承载博弈为$(N,C_{(A,1,0)},\{N\})$,其中
$$C_{(A,1,0)}(B)=\begin{cases} 1, & \text{如果}A\subseteq B; \\ 0, & \text{其他情形}. \end{cases}$$

定义 6.68 假设N是一个有限的局中人集合,任取$A \in \mathcal{P}_0(N), \alpha \in R$,定义$A$上的$\alpha-0$承载博弈为$(N,C_{(A,\alpha,0)},\{N\})$,其中
$$C_{(A,\alpha,0)}(B)=\begin{cases} \alpha, & \text{如果}A\subseteq B; \\ 0, & \text{其他情形}. \end{cases}$$

定义 6.69 假设N是有限的局中人集合,$(N,f,\{N\})$是一个合作博弈,$\pi=(i_1,\cdots,i_n)$是一个置换,构造向量$x\in \mathbf{R}^N$为
$$x_1=f(i_1);$$

$$x_2 = f(i_1, i_2) - f(i_1);$$
$$x_3 = f(i_1, i_2, i_3) - f(i_1, i_2);$$
$$\vdots$$
$$x_n = f(i_1, i_2, \cdots, i_n) - f(i_1, i_2, \cdots, i_{n-1}).$$

上面的这个向量记为$x := w^\pi$.

定义 6.70 假设N是一个有限的局中人集合，Γ_N表示其上所有带有大联盟结构的合作博弈，有一个数值解概念$\phi : \Gamma_N \to \mathbf{R}^N, \phi(N, f, \{N\}) \in \mathbf{R}^N$，$A \in \mathcal{P}_0(N)$，固定一个博弈$(N, f, \{N\})$，那么$(N, f, \{N\})$在$A$上的相对于$\phi$的Hart-Mas-Collel约简博弈定义为$(A, f_{(A,\phi)}, \{A\})$，其中

$$f_{(A,\phi)}(B) = \begin{cases} f(B \cup A^c) - \sum_{i \in A^c} \phi_i(B \cup A^c, f, \{B \cup A^c\}), & \text{如果} B \in \mathcal{P}_0(A); \\ 0, & \text{如果} B = \varnothing. \end{cases}$$

定义 6.71 (线性公理) 假设N是一个有限的局中人集合，Γ_N表示其上所有带有大联盟结构的合作博弈，有一个数值解概念$\phi : \Gamma_N \to \mathbf{R}^N, \phi(N, f, \{N\}) \in \mathbf{R}^N$，称其满足线性公理，如果满足

$$\phi(N, \alpha f + \beta g, \{N\}) = \alpha \phi(N, f, \{N\}) + \beta \phi(N, g, \{N\}),$$
$$\forall (N, f, \{N\}), (N, g, \{N\}) \in \Gamma_N, \forall \alpha, \beta \in \mathbf{R}.$$

定义 6.72 假设N是一个有限的局中人集合，Γ_N表示其上所有带有大联盟结构的合作博弈，有一个数值解概念$\phi : \Gamma_N \to \mathbf{R}^N, \phi(N, f, \{N\}) \in \mathbf{R}^N$，称其满足Hart-Mas-Collel约简博弈一致性，如果

$$\phi_i(N, f, \{N\}) = \phi_i(A, f_{(A,\phi)}, \{A\}), \forall A \in \mathcal{P}_0(N), \forall i \in A.$$

定义 6.73 假设N是一个有限的局中人集合，$\mathrm{Part}(N)$表示N上的所有划分，假设$\tau \in \mathrm{Part}(N)$，任取$i \in N$，用$A_i$或者$A_i(\tau)$表示在$\tau$中的包含$i$的唯一非空子集，用

$$\mathrm{Pair}(\tau) = \{\{i, j\} | \, i, j \in N; A_i(\tau) = A_j(\tau)\}$$

表示与划分τ对应的伙伴对. τ中的某个子集可以记为$A(\tau)$.

定义 6.74 假设N是一个有限的局中人集合，Γ_N表示其上所有带有一般联盟结构的合作博弈，有一个数值解概念$\phi : \Gamma_N \to \mathbf{R}^N, \phi(N, f, \tau) \in \mathbf{R}^N$，局中人$i \in N$，在解概念意义下，局中人$i$获得的分配记为$\phi_i(N, f, \tau)$，分配向量记为$\phi(N, f, \tau) = (\phi_i(N, f, \tau))_{i \in N} \in \mathbf{R}^N$.

定义 6.75 (结构有效公理) 假设N是一个有限的局中人集合，Γ_N表示其上所有带有一般联盟结构的合作博弈，有一个数值解概念$\phi : \Gamma_N \to \mathbf{R}^N, \phi(N, f, \tau) \in \mathbf{R}^N$，称其满足结构有效公理，如果满足

$$\sum_{i \in A} \phi_i(N, f, \tau) = f(A); \forall (N, f, \tau) \in \Gamma_N, \forall A \in \tau.$$

定义 6.76 假设N是一个有限的局中人集合，(N, f, τ)是一个合作博弈，称局中人i和j关于(N, f, τ)是对称的，如果满足

$$\forall A \subseteq N \setminus \{i, j\} \Rightarrow f(A \cup \{i\}) = f(A \cup \{j\}).$$

如果局中人i和j关于(N,f,τ)是对称的，记为$i \approx_{(N,f,\tau)} j$或者简单记为$i \approx_f j$或者$i \approx j$.

定义 6.77 (限制对称公理) 假设N是一个有限的局中人集合，Γ_N表示其上所有带有一般联盟结构的合作博弈，有一个数值解概念$\phi : \Gamma_N \to \mathbf{R}^N, \phi(N,f,\tau) \in \mathbf{R}^N$，称其满足限制对称公理，如果满足

$$\phi_i(N,f,\tau) = \phi_j(N,f,\tau), \forall (N,f,\tau) \in \Gamma_N, \forall i \approx_f j, \{i,j\} \in \operatorname{Pair}(\tau).$$

定义 6.78 (协变公理) 假设N是一个有限的局中人集合，Γ_N表示其上所有带有一般联盟结构的合作博弈，有一个数值解概念$\phi : \Gamma_N \to \mathbf{R}^N, \phi(N,f,\tau) \in \mathbf{R}^N$，称其满足协变公理，如果满足

$$\phi(N, \alpha f + b, \tau) = \alpha \phi(N,f,\tau) + b, \forall (N,f,\tau) \in \Gamma_N, \forall \alpha > 0, b \in \mathbf{R}^N.$$

定义 6.79 假设N是一个有限的局中人集合，(N,f,τ)是一个合作博弈，称局中人i关于(N,f,τ)是零贡献的，如果满足

$$\forall A \subseteq N \Rightarrow f(A \cup \{i\}) = f(A).$$

如果局中人i关于(N,f,τ)是零贡献的，记为$i \in \operatorname{Null}(N,f,\tau)$或者简单记为$i \in \operatorname{Null}$.

定义 6.80 假设N是一个有限的局中人集合，(N,f,τ)是一个合作博弈，称局中人i关于(N,f,τ)是愚蠢的，如果满足

$$\forall A \subseteq N \setminus \{i\} \Rightarrow f(A \cup \{i\}) = f(A) + f(i).$$

如果局中人i关于(N,f,τ)是愚蠢的，记为$i \in \operatorname{Dummy}(N,f,\tau)$或者简单记为$i \in \operatorname{Dummy}$.

定义 6.81 (零贡献公理) 假设N是一个有限的局中人集合，Γ_N表示其上所有带有一般联盟结构的合作博弈，有一个数值解概念$\phi : \Gamma_N \to \mathbf{R}^N, \phi(N,f,\tau) \in \mathbf{R}^N$，称其满足零贡献公理，如果满足

$$\phi_i(N,f,\tau) = 0, \forall (N,f,\tau) \in \Gamma_N, \forall i \in \operatorname{Null}(N,f,\tau).$$

定义 6.82 (加法公理) 假设N是一个有限的局中人集合，Γ_N表示其上所有带有一般联盟结构的合作博弈，有一个数值解概念$\phi : \Gamma_N \to \mathbf{R}^N, \phi(N,f,\tau) \in \mathbf{R}^N$，称其满足加法公理，如果满足

$$\phi(N, f+g, \tau) = \phi(N,f,\tau) + \phi(N,g,\tau), \forall (N,f,\tau), (N,g,\tau) \in \Gamma_N.$$

定义 6.83 (线性公理) 假设N是一个有限的局中人集合，Γ_N表示其上所有带有大联盟结构的合作博弈，有一个数值解概念$\phi : \Gamma_N \to \mathbf{R}^N, \phi(N,f,\tau) \in \mathbf{R}^N$，称其满足线性公理，如果满足

$$\phi(N, \alpha f + \beta g, \tau) = \alpha \phi(N,f,\tau) + \beta \phi(N,g,\tau), \forall (N,f,\tau), (N,g,\tau) \in \Gamma_N, \forall \alpha, \beta \in R.$$

定义 6.84 (边际单调公理) 假设N是一个有限的局中人集合，Γ_N表示其上所有带有一般联盟结构的合作博弈，有一个数值解概念$\phi : \Gamma_N \to \mathbf{R}^N, \phi(N,f,\tau) \in \mathbf{R}^N$，称其满足边际单调公理，如果对于任意取定的$i \in N$,

$$\forall (N,f,\tau), (N,g,\tau), \text{s.t.} f(A \cup \{i\}) - f(A) \geqslant g(A \cup \{i\}) - g(A), \forall A \subseteq N \setminus \{i\},$$

一定有
$$\phi_i(N,f,\tau) \geqslant \phi_i(N,g,\tau).$$

定义 6.85 (边际公理) 假设N是一个有限的局中人集合,Γ_N表示其上所有带有一般联盟结构的合作博弈,有一个数值解概念$\phi: \Gamma_N \to \mathbf{R}^N, \phi(N,f,\tau) \in \mathbf{R}^N$,称其满足边际公理,如果对于任意取定的$i \in N$,

$$\forall (N,f,\tau), (N,g,\tau), \text{s.t.} \ f(A \cup \{i\}) - f(A) = g(A \cup \{i\}) - g(A), \forall A \subseteq N \setminus \{i\},$$

一定有
$$\phi_i(N,f,\tau) = \phi_i(N,g,\tau).$$

定义 6.86 假设N是一个有限的局中人集合,$\Gamma_{N,\tau}$表示其上所有带有一般联盟结构τ的合作博弈,定义一般联盟沙普利值为$\text{Sh}_*: \Gamma_{N,\tau} \to \mathbf{R}^N, \phi(N,f,\tau) \in \mathbf{R}^N$,其中

$$\text{Sh}_{*,i}(N,f,\tau) = \text{Sh}_i(A_i, f, \{A_i\}), \forall i \in N,$$

其中A_i是唯一满足$A_i \in \tau, i \in A_i$的子集,Sh是大联盟沙普利值.

定义 6.87 假设N是一个有限的局中人集合,任取$A \in \mathcal{P}_0(N), \tau \in \text{Part}(N)$,定义$A$上的带有一般联盟结构$\tau$的$1-0$承载博弈为$(N, C_{(A,1,0)}, \tau)$,其中

$$C_{(A,1,0)}(B) = \begin{cases} 1, & \text{如果} A \subseteq B; \\ 0, & \text{其他情形}. \end{cases}$$

定义 6.88 假设N是一个有限的局中人集合,任取$A \in \mathcal{P}_0(N), \alpha \in R, \tau \in \text{Part}(N)$,定义$A$上带有一般联盟结构$\tau$的$\alpha - 0$承载博弈为$(N, C_{(A,\alpha,0)}, \tau)$,其中

$$C_{(A,\alpha,0)}(B) = \begin{cases} \alpha, & \text{如果} A \subseteq B; \\ 0, & \text{其他情形}. \end{cases}$$

定义 6.89 假设N是有限的局中人集合,(N,f,τ)为一个带有联盟结构的TUCG,$S \in \mathcal{P}_0(N)$是一个非空子集,S诱导的带有联盟结构的子博弈记为

$$(S, f, \tau_S), \tau_S = \{A \cap S | \forall A \in \tau\} \setminus \{\varnothing\}.$$

定义 6.90 假设N是一个有限的局中人集合,$\Gamma_{N,\tau}$表示其上所有带有一般联盟结构τ的合作博弈,有一个数值解概念$\phi: \Gamma_{N,\tau} \to \mathbf{R}^N, \phi(N,f,\{\tau\}) \in \mathbf{R}^N$,对于$A \in \mathcal{P}_0(N)$且$\exists R \in \tau, \text{s.t.} \ A \subseteq R$,此时$\tau_A = \{A\}$,固定一个博弈$(N,f,\tau)$,那么$(N,f,\tau)$在$A$上的相对于$\phi$的Hart-Mas-Collel结构约简博弈定义为$(A, f^{\tau}_{(A,\phi)}, \{A\})$,其中

$$f^{\tau}_{(A,\phi)}(B) = \begin{cases} f(B \cup (R \setminus A)) - \sum_{i \in A^c} \phi_i(B \cup (R \setminus A), f, \{B \cup (R \setminus A)\}), & \text{如果} B \in \mathcal{P}_0(A); \\ 0, & \text{如果} B = \varnothing. \end{cases}$$

定义 6.91 假设N是一个有限的局中人集合,$\Gamma_{N,\tau}$表示其上所有带有一般联盟结构τ的合作博弈,有一个数值解概念$\phi: \Gamma_{N,\tau} \to \mathbf{R}^N, \phi(N,f,\{\tau\}) \in \mathbf{R}^N$,称其满足Hart-Mas-Collel结构约简博弈性质,如果满足任取$A \in \mathcal{P}_0(N)$,并且$\exists R \in \tau, \text{s.t.} \ A \subseteq R$,有

$$\phi_i(N,f,\tau) = \phi_i(A, f^{\tau}_{(A,\phi)}, \{A\}), \forall i \in A, \forall (N,f,\tau) \in \Gamma_{N,\tau}.$$

6.1.4 合作博弈解概念谈判集

定义 6.92 假设N是一个有限的局中人集合,$\text{Part}(N)$表示N上的所有划分,假设$\tau \in$

$\mathrm{Part}(N)$，任取$i \in N$，用A_i或者$A_i(\tau)$表示在τ中的包含i的唯一非空子集，用
$$\mathrm{Pair}(\tau) = \{\{i,j\}|\ i,j \in N; A_i(\tau) = A_j(\tau)\}$$
表示与划分τ对应的伙伴对. τ中的某个子集可以记为$A(\tau)$.

定义 6.93 假设N是一个有限的局中人集合，(N,f,τ)是带有一般联盟结构的合作博弈，$x \in X(N,f,\{\tau\})$是可行理性分配，$(k,l) \in \mathrm{Pair}(\tau)$，局中人$k$对局中人$l$在$x$处的一个异议是二元组$(C,y)$，满足

$$C \in \mathcal{P}(N), \mathrm{s.t.}\ k \in C, l \notin C;$$
$$y \in \mathbf{R}^C, \mathrm{s.t.}\ y(C) = f(C); \forall i \in C, \mathrm{s.t.}\ y_i > x_i.$$

局中人k对局中人l在x处的所有异议记为$\mathrm{Object}(k \to l, x), \forall (k,l) \in \mathrm{Pair}(\tau), \forall x \in X(N,f,\tau)$，即

$$\mathrm{Object}(k \to l, x) = \{(C,y)|\ k \in C, l \notin C; y \in \mathbf{R}^C, y(C) = f(C), y_i > x_i, \forall i \in C\}.$$

定义 6.94 假设N是一个有限的局中人集合，(N,f,τ)是带有一般联盟结构的合作博弈，$x \in X(N,f,\{\tau\})$是可行理性分配，$(k,l) \in \mathrm{Pair}(\tau)$，取定$(C,y) \in \mathrm{Object}(k \to l, x)$，局中人$l$对局中人$k$在异议$(C,y)$处的反异议是二元组$(D,z)$，满足

$$D \in \mathcal{P}(N), \mathrm{s.t.}\ l \in D, k \notin D;$$
$$D \in \mathbf{R}^D, \mathrm{s.t.}\ z(D) = f(D);$$
$$z_i \geqslant x_i, \forall i \in D \setminus C;$$
$$z_i \geqslant y_i, \forall i \in D \cap C.$$

局中人l对局中人k在异议(C,y)处的反异议记为$\mathrm{CountObject}(l \to k, (C,y)), \forall (k,l) \in \mathrm{Pair}(\tau), \forall (C,y) \in \mathrm{Object}(k \to l, x)$，即

$$\begin{aligned}&\mathrm{CountObject}(l \to k, (C,y)) \\ =\ & \{(D,z)|\ D \in \mathcal{P}(N), \mathrm{s.t.}\ l \in D, k \notin D; \\ & D \in \mathbf{R}^D, \mathrm{s.t.}\ z(D) = f(D); \\ & z_i \geqslant x_i, \forall i \in D \setminus C; \\ & z_i \geqslant y_i, \forall i \in D \cap C\}.\end{aligned}$$

定义 6.95 假设N是一个有限的局中人集合，(N,f,τ)是带有一般联盟结构的合作博弈，$x \in X(N,f,\{\tau\})$是可行理性分配，$(k,l) \in \mathrm{Pair}(\tau)$，取定$(C,y) \in \mathrm{Object}(k \to l, x)$，称$(C,y)$是局中人$k$对局中人$l$在点$x$处的公正异议，如果$\mathrm{CountObject}(l \to k, (C,y)) = \varnothing$，所有局中人$k$对局中人$l$在点$x$处的公正异议记为$\mathrm{JustObject}(k \to l, x)$.

定义 6.96 假设N是一个有限的局中人集合，(N,f,τ)是带有一般联盟结构的合作博弈，其集值解概念谈判集为

$$\mathcal{M}(N,f,\tau) = \{x|\ x \in X(N,f,\tau); \mathrm{JustObject}(k \to l, x) = \varnothing, \forall (k,l) \in \mathrm{Pair}(\tau)\}.$$

定义 6.97 假设N是一个有限的局中人集合，$(N,f,\{N\})$是带有大联盟结构的合作博

弈，$k,l \in N, x \in X(N,f,\{N\})$，称局中人$k$在分配$x$上强于局中人$l$，记为$k >_x l$，如果满足
$$\text{JustObject}(k \to l, x) \neq \varnothing.$$

定义 6.98 假设N是一个有限的局中人集合，$(N,f,\{N\})$是带有大联盟结构的合作博弈，$k,l \in N$，定义
$$Y_{kl} = \{x|\ x \in X(N,f,\{N\}), \text{s.t.}\ k >_x l\}.$$

6.1.5 合作博弈解概念核仁

定义 6.99 假设N是一个有限的局中人集合，(N,f)是合作博弈，任取$x \in \mathbf{R}^N, A \in \mathcal{P}(N)$，称
$$e(A,x) = f(A) - x(A)$$

为联盟A在x的余量.

定义 6.100 假设N是一个有限的局中人集合，(N,f)是合作博弈，取定$x \in \mathbf{R}^N$，定义函数
$$\theta(x) = (\theta_1(x), \cdots, \theta_k(x), \cdots, \theta_{2^n}(x)) = (e(A_1,x), \cdots, e(A_k,x), \cdots, e(A_{2^n},x)),$$
其中$\{A_1, \cdots, A_{2^n}\} = \mathcal{P}(N)$，并且要求
$$e(A_1,x) \geqslant \cdots \geqslant e(A_k,x) \geqslant \cdots \geqslant e(A_{2^n},x), k = 1, \cdots, 2^n.$$

定义 6.101 假设$\mathbf{R}^m$是m维实数空间，在其上定义函数
$$L(x) = \begin{cases} 0, & \text{如果}\ x=0; \\ 1, & \text{如果}\ x \neq 0, \exists i, 1 \leqslant i \leqslant m, \text{s.t.}\ x_1 = \cdots = x_{i-1} = 0, x_i > 0; \\ -1, & \text{如果}\ x \neq 0, \exists i, 1 \leqslant i \leqslant m, \text{s.t.}\ x_1 = \cdots = x_{i-1} = 0, x_i < 0. \end{cases}$$
函数L称为字典序函数.

定义 6.102 假设$\mathbf{R}^m$是m维实数空间，L是其上的字典序函数，可以定义字典序关系：
$$\forall x,y \in \mathbf{R}^m, x >_L y \Leftrightarrow L(x-y) = 1;$$
$$\forall x,y \in \mathbf{R}^m, x <_L y \Leftrightarrow L(x-y) = -1;$$
$$\forall x,y \in \mathbf{R}^m, x =_L y \Leftrightarrow L(x-y) = 0;$$
$$\forall x,y \in \mathbf{R}^m, x \geqslant_L y \Leftrightarrow L(x-y) \in \{0,1\};$$
$$\forall x,y \in \mathbf{R}^m, x \leqslant_L y \Leftrightarrow L(x-y) \in \{0,-1\}.$$

定义 6.103 假设N是一个有限的局中人集合，(N,f)是合作博弈，$K \subseteq \mathbf{R}^n$，合作博弈(N,f)相对于K的核仁定义为
$$\mathcal{N}(N,f,K) = \{x|\ x \in K; \theta(x) \leqslant_L \theta(y), \forall y \in K\}.$$
其中θ是余量的递减函数，$\leqslant_L$是字典序. 显然$\mathcal{N}(N,f,\varnothing) = \varnothing$.

定义 6.104 假设N是一个有限的局中人集合，$(N,f,\{N\})$是带有大联盟的合作博弈，令
$$K = X(N,f,\{N\})$$

为可行理性(个体理性+结构理性)分配集. 那么称相对于$X(N,f,\{N\})$的核仁
$$\mathcal{N}(N,f,\{N\},X(N,f,\{N\}))$$
为博弈$(N,f,\{N\})$的核仁，记为
$$\mathcal{N}(N,f,\{N\}).$$

定义 6.105 假设N是一个有限的局中人集合，$(N,f,\{N\})$是带有大联盟的合作博弈，令
$$K = X^1(N,f,\{N\})$$
为结构理性分配集. 那么称相对于$X^1(N,f,\{N\})$的核仁
$$\mathcal{N}(N,f,\{N\},X^1(N,f,\{N\}))$$
为博弈$(N,f,\{N\})$的准核仁，记为
$$\mathcal{PN}(N,f,\{N\}).$$

定义 6.106 假设N是一个有限的局中人集合，(N,f,τ)是带有一般联盟的合作博弈，令
$$K = X(N,f,\tau)$$
为可行理性(个体理性+结构理性)分配集. 那么称相对于$X(N,f,\tau)$的核仁
$$\mathcal{N}(N,f,\tau,X(N,f,\tau))$$
为博弈(N,f,τ)的核仁，记为
$$\mathcal{N}(N,f,\tau).$$

定义 6.107 假设N是一个有限的局中人集合，(N,f,τ)是带有一般联盟的合作博弈，令
$$K = X^1(N,f,\tau)$$
为结构理性分配集. 那么称相对于$X^1(N,f,\tau)$的核仁
$$\mathcal{N}(N,f,\tau,X^1(N,f,\tau))$$
为博弈(N,f,τ)的准核仁，记为
$$\mathcal{PN}(N,f,\tau).$$

定义 6.108 假设N是有限的局中人集合，(N,f)和(N,g)都是TUCG，称(N,f)策略等价于(N,g)，如果满足
$$\exists \alpha > 0, b \in \mathbf{R}^N, \text{s.t.}\ g(A) = \alpha f(A) + b(A), \forall A \in \mathcal{P}(N).$$

定义 6.109 假设N是一个有限的局中人集合，$\text{Part}(N)$表示N上的所有划分，$\tau \in \text{Part}(N)$，任取$i \in N$，用A_i或者$A_i(\tau)$表示在τ中的包含i的唯一非空子集，用
$$\text{Pair}(\tau) = \{\{i,j\} \mid i,j \in N; A_i(\tau) = A_j(\tau)\}$$
表示与划分τ对应的伙伴对. τ中的某个子集可以记为$A(\tau)$.

定义 6.110 假设N是一个有限的局中人集合，(N,f,τ)是一个合作博弈，称局中人i和j关于(N,f,τ)是对称的，如果满足
$$\forall A \subseteq N \setminus \{i,j\} \Rightarrow f(A \cup \{i\}) = f(A \cup \{j\}).$$

如果局中人i和j关于(N,f,τ)是对称的, 记为$i \approx_{(N,f,\tau)} j$或者简单记为$i \approx_f j$或者$i \approx j$.

定义 6.111 假设N是一个有限的局中人集合, $(N,f,\{N\})$是带有大联盟结构的一个合作博弈, 称局中人i关于$(N,f,\{N\})$是零贡献的, 如果满足

$$\forall A \subseteq N \Rightarrow f(A \cup \{i\}) = f(A).$$

如果局中人i关于$(N,f,\{N\})$是零贡献的, 记为$i \in \mathrm{Null}(N,f,\{N\})$或者简单记为$i \in \mathrm{Null}_f$或者$i \in \mathrm{Null}$.

定义 6.112 假设$A \in M_{m \times n}(\mathbf{R}), b \in \mathbf{R}^m, D \in M_{l \times n}(\mathbf{R}), d \in \mathbf{R}^l$, 方程组

$$E(A,b,D,d): Ax \leqslant b, Dx = d$$

的解空间记为$SOE(A,b,D,d)$, 如果

$$SOE(A,b,D,d) \neq \varnothing,$$

并且

$$\forall x \in SOE(A,b,D,d) \Rightarrow Ax = b,$$

那么称方程组为紧凑的.

定义 6.113 假设N是有限的局中人集合, $S \in \mathcal{P}(N)$是一个非空子集, 它的示性向量记为

$$e_S = \sum_{i \in S} e_i, e_i = (0, \cdots, 1_{(i-th)}, \cdots, 0) \in \mathbf{R}^N.$$

定义 6.114 假设N是有限的局中人集合, $\mathcal{B} = \{S_1, \cdots, S_k\} \subseteq \mathcal{P}(N)$是一个子集族, 并且$\varnothing \notin \mathcal{B}$, $\mathcal{B}$的示性矩阵记为

$$M_{\mathcal{B}} = \begin{pmatrix} e_{S_1} \\ \vdots \\ e_{S_k} \end{pmatrix}.$$

其中e_S是S的示性向量.

定义 6.115 假设N是有限的局中人集合, $(N,f,\{N\})$是一个带有大联盟机构的合作博弈, 任取$x \in X^1(N,f,\{N\}), \alpha \in R$, 定义子集族

$$\mathcal{D}(\alpha, x) = \{S | S \subseteq N, S \neq N, S \neq \varnothing, e(S,x) \geqslant \alpha\}.$$

对于固定的$x \in X^1(N,f,\{N\})$, 定义集合

$$CN(x) = \{\alpha | \alpha \in R, \mathcal{D}(\alpha, x) \neq \varnothing\}.$$

定义 6.116 假设N是有限的局中人集合, $(N,f,\{N\})$是带有大联盟结构的合作博弈, 称之为0规范单调的, 如果满足

$$f(A \cup \{i\}) \geqslant f(A) + f(i), \forall A \subseteq N \setminus \{i\}.$$

显然超可加博弈和凸博弈都是0规范单调的.

6.2 案例分析

6.2.1 金币的分配

分配是任何时代、任何社会的重要问题.在中国传统中有这样的思维:"不患贫,而患不均",即说,人们能够忍受贫穷,而不能忍受社会财富分配的不均等.微观经济学通常涉及三个方面的内容:生产什么、如何生产以及如何分配.分配是经济学的一个重要内容.

公平分配是人们追求的目标.然而,什么是公平的分配?首先要确定一个分配的公平标准,某种分配符合这个标准,它就是公平的,否则便是不公平的.公平的并不是平均的,尽管有时是平均的.一个公平的分配是,各方之所得是其"应该"所得的.但什么是"应该"所得的?

作为理性人,每个人均想多分配一点.现实中的许多争吵,大到国家间的领土争端,小到人与人之间鸡毛蒜皮的小事,很大一部分是由于分配不公平造成的.这种争吵或者由于一方认为不公平造成的,或者由于双方均认为不公平造成的.

约克和汤姆结对旅游.约克和汤姆准备吃午餐.约克带了3块饼,汤姆带了5块饼.这时,有一个路人路过,路人饿了.约克和汤姆邀请他一起吃饭.路人接受了邀请.约克、汤姆和路人将8块饼全部吃完.吃完饭后,路人感谢他们的午餐,给了他们8个金币.路人继续赶路.

约克和汤姆为这8个金币的分配展开了争执.汤姆说:"我带了5块饼,理应我得5个金币,你得3个金币."约克不同意:"既然我们在一起吃这8块饼,理应平分这8个金币."约克坚持认为每人各4块金币.为此,约克找到公正的夏普里.

夏普里说:"孩子,汤姆给你3个金币,因为你们是朋友,你应该接受它;如果你要公正的话,那么我告诉你,公正的分法是,你应当得到1个金币,而你的朋友汤姆应当得到7个金币."约克不理解.

夏普里说:"是这样的,孩子.你们3人吃了8块饼,其中,你带了3块饼,汤姆带了5块,一共是8块饼.你吃了其中的1/3,即8/3块,路人吃了你带的饼中的3−8/3=1/3;你的朋友汤姆也吃了8/3,路人吃了他带的饼中的5−8/3=7/3.这样,路人所吃的8/3块饼中,有你的1/3,汤姆的7/3.路人所吃的饼中,属于汤姆的是属于你的7倍.因此,对于这8个金币,公平的分法是:你得1个金币,汤姆得7个金币.你看有没有道理?"

约克听了夏普里的分析,认为有道理,愉快地接受了1个金币,而让汤姆得到7个金币.

在这个故事中,我们看到,夏普里所提出的对金币的"公平的"分法,遵循的原则是:所得与自己的贡献相等.

6.2.2 双赢的分配

两人分一个蛋糕,用什么方法才能分配得公平?一个公平的分法是:由其中一人持刀来分,分者后取.这样,分的人因担心后取而吃亏,他所能采用的最好办法是尽量将蛋糕分平均,即使他后拿,也不会吃亏.

分蛋糕只是对同质的东西所进行的一个简单的分配,对不同质的东西能否建立一个像

"你分我先取"分蛋糕那样的程序,从而做到公平分配?美国纽约大学政治系的勃拉姆兹教授给出了肯定的回答.他提出了一个"双赢"的分配办法.

来看一个关于离婚财产分割的例子.假定安娜和汤姆夫妇感情破裂,不想在一起过日子了,他们到法院进行财产分割.法官看了他们的财产:冰箱、电脑、缝纫机、烟斗、自行车、书桌.法官让他们对这6件物品进行轮流选择,所选择的归其所有.当然是女士先选,因此选择顺序是:安娜、汤姆、安娜、汤姆、安娜、汤姆.

选择的结果是什么呢?我们假定安娜与汤姆对不同物品的偏好不同,比如,安娜作为家庭主妇最喜欢冰箱,认为它也最值钱;而汤姆由于工作的关系更喜欢电脑,认为它更有用.于是,选择的结果是:安娜选了冰箱、缝纫机和自行车,而汤姆选了电脑、烟斗和书桌.安娜得到了6件物品中她认为价值最高的3件物品,汤姆同样得到了他希望得到的价值在前3位的物品.两人对分配均满意.这是一个双赢分配.

这里所实现的"双赢"分配,其基础是:假定了他们对不同物品的估价"差别较大",或者说不同物品在不同的人那里其"效用"是不同的.为了分析这里的分配是双赢的结果,设定他们对每件物品进行打分,假定满分为100分,安娜和汤姆分别将这100分分配给不同的物品.这样,安娜总共得到了70分,而汤姆得到了75分.两人分配得到的结果大大超过了50分.如此看来,这样的分配确实是双赢的.

在上述分配中,假定了安娜和汤姆对不同物品的估价或者排序是不同的.如果他们的估价差不多,情形又将如何?

与前面一样,同样是安娜先选择,然后是汤姆,接着是安娜……在这样的选择中,如果每个人进行的选择是诚实的,即每个人进行选择时,都是从剩下的物品中选择自己认为价值最高的物品,那么结果是:安娜选择了冰箱、自行车和缝纫机;而汤姆选择了电脑、烟斗和书桌.在这个分配中,安娜获得了她认为的价值第一、第三和第四的物品,而汤姆获得了他认为价值第一、第二和第六的物品.这样的分配对双方来说,虽然不是最好的结果,但是双方应该对这个分配结果感到满意.

在这个例子中,聪明的读者会想到:安娜第一次不选择冰箱,而先选择电脑,情形会怎样呢?即安娜的选择是策略性的,不是诚实的.因为安娜知道在汤姆那里电脑排第一,而冰箱排倒数第二.安娜第一次选择了电脑,轮到汤姆选择时,汤姆不会选冰箱,而选择了烟斗.安娜得到了她认为的最值钱的前三位东西.汤姆得到了他认为的第二、第三及第六位价值的物品.

如果汤姆对自己的分配所得结果不满意,他同样可以采取策略行为.当他看到安娜采取策略性行为选择了电脑时,轮到他选择时,他先选冰箱!尽管冰箱在他看来价值最低,但他知道冰箱在安娜那里价值最高;当他选择了冰箱后,他可以用它与安娜交换电脑!这样一来,情形就较复杂.读者不妨自己分析此时的结果.

如果双方对物品的估价一样,此时的分配便无法做到双赢了.这样的分配问题演变成一个"常和博弈":双方所得之和为常数,一方如果分配所得多了,另外一方所得便少了.

6.2.3 垃圾博弈与国际合作

在一区域居住着7户居民，每户居民每天产生一袋垃圾，这些垃圾只能扔在这一区域的某一户人家门口（该区域没有空地）. 这就构成了一种博弈局势，用合作博弈的分析方法，可以直接分析得到其中的特征函数.

以 $V_n(n = 0, 1, \cdots, 7)$ 表示任意 n 个局中人组成的联盟的特征函数值，其中 $V_0 = f(\varnothing) = 0$；若一个局中人组成联盟，他所遇到的最坏处境是其他局中人将他们的垃圾都扔到自己门口，即收到6袋垃圾，自己则可将垃圾扔到其他局中人中的任意一个的门口，因此对应的特征函数值为 $V_1 = -6$；两个局中人组成的联盟则将收到5袋垃圾，联盟产生的两袋垃圾扔到别家的门口，故 $V_2 = -5$；同理，$V_3 = -4, V_4 = -3, V_5 = -2, V_6 = -1, V_7 = -7$，全部7个局中人组成的联盟的特征函数值有所不同，他们无法将垃圾扔到非联盟成员的地方，因此他们收到7袋垃圾.

在以上的垃圾博弈中，可以看到联盟问题对战略影响巨大，局中人如果处理不当，就会变成许多联盟成员把垃圾放在自己门口的被孤立的国家.

由于垃圾博弈没有稳定的核，可以运用谋略改变自己的局势.

下面将垃圾博弈的模型一般化，进一步类比分析国际合作问题. 设想一个没有公共秩序的居民点有 n 户居民，他们每户有一袋垃圾要处理. 假设滞留一袋垃圾带来的损失是1，或请人清理一袋垃圾的代价也是1；为了讨论方便，再假设垃圾的代价都是可分的，即可以按照比例讨论多少分之一袋垃圾的成本. 在这个例子中，约定这样的符号：m 人联盟就用 m 表示，m 人联盟的盈利函数记作 $V_m, 1 \leqslant m \leqslant n$.

假设没有公共秩序，就出现垃圾大战：人们以邻为壑来处置垃圾，你把垃圾扔给他，他把垃圾扔给我，等等. 这样，m 个人联盟起来，盈利函数将是 $-(n-m)$，即 $V_m = -(n-m)$，理由是联盟 m 可以把 m 袋垃圾扔给联盟外的人，而联盟外的人可以把 $(n-m)$ 袋垃圾扔给联盟中的人. 当然我们还知道，$V_n = -n$，即所有人的联盟只能处理全部垃圾.

这时候我们断言，任何可行的效用配置都将被适当的联盟瓦解. 所有联盟之中达到最高盈利函数的是 $n-1$ 个人的联盟，$V_{n-1} = -1$. 例如，在5人博弈中，4人联盟就只得到一袋垃圾，其效用为 -1，而 $n-1$ 个人可以联盟起来把垃圾都扔给最后一个人，这时候最后的那一个人只能把自己一袋垃圾扔给联盟中的某一个人.

但是如果被这个联盟排除在外的最后那个人精明一些，他可以给联盟中除某个领头者甲以外的所有人发出邀请，瓦解原来的联盟：他请甲以外的所有人把垃圾扔给原联盟中的领头者甲，并同意接收那个可怜虫（甲）扔给任何人的那一袋垃圾. 假设原联盟中平均负担成本，每人得到的支付是公平的 $\dfrac{-1}{n-1}$，但是按照刚才游说的"方略"，因为游说者保证承担任何扔给他们的垃圾，他们每个人在新的联盟中得到的支付将是0！至于游说者愿意这样做，是因为他自己的效用可以从原来的 $-(n-1)$ 上升到 -1. 就这样，新的联盟把原来的联盟瓦解了，当然新的联盟也是一个外部性的联盟.

在国际上出现垃圾博弈的根源，在于没有国际法约束或全球安全机制，也没有互信与合作安全的观念.事实上,只要不许"以邻为壑",垃圾博弈的核就非空.每个人都清理自己的垃圾,从而每个人都负担数额为1的清理费用,这个方案就是核里面的一个元素.此外,该博弈特征函数定义的背景,是效用具有可加性、可转移性和可分割性.

这个例子用于国际战略博弈,在类比意义上是有启发的:能否瓦解那些以邻为壑的联盟,能否用其他形式的联盟替代那些冷战性质的外部性联盟.所谓外部性联盟,是指类似垃圾博弈那样成本外溢的联盟.而有些联盟,基本上是内部协作性质的,比如上海合作组织着眼于建立内部合作机制,并没有排外性,而且该组织欢迎其他国家加入合作.这个组织正在向其他领域的合作发展,但这个发展是非排外的,不是把垃圾倒在别的国家门口的联盟.

有时一个内部合作的联盟也会有较小的外部性,比如一个经济合作组织,可能会产生贸易转移效应.对此可以用模糊数学中隶属度的概念,对其基本性质给出定义,如欧盟基本属于内部合作,但由于其紧密的经济一体化性质,会导致贸易的国际转移,使一些有利的贸易机会从外部转移到内部,但不能将其归属于排外性质的对抗性组织.我国参与的大都是内部合作的组织,如上海合作组织、东盟"10+1"和"10+3"、亚太经合组织(APEC)等,基本上是开放性的和非排外的.

但有些联盟是外部性较强的.比如北约和美日军事同盟这样的军事政治性质的联盟.北约东扩,不断压缩俄罗斯的战略空间,类似于联合越来越多的国家把安全垃圾堆放在俄罗斯的国门,俄罗斯的北部出海口也将处于北约国家情报网的监视下.特别是科索沃战争,使北约在世人眼中成为区域干涉性组织,产生了恶劣的影响.美日同盟显露出越来越强的外部干涉倾向,也有可能成为具有强烈外部性的联盟.与前面所讲的垃圾博弈不同,有些联盟可能是很难瓦解的.对于具有强烈外部性的联盟,一般有如下的策略:

瓦解.一般的联盟不是从外部而是从内部瓦解的,比如原来的中央条约组织、东南亚条约组织、华约等,大都是从内部瓦解的.当然外部环境因素也会起作用.

示范.倡导新安全观和新合作观,组织内部合作联盟并显示开放性,改善大国关系并缓解气氛,改善周边关系,增强互信、互利与合作.

先行.率先行动,对那些有可能被吸引入外部性联盟的国家,率先与其组织合作性质的非排外联盟.

交叉.某个国家被拉入某个外部性联盟,也可以与其发展其他领域的合作关系,或形成其他领域的联盟,松懈原外部性联盟的紧密性.

这里所讲的联盟与过去所说的友军不完全一样,主要涉及多主体博弈问题.联盟问题产生于三个主体以上的多人博弈,而多人博弈关系比较复杂,涉及的联盟问题也是复杂的.

6.2.4 夏普里–苏比克权力指数

夏普里–苏比克权力指数是最早被提出的一种权力指数,它是夏普里和苏比克在1954的一篇文章《评价委员会中权力分布的一个方法》中提出的,而该权力指数是基于夏普里值(Shapley Value)之上的.如果说纳什均衡是非合作博弈中的核心概念,那么可以说,夏普里值是合作博弈（或联盟博弈）中最重要的概念.

考虑一个关于三人财产分配问题的联盟博弈：假定财产为100万元，这100万元在三个人之间进行分配，a拥有50%的票力，b拥有40%的票力，c拥有10%的票力. 规则规定，当超过50%的票认可了某种方案时，才能获得整个财产，否则三人将一无所获.

可以看到，任何单独一个人的票力都不超过50%，从而不能单独决定财产的分配. 要超过50%的票力必须形成联盟. 也就是说，在这个例子中任何人的权力都不是决定性的，也没有一个人是无权力（权力为0）的.

此时财产应当按票力分配吗？如果是，则a,b,c的财产分配为：50%、40%、10%. 但如果这样分配，c可以提这样的方案：a分70%，b分0，c分30%. 这个方案能被a,c接受，因为对a,c来说这是一个比按票力分配方案有明显改进的方案，尽管b被排除出去，但是a,c的票力构成大多数（60%）.

在这样的情况下，b会向a提出这样一个方案：a分80%，b分20%，c分0. 此时a和b所得均比刚才c提出的方案要好，但c成了一无所有，a,b票力总和构成大多数（90%）.

这样的过程可以一直进行下去. 这个过程中，理性的人会形成联盟ab、ac或abc. 但哪个联盟能够形成呢？最终的分配结果应该是怎样的呢？

夏普里提出了一种分配方式，根据他的理论求得的联盟者的先验实力被称为夏普里值. 夏普里值是这样的一个值：在各种可能的联盟次序下，参与者对联盟的边际贡献之和除以各种可能的联盟组合. 夏普里值是先验实力的一种度量，可以根据夏普里值来划分财产.

在财产分配问题上，可以写出各种可能的联盟顺序. 而边际贡献就在于这个顺序中谁是联盟的"关键加入者". 如果是关键加入者，那么他的边际贡献就为100万元.

对于以上分配例子，可以得出a,b,c的夏普里值分别为：$\phi(1) = 4/6, \phi(b) = 1/6, \phi(c) = 1/6$. 按照夏普里值，可得财产分配方案：$a$分2/3，$b$分1/6，$c$分1/6（单位为百万元）.

根据夏普里值定义，所有排列的顺序是等可能的. 而在每一个排列下，每个参与者对这个排列的联盟有一个边际贡献. 在投票博弈中，这个值反映的是参与者与其他参与者结成联盟的可能性，因此夏普里值反映的是参与者的"权力".

夏普里值用于权力分析时，便得到了夏普里–苏比克权力指数.

据夏普里与苏比克的分析，美国总统与参议院及众议院的权力指数之比为2∶5∶5. 而总统与一个参议员、一个众议员的权力比为350∶9∶2. 也就是说，美国总统的权力指数几乎是一位参议员的40倍、众议员的175倍.

6.2.5 班扎夫权力指数

在战场、商场上，因自己的行动策略选择与自己的切身利益密切相关，人们的才智得到充分的发挥. 现在分析一个商场上的例子.

某股份公司有5个股东，他们是A,B,C,D,E. 在公司重大决策上，公司法规定：遵循"一股一票原则"，即每个股东的票数与他所持的股数相等；"大多数原则"，即某项决议能否通过取决于是否得到51%或以上的票数（或股数）的同意. 5个股东均同意这两个原则.

5个股东在公司成立时均拥有20%的股份，随着经营的变化，股东的想法出现分化. B,C,D,E想逐渐减持股份，而A想多拥有一些股份，但B,C,D,E又不想让A完全控制公司（根据"大多数原则"拥有51%或以上的股份即有绝对的说话权）. B,C,D,E各减持了3个百分点，A增加了12个百分点. 此时A,B,C,D,E拥有的股份分别为32%、17%、17%、17%、17%. A认真想了想，向B,C,D,E提出各减持1个百分点而他自己拥有36%股份的要求. B,C,D,E想，A拥有36%的股份，不超过50%，不能完全控制该公司，也就同意了A的要求. 此时A,B,C,D,E分别拥有的股份为36%、16%、16%、16%、16%. A达到了目的.

为什么A要多持4个百分点的股份？

通过分析，A的股份由32%增加到36%，虽然股份仅增加了4个百分点，但他的权力指数发生了突变. A占了便宜.

在5个股东之间平均持股的情况下，即均持有20%的股份，权力指数也是平均的. 当股份发生偏离时，如股东A持有的股份多几个百分点、其他股东仍持同样的股份，权力指数比还不发生变化. 当A拥有32%的股份时，权力指数还是平均的，在这种股权结构下，对A来说是最不公平的，他拥有的股份是其他股东的近两倍，但权力却一样！

但是当A的股份再有所增加，而其他每个股东降低一个百分点时，权力指数比发生突变. A的权力指数一下子由6增加到14，权力指数比由20%增加到63.636%，而其他股东的权力指数由6降低到2，权力指数比则由20%降到9.091%. A此时虽然不能拥有51%或以上的股份而有100%的决策权，但由于他在决策时作为高获胜联盟中的关键加入者，要比其他4个股东的权力指数高得多，因此他的权力比其他股东大得多.

6.2.6 少数如何击败多数

近年来，企业采纳了许多新鲜而富有创意的做法，通常称为防鲨网，用于阻止外界投资者吞并自己的企业. 这里并不打算评价这些做法的效率或道德意义，而只是介绍一种未经实践检验的新型"毒药"条款，请大家考虑应该怎样对付.

成为他人目标的公司叫作A. 虽然该公司已经上市，却还是保留了过去的家族控制模式，董事会5名成员听命于创办人的5名孙子、孙女. 创办人早就意识到他的孙子、孙女之间会有冲突，也预见到外来者的威胁. 为了防止家族内讧和外来进攻，他首先要求董事会选举必须错开. 这意味着，哪怕你已经得到该公司100%的股份，你也不能一下子取代整个董事会，相反，你只能取代那些任期即将届满的董事. 5名董事各有5年任期，但届满时间各不相同. 外来者最多只能指望一年夺得一个席位.

从表面看，按照这样的制度安排，你需要至少3年时间，才能夺得多数地位，从而控制这家公司. 创办人看得更远，因此也更担心. 他担心假如一个充满敌意的对手夺取了全部股份，他的这个任期错开的制度可能会马上被篡改. 因此，他觉得有必要附加一个条款，规定董事会选举程序只能由董事会本身修改. 当然，任何一个董事会成员都可以提交一份建议，而无须得到另一个成员的支持. 但关键是接下来怎么做. 这是一个大难题. 条款规定: 投票必须以顺时针次序沿着董事会会议室的圆桌进行. 一份提议必须获得董事会至少50%的选票才能通过, 缺席者按反对票计算. 在董事会只有5名成员的前提下, 至少要得到3票才能通过一份提议. 更关键的是, 条款规定: 任何人若是提交一份提议而未获通过, 不管这份提议说的是修改董事会架构还是修改选举方式, 他都将失去自己的董事席位和股份; 他的股份将在其他董事之间平均分配; 同时, 任何一个向这份提议投了赞成票的董事也会失去他的董事席位和股份.

有那么一段时间, 这个十分苛刻的条款看来非常管用, 成功地将敌意收购者排除在外. 可是现在, 海岸公司的海贝壳先生通过一个敌意收购举动, 购买了该公司51%的股份. 海贝壳先生在年度选举里投了自己一票, 顺利成为董事. 不过, 乍看上去, 董事会失去控制权的威胁并非迫在眉睫, 毕竟海贝壳先生是以一敌四.

在第一次董事会会议上, 海贝壳先生提议大幅修改董事资格. 这是董事会首次就这样一份提议进行表决. 海贝壳先生的提议不仅得到通过, 更令人感到不可思议的是, 这份提议竟然是全票通过! 结果, 海贝壳先生随即取代了整个董事会. 原来的董事们得到一份称为"降落伞"的微薄补偿, 就被扫地出门. 这份微薄的补偿, 只能说总比什么也没有剩下强.

他怎么可以做到这种不可思议的事情? 他的整个做法非常狡猾. 博弈论的倒后推理, 正是了解其中奥秘的关键.

海贝壳先生为了确保自己的提议获得通过, 就是从结尾部分开始盘算的, 一心确保最后两名投票者得到赞成这份提议的足够激励. 只要最后两名投票者赞成, 这就足够让海贝壳先生的提议获得通过了, 因为海贝壳先生将以一张赞成票开始整个表决程序.

为什么会这样呢? 原来, 海贝壳先生所提的是一份狡猾的"胡萝卜加大棒"提议, "胡萝卜"是诱饵, 最后他的四个对手全部尝到"大棒"的味道. 他的提议包含下列三个内容: 一是假如这份提议全票通过, 海贝壳先生可以选择一个全新的董事会. 每位被取代的董事将得到一份小小的补偿; 二是假如这份提议以4:1通过, 投反对票的董事就要离开董事会, 不会得到任何补偿; 三是假如这份提议以3:2通过, 海贝壳先生就会把他在A公司的51%股份平分给另外两名投赞成票的董事, 而投反对票的董事就要离开董事会, 不会得到任何补偿.

到了这里, 博弈论的倒后推理应该能够为故事画上句号. 让我们看看究竟为什么.

假定一路投票下来, 双方打成平手, 最后1名投票者面对2:2的平局. 假如他投了赞成票, 提议就会通过, 他本人得到A公司25.5%的股份; 假如他不赞成, 提议遭到否决, 海贝壳先生的财产(以及另外1名投赞成票的董事的股份)就会在另外3名董事之间平分, 这个投票人将得到 $\frac{51\% + 12.25\%}{3} = 21.1\%$. 两者相比较, 他当然会投赞成票.

所以, 大家都可以通过倒后推理, 预计到假如出现2:2平局的情况, 最后1票投下之后海贝壳先生就会取胜.

现在来看第四个投票人的两难处境. 轮到他投票的时候, 可能出现以下三种情况之一: 一是只有1票赞成(海贝壳先生投的); 二是2票赞成; 三是3票赞成.

假如有3票赞成, 提议实际上已经通过了. 第四人当然宁可得到一些好处而不是一无所获，因此他会投赞成票.

假如有2票赞成，他可以预计到哪怕自己投反对票，正如上面分析的，最后一个人也会投赞成票. 所以，无论第四人怎么做，都无法阻止通过这个提议. 因此，更好的选择还是投靠即将取胜的一方，所以他会投赞成票.

假如只有1票赞成，如果他投反对票，他固然保住了自己的位置，但是没有别的好处；相反，如果他投赞成票，变成2:2平局，正如上面分析过的，提议最后一定会通过，而他因为站在胜利的一方，不仅将保住位置，而且会得到额外的股份. 所以，他愿意投赞成票，换取2:2平局. 他可以很有把握地预计到最后一个人会投赞成票，他们两人合作得非常漂亮.

这么一来，在海贝壳先生之后最早投票的两名董事，即第二和第三投票人可真是陷入了困境. 他们可以预计到，哪怕他们都投反对票，最后两人还是会跟他们作对，这份提议就会通过. 既然他们无法阻止这份提议通过，还是随大流换取某些补偿比较好吧.

你看，狡猾的海贝壳先生就这样成功了. 这个案例证明了倒后推理的威力.

实际生活中，的确可以想象海贝壳先生的提议不能获得通过的可能. 但是，那种可能是其他因素造成的结果，如对家族的忠诚等，不是理性行为的结果. 另外一种可能，就是作为海贝壳先生对手的那些投票人比较笨，领会不了海贝壳先生为他们设下的诱饵. 你看，这里再次出现不那么精明反而更加高明的情况. 如果投票人彻底理性，精于为自己的私利计算，海贝壳先生的计谋一定得逞.

6.3 人物故事

6.3.1 赫维茨

- **人物简历**

莱昂尼德·赫维茨（Leonid Hurwicz），1917年出生于莫斯科，一战期间和家人一起迁往波兰. 二战爆发时，赫维茨身在瑞士，但是他没有返回国内，而是前往美国. 到美国后，赫维茨成为经济学家保罗·萨缪尔森的助理；1969年，担任世界计量经济学会主席；1976年取得哈佛大学应用数学博士学位；1990年，他曾因在"机制设计理论"方面所作的开创性工作而获得美国国家科学奖. 2007年诺贝尔经济学奖授予莱昂尼德·赫维茨等3名美国经济学家，以表彰他们在创建和发展"机制设计理论"方面所作的贡献，而赫维茨也成了史上年纪最大的诺贝尔奖得主.

- **学术贡献**

机制设计理论最早由赫维茨提出，马斯金和迈尔森则进一步发展了这一理论. 机制设计理论的一个重要目标就是要解释何种制度或分配机制能够最大限度地减少经济损失. 这一理论有助于经济学家、各国政府和企业识别在何种情况下市场机制有效，何种情况市场机制无效，帮助人们确定有效的贸易机制、政策手段和决策过程.

赫维茨在得知自己获得诺贝尔经济学奖时幽默了一把. 他在位于美国明尼那波利斯的寓所

说:"我还以为我的时代已经过去,对于获诺贝尔奖来说,我实在太老了. 不过这笔奖金对一个已退休的老人的确不无裨益."

但在经济学前沿人士看来,这个奖项姗姗来迟了二十年. 上海财经大学经济学院原院长田国强1984年起在明尼苏达大学师从赫维茨. 在他看来, 三位获奖经济学家中, 赫维茨的贡献是最大的, 正是赫维茨对经济机制设计最基本的思想和框架进行了正式的严格的界定.

早在20世纪中期, 赫维茨已经开始思考博弈论工具衍生出来的课题. 20世纪60年代他的一篇题为《资源配置中的最优化与信息效率》, 拉开机制设计理论的序幕. 赫维茨也因此被誉为"机制设计理论之父". 赫维茨的机制设计理论与市场管制、市场甄别、公共品提供等重大经济问题有着密切联系, 由此很多经济学家都投入了这方面的研究, 而当时正值青年的迈尔森和马斯金都是其中的活跃分子.

后来, 赫维茨又写了《无须需求连续性的显示性偏好》《信息分散的系统》等著名论文, 慢慢完善理论基础. 1973年, 赫维茨在最著名的《美国经济评论》杂志上发表论文《资源分配的机制设计理论》, 解决了机制设计理论框架中的两个核心问题, 即激励相容原理和显示性原理, 奠定了机制设计理论这门学问的框架.

6.3.2 马斯金

- **人物简历**

埃里克·马斯金 (Eric Maskin), 1950年12月出生于纽约, 1972年获得哈佛大学数学学士学位后, 又选择在哈佛大学继续深造, 1974年获得应用数学硕士学位, 1976年获得应用数学博士学位. 1977年, 马斯金开始在麻省理工学院担任教职, 1981年成为麻省理工学院经济学教授. 1985年, 马斯金重返哈佛大学, 并在这里任教16年. 2001年, 马斯金任普林斯顿高等研究院社会研究学院讲座教授和社会科学部主任, 2003年出任世界计量经济学会会长, 2004年受邀担任武汉大学名誉教授, 2007年受聘成为清华大学名誉教授. 2007年诺贝尔经济学奖授予莱昂尼德·赫维茨、埃里克·马斯金和罗杰·迈尔森3名美国经济学家, 以表彰他们在创建和发展"机制设计理论"方面所作的贡献.

- **学术贡献**

马斯金最突出的贡献是将博弈论引入机制设计. 在他之前, 机制设计最重要的学者是莱昂尼德·赫维茨, 机制设计此前只是从中央计划者的角度考虑问题. 那么, 在这个机制里面, 谁是中央计划者呢? 而马斯金在这方面有重大的推动, 他认为并不需要一个中央计划者. 这里谈的博弈理论, 都是非合作博弈, 即不合作的决策者之间的博弈. 就是说, 不需要一个中央计划者命令人们去怎么做, 而是设计好一个机制, 这些人都是为了自己的利益做事情, 在这个机制的引导下行动.

作为博弈论领域的大师级经济学家, 马斯金代表了经济学理论形而上的价值取向, 1977年, 马斯金完成论文"纳什均衡和福利最优化", 虽然时隔22年后才正式发表 (1999年《经济研究评论》), 但成为机制设计理论的里程碑. 在该论文中, 马斯金提出并证明了纳什均衡实施的充分和必要条件,他在证明充分条件时所构造的博弈被称为"马斯金博弈",广为流传.机制设计理论对经济学的发展产生了深远的影响,在制度经济学、市场设计、最佳税收制度设计、公共品提供、对垄断企业的管制、环境政策和专利制度设计等方面都有广泛的应用.

马斯金对于产业经济学领域的贡献有:对垄断和寡头理论详尽的分析,他与梯若尔等共同开创了产业经济学的博弈论分析框架,充分显示出博弈论这个理论工具的强大力量.

另外,马斯金教授在重复博弈、政治经济学、比较经济制度等方面也做出了重要贡献.他将对软预算约束的研究这一计划经济中的重要问题带入西方主流经济学的研究,对比较经济制度的研究产生了重大的影响.

马斯金教授在国际经济学期刊上发表了100多篇文章,其中30多篇在经济学最顶尖期刊上发表.马斯金教授多次应邀做命名报告和大会的主旨报告.命名报告包括剑桥大学的邱吉尔报告和马歇尔报告、斯坦福大学的阿罗报告、欧洲经济学会的马歇尔报告、世界计量经济学会世界大会的西雅图报告等.

6.3.3 迈尔森

- **人物简历**

罗杰·迈尔森(Roger Myerson),1951年出生于美国波士顿,2007年获得诺贝尔经济学奖,2009年担任世界计量经济学会主席,现任美国芝加哥大学教授,博弈论大师.

- **学术贡献**

机制设计理论的思想渊源可以追溯到20世纪三四十年代关于社会主义的哈耶克–米塞斯与兰格–勒纳之间的著名论战.后来赫维茨在数篇文章中提出了一个分析制度问题的一般化框架.近几十年来,机制设计理论一直是现代经济学研究的核心主题之一,有众多经济学家在这个领域做出了重要贡献.

由赫维茨开创并由马斯金、迈尔森进一步发展的机制设计理论极大地加深了人们对优化分配机制属性、个人动机的解释、私人信息的理解.这种理论使我们能区分运作良好的市场和运作不良的市场.它帮助经济学家确定有效的贸易机制、规则体系和投票程序.机制设计理论今天已在经济学的许多领域、政治学的一些领域发挥着重要作用.

机制设计理论可以看作是博弈论和社会选择理论的综合运用.简单地说,如果假设人们是按照博弈论所刻画的方式行为的,并且设定按照社会选择理论对各种情形都有一个社会目标存在,那么机制设计就是考虑构造什么样的博弈形式,使得这个博弈的解就是那个社会目标,或者说落在社会目标集合里,或者无限接近于它.它和所谓的信息经济学也几乎是一回事,只不过后者有不同的发展线索,但毫无疑问,所有信息经济学成果都可以在机制设计的框架中处理.

迈尔森是能让抽象的经济学理论变得很实用的经济学家.他为美国解决了如加州电力危机等在内的很多经济难题,在世界经济学界赫赫有名.20世纪80年代,美国加州的电力改革要打破电力垄断的弊端，可是电力行业实行完全竞争又不可能，最好的办法是寡头垄断. 迈尔森用"机制设计"理论，运用博弈论很好地为加州电力改革设计了方案，这个方案运行至今，效果良好.

此外，迈尔森还解决了美国医学院的招生难题. 美国医生是高收入群体，但是医学院大多是私立的. 不控制医学院学生人数，就不能保证医生的质量和高收入. 美国政府把迈尔森的"机制设计"原理引入相关法律，从而限制了医学院招生的数量.

迈尔森对现实经济的贡献让美国经济学家感叹：可以因此而创立一门"经济工程学"，把经济学变得同工程学一样实用，一样可以设计经济现象.

迈尔森获得2007年度诺贝尔经济学奖的最直接信号是2002年芝加哥大学高薪把他纳入旗下. 要知道，芝加哥大学经济系的教授几乎全部是诺贝尔奖获得者或者提名者. 这个大学有专门的分析师，评估全球5年内可能得奖的经济学家，然后将其引进学校.

6.3.4 沙普利

- **人物简历**

罗伊德·沙普利（Lloyd Shapley），1923年出生于美国马萨诸塞州剑桥市，1943年进入哈佛大学学习，1943－1945年加入美国陆军航空队在成都支援中国抗战，1944年获得青铜星章，战争结束后他返回哈佛校园并取得了数学学士学位. 1948年，沙普利进入兰德公司工作，1953－1954年在美国普林斯顿大学学习并取得博士学位，1954年重回兰德公司，1981年任美国加州大学洛杉矶分校教授. 沙普利在整个学术生涯中获得了很多荣誉，1967年当选为世界计量经济学会院士，1979年当选为美国国家科学院院士，1981年获得约翰·冯·诺伊曼理论奖，1986年被授予耶路撒冷希伯来大学名誉博士. 2012年，沙普利与艾文·罗斯共同获诺贝尔经济学奖.

- **学术贡献**

沙普利早期与合作者在矩阵博弈上的研究如此彻底，以至于此后该理论几乎未有补充. 他在效用理论发展上扮演关键角色，他为冯·诺依曼－摩根斯坦稳定集存在问题的解决奠定了基础. 他在非合作博弈理论及长期竞争理论上与合作者的工作均对经济学理论产生了巨大影响. 在20世纪40年代的冯·诺依曼和摩根斯坦之后，沙普利被认为是博弈论领域最出色的学者. 他对埃奇沃斯的理论进行了深入研究，并在博弈论中推出了沙普利价值和核心的解概念. 80多岁高龄之际，沙普利学术上仍有产出，如多人效用和权力分配理论.

主要贡献有：沙普利值、随机博弈理论、邦德让娃－沙普利规则、沙普利－舒比克权力指数、盖尔－沙普利运算法则、势博弈论、奥曼－沙普利定价理论、海萨尼－沙普利解概念、沙普利－法克曼定理.

- **中国情结**

谈起沙普利，许多中国学者会对他有一种天然的亲切感，这主要源于他曾经在中国的土地上与中国军民并肩抗击过日本侵略军. 1943年，作为哈佛大学数学系的一名本科生，他应征入伍成为一名空军中士,并很快奔赴中国成都战区.当时,沙普利就展现出卓越的数学天才,曾因为破解气象密码获得铜星奖章.

战争结束后,沙普利回到哈佛大学继续念书,在1948年取得数学学士学位,随后进入普林斯顿大学数学系,一路念到博士毕业,他的博士导师也是纳什的导师塔克教授.此后,他长期在美国著名的"战略思想库"兰德公司工作,1981年后,则一直担任美国加州大学洛杉矶分校数学和经济系教授.

2002年8月14日到17日,沙普利因为参加青岛大学承办的"2002国际数学家大会'博弈论及其应用'卫星会议",再次来到中国.青岛大学作为会议组织者,至今还留着一份为沙普利办理入境签证时青岛市政府出具的邀请函原件.沙普利被誉为博弈论的无冕之王,精通博弈理论,但却不太喜欢现代的信息技术,不喜欢使用电子邮件与别人进行沟通.昔日的英武少年已成为一个科学"老顽童",他不拘小节,动不动玩"消失",会议组织方派十几个学生把他找到时,才发现79岁的教授没有回宾馆,竟然在大厅的沙发上睡着了,而且一睡就是3个小时.青岛之行,沙普利再次讲述起他与中国将近70年的那段渊源时,依然激动.

6.3.5 罗斯

- **人物简历**

埃尔文·罗斯,1951年出生于美国一个犹太裔家庭,以教育和勤奋为代表性格的民族文化,令罗斯从小便得到熏陶,并显现出在数学、逻辑等方面的过人之处.但令人惊愕的是,他其实是一个高三从纽约皇后区退学的孩子.颇具讽刺意味的是,他的父母都是高中教师.在解释自己的退学原因时,罗斯告诉《福布斯》杂志,自己做出这样的决定是出于厌倦,"我那时缺乏动力."此后,他来到哥伦比亚大学上一个周末上课的工程班.教授建议他考专科学院,他于是考上并开始本科学习.1971年,罗斯从哥伦比亚大学本科毕业,获得工程学学士学位.博弈论是运筹学的最核心部分,也就是在大学校园,罗斯对这门当时不是"显学"的年轻学科产生了浓厚兴趣,继而他就来到斯坦福大学,1973年获运筹学硕士学位,一年后获运筹学博士学位.罗斯离开斯坦福之后,一直在伊利诺斯大学任教,直到1982年,此后在匹兹堡大学担任安德鲁–梅隆经济学教授直到1998年,之后加入哈佛大学工作至今.2012年,罗斯与沙普利共同获诺贝尔经济学奖.

- **学术贡献**

罗斯在博弈论、市场设计和实验经济学领域做出了显著贡献,代表作是《经济学中的实验室实验:六种观点》.他最为著名的设计是"全国住院医生配对程序",通过这一程序,每年美国约有20 000名医生找到了心仪的医院作为自己职业生涯的起点.他还帮助设计了纽约高中配对系统,每年有约9万名高中生通过这一系统择校.罗斯是美国杰出年轻教授奖"斯隆奖"的获得者,古根海姆基金会会士,美国艺术和科学院院士.他还是美国国家经济研究局(NBER)和美国计量经济学学会成员.

参考文献

[1] 刘德铭，黄振高. 对策论及其应用[M]. 长沙：国防科技大学出版社，1995.

[2] 张维迎. 博弈论与信息经济学[M]. 上海：上海人民出版社，2004.

[3] 张洪彬. 军事博弈论[M]. 北京：解放军出版社，2005.

[4] 王则柯. 新编博弈论平话[M]. 北京：中信出版社，2003.

[5] 潘天群. 博弈生存：社会现象的博弈论解读[M]. 3版. 南京：凤凰出版社，2010.

[6] 中国人工智能学会. 2017年中国人工智能系列白皮书（机器博弈）[R]. 2017.

[7] NEUMANN J V, MORGENSTERN O. The Theory of Games and Economic Behavior[M]. Princeton: Princeton University Press,1944.

[8] OSBORNE M J, RUBINSTEIN A. A Course in Game Theory[M]. Cambridge Massachusetts: MIT Press, 1994.

[9] MYERSON R B. Game Theory:Analysis of Conflict[M]. Cambridge Massachusetts: Harvard University Press, 1991.

[10] FUDENBERG D, TIROLE J. Game Theory[M]. Cambridge Massachusetts: MIT Press, 1991.

[11] MASCHLER M, SOLAN E, ZAMIR S. Game Theory[M]. Cambridge, UK: Cambridge University Press, 2013.

[12] PELEG B, SUDHOLTER P. Introduction to the Theory of Cooperative Games[M]. 2nd ed. Berlin: Springer, 2007.

[13] BOYD S, VANDENBERGHE L. Convex Optimization[M]. Cambridge, UK: Cambridge University Press,2004.